U0150087

物联网环境下的管理理论与方法研究丛书

基于物联网的
在线智能调度优化方法

胡祥培　孙丽君　阮俊虎　李永刚　著

科学出版社

北京

内 容 简 介

物联网及人工智能技术推动人类社会步入"数字化"和"智能化"的新时代,"全面感知、互联互通、智慧服务"正从梦想变为现实,基于物联网的在线智能调度优化方法近年来已引起学术界和产业界的广泛关注。本书系统性地介绍了著者团队在基于物联网的在线智能调度优化方法及其应用领域的研究成果。全书共分6章,主要包括绪论、物联网环境下在线智能调度决策的基础理论、基于物联网的成品油配送在线监测及运营优化调度、基于物联网的温室农作物生长要素在线监测与智能调度研究、机器人移动货架拣选系统智能调度方法等。

本书注重理论联系实际,突出方法应用和案例典型应用,可作为管理科学与工程、工业工程、物流管理等相关专业研究生的教材及从事物联网环境下的生产与服务调度研究工作的工程技术人员和管理人员的参考书。

图书在版编目(CIP)数据

基于物联网的在线智能调度优化方法 / 胡祥培等著. —北京:科学出版社,2020.12

(物联网环境下的管理理论与方法研究丛书)

ISBN 978-7-03-067037-3

Ⅰ. ①基… Ⅱ. ①胡… Ⅲ. ①物联网 – 应用 – 调度程序 – 研究 Ⅳ. ① TP315

中国版本图书馆 CIP 数据核字(2020)第 240166 号

责任编辑:王丹妮 / 责任校对:贾娜娜
责任印制:张 伟 / 封面设计:无极书装

科学出版社 出版
北京东黄城根北街 16 号
邮政编码:100717
http://www.sciencep.com

北京虎彩文化传播有限公司 印刷
科学出版社发行 各地新华书店经销
*
2020 年 12 月第 一 版 开本:720×1000 B5
2022 年 11 月第三次印刷 印张:18 3/4 插页:2
字数:378 000

定价:188.00 元
(如有印装质量问题,我社负责调换)

物联网环境下的管理理论与方法研究丛书
编委会成员名单

国家自然科学基金重点项目群
"物联网环境下的管理理论与方法"

专家指导组名单

盛昭瀚	教　授	南京大学
徐伟宣	研究员	中国科学院科技政策与管理科学研究所
陈晓红	院　士	湖南工商大学
华中生	教　授	浙江大学
赵晓波	教　授	清华大学

组　长：盛昭瀚　　教　授

项目专家组

胡　斌	教　授	华中科技大学
吴俊杰	教　授	北京航空航天大学
胡祥培	教　授	大连理工大学
蒋　炜	教　授	上海交通大学
马永开	教　授	电子科技大学

组　长：胡祥培　　教　授

前　　言

近年来，物联网（internet of things，IoT）及人工智能技术推动人类社会步入"数字化"和"智能化"的新时代，正在改变人类社会的生产生活方式，"全面感知、互联互通、智慧服务"正从梦想变为现实。物联网技术呈现的感知性、实时性、智能性、透明性等特征，诱发经济管理模式的转型升级及重大变革，特别是生产及服务系统的调度决策首当其冲。它既为物联网环境下的在线智能调度创造了必备的条件，又为提高调度系统的实时性、科学性、智能性提供了前所未有的机遇和挑战。

本书针对物联网环境下生产与服务系统运营的在线调度难题，融合运筹学、知识工程与人工智能等学科理论，以提高调度系统的科学性、智能性、实时性为目标，以在线"异常感知、趋势分析、重调度决策"分析与在线"重调度方案"的实时生成为突破口，重点开展如下富有创新性的研究工作：

（1）物联网环境下生产与服务调度系统的情景实时分析，提出数据驱动的、规则与模型相结合的异常感知方法和基于"情景-焦点"的趋势分析与决策方法，建立数据驱动的"情景-焦点"在线智能调度决策方法，拓展一次性决策理论，丰富不确定性决策理论的内涵，为提高物联网环境下求解动态复杂的非结构化调度问题的实时性、智能性、科学性提供新思路和方法。

（2）将人工智能与知识工程引入情景描述与建模过程，建立基于本体的问题知识表示方法、多元组的模型表示方法，实现基于知识的自动建模与求解过程。为物联网环境下动态、实时优化问题，建立由计算机生成并求解模型的途径，提高模型生成的自动化水平及优化理论解决动态问题的实时性和自适应性。

（3）针对物联网环境下成品油配送调度问题，建立基于液位仪数据流的成品油异常消耗在线情景分析和异常感知方法、基于"情景-焦点"的油品消耗趋势分析方法，形成基于情景的成品油智能在线补货调度方法，设计和开发在线智能建模及调度方案的智能生成系统。

（4）针对物联网环境下温室农作物生长异常情景监测与生长要素调度难题，

形成"数据驱动的农作物生长异常情景实时监测→农作物生长要素管控规则在线训练→规则触发的农作物生长要素智能调度"的学术思想，实现基于物联网的温室光照监测与智能补光、基于物联网的温室水肥监测与水肥一体化调度以及基于物联网的温室温度监测与卷帘机调控的技术方法，为农业生产过程的全自动化管理提供技术手段。

（5）面向电商物流的智能仓储管理问题，深入研究机器人移动货架拣选系统仓储商品决策与货位分配优化、拣选工作站订单拣选优化和智能分配以及机器人移动货架拣选系统的在线智能调度等难题，提出基于物联网的机器人移动货架拣选系统的智能调度方法，为实现电子商务订单的自动化排产构筑新工具，有利于促进电商仓库向智能化、信息化、无人化方向发展。

本项成果为物联网环境下具有动态连续变化特征的生产与服务调度系统提供了新的决策方法，提高了调度方案的实时性、科学性、智能性、动态适应性和易用性，为求解物联网环境下复杂的调度决策问题提供了新思路。

本书为国家自然科学基金重点项目群"物联网环境下的管理理论与方法"之重点项目——"物联网环境下基于情景的在线智能调度优化方法（批准号：71531002）"的研究成果。其中，第2章、第3章和第4章的成果还分别得到了国家自然科学基金面上项目"物联网环境下基于'情景-焦点'的成品油配送在线重调度决策方法（批准号：71971040）"、"油品配送车辆调度问题基于数据流的在线智能建模方法（批准号：71571027）"和"生鲜农产品物联网电商：种植户'认知-意愿'及需求驱动的运作模式研究（批准号：71973106）"的部分资助。本书的撰写人员及分工为：第1章由孙丽君、胡祥培撰写，第2章由李永刚、胡祥培撰写，第3章由孙丽君、李方方撰写，第4章由阮俊虎、林娜、王天腾、李皓、肖红喜、胡祥培撰写。第5章由丁天蓉、庄燕玲、孙玉姣、胡祥培撰写，第6章由孙丽君、胡祥培撰写。全书由胡祥培、孙丽君负责审校定稿。

本书撰写过程中参阅了国内外许多专家学者的论文和著作，并已在正文中予以标注。在此，著者谨向相关参考文献的作者表示衷心感谢！

衷心感谢国家自然科学基金委员会管理科学部的支持和帮助！衷心感谢重点项目群专家指导组的精心指导和帮助！感谢科学出版社的编辑老师为本书付出的辛劳！

由于著者学术水平所限，书中难免存在不当之处，敬请读者批评指正。

著 者

2020 年 5 月 26 日于大连凌水河畔

目　　录

第1章 绪 论

1.1 引 言

近年来，伴随着物联网、人工智能技术的飞速发展和快速推广应用，人类社会已经步入了"数字化"和"智能化"的新时代。"全面感知、互联互通、智慧服务"正从梦想变为现实。物联网技术正在改变人类社会的生产生活方式，"数字化"和"智能化"催生"数智经济"新模式，促进了生产及服务调度领域的经济管理模式的转型升级及重大变革。物联网的实时性、智能性、感知性、透明性以及大数据等特征正在给生产及服务的在线智能调度带来了前所未有的机遇和挑战，使得在线实时生产或者服务的监控与调度成为可能。而如何充分利用物联网数据化解其内在的复杂性与数据规模并提供决策支持，是近年来该领域研究的关键问题。因而，基于物联网的在线智能调度方法的研究，是当前产业界和学术界共同关注的热点与难点问题。

传统的调度优化方法往往是基于经验的、基于数学模型的或者是两者的结合，这些方法在物联网环境下的缺陷凸显：①基于经验的方法能够快速地对问题特征进行判断，并定性地产生处理问题的方案，其优势是易于实现"实时性"，但难以做到"科学性"。它过分依赖决策者的经验和智慧，其调度方案的优化度、可靠性以及科学性难以验证，且当前的物联网使得调度环境呈现出透明性、可知性、感知性、预知性，在这样的环境中，人工经验变得无所适从；②基于数学模型的方法是对现实问题进行变量假设，由熟悉问题和建模技巧的专业人员手工建立数学模型，并求解得到一个优化的调度方案，其优势是"科学性"高，但其"实时性"很差。建模与求解是一项耗时、复杂、困难的工作，难以实现在线实时调度。当面对物联网下的过载信息与大数据时，如何实时抽取出有用的数据，实时实现"数据→情景→模型→调度策略"这一建模与求解过程，是当前基于物联网的调度系统建模的难点所在；③数学模型与人工经验相结合的方法虽然能够克服方案优化程度不足的问题，并显著提高其"科学性"和"实时性"，但与此同时又诱发基于知识的实时在线建模和基于知识的在线实时调度这一"智能性"难题，这是一项定性与定量相结合、富有难度和挑战性的工作，它依赖人的知识、经验和创造性以及在线调度系统应具备的"人工智能"。将以基于模型的定量分析见长的运筹学方法与擅长基于符号知识推理的人工智能技术相融合，建立基于知识的计算机实时在线建模与调度决策支持系统，这是解决这一挑战性难题的有效途径，它可以实现定性分析与定量分析相结合、人的智能与机器智能相结合这一目标。20 世纪90 年代以来，国内外学者在此领域已开展了大量卓有成效的工作，取得了开拓性的进展。但是，由于生产及服务调度领域大量的决策问题独特的复杂性和实时性，基于知识的在线智能建模与调度问题还面临着重重困难。特别是在物联网环境下，数据的多源异构和连续涌入性、信息的透明性，导致调度过程涉及的人、物料、设备、生产过程、产品等众多对象呈现出连续动态性特征，需要采取调度策略的典型情景时时刻刻不断涌现；另外，这种连续动态性特征又会导致调度结果的时效性极短，因而必须实现调度过程的智能连续性反应。这使得调度优化方法在情景适应性和实时响应能力等方面必须有较高的需求。因此，情景感知、情景表达及基于情景的推理技术，成为基于物联网的在线智能调度优化方法研究中不可或缺的部分；而如何实现基于情景的在线实时建模，以提高决策的智能性、实时性与科学性，是当前亟待解决的难题。

综上所述，随着物联网技术的快速发展以及应用领域的日渐广泛，传统的调度理论方法难以适应物联网环境下涌现出的"实时性"、"科学性"和"智能性"等众多难题。因此，有必要在理论方法上进行有针对性的完善和创新，以应对这些新挑战。本书正是在这样的背景下，集结了国家自然科学基金委员会资助的重点项目群"物联网环境下的管理理论与方法"中的重点项目之一"物联网环境下基于情景的在线智能调度优化方法（批准号：71531002）"的研究成果，在分析物联网环境下生产及服务调度系统面临的机遇与挑战的基础上，实现基于物联网的智能调度优化方法，并在能源配送调度、农业生产精细化管理调度及电子商务物流调度等领域进行了广泛深入的研究和应用。

1.2　国内外相关研究综述

"物联网环境下基于情景的在线智能调度优化方法"项目涉及以下三大领域的相关研究：①物联网技术及其相关应用研究；②基于情景的建模方法的研究；③优化调度方法的研究。本节将分别分析这三大领域的国内外相关研究进展。

1.2.1 物联网技术及其相关应用研究进展

作为继计算机、互联网与移动通信网络之后的又一次信息产业浪潮,物联网是全球公认的推动世界经济社会发展的新引擎,全球每天约有 550 万台新设备加入物联网(工业和信息化部科技司《罗文在 2017 世界物联网博览会上强调:做好五项工作扎实推进物联网有序健康发展》)。物联网概念最初于 1999 年由美国麻省理工学院 Kevin Ashton 教授提出,自 2009 年温家宝总理提出"感知中国"理念后,物联网在我国得到了飞速发展。相关部委支持物联网发展的政策密集出台,相关企业和投资机构积极参与,加速了物联网向各领域的渗透应用,推进了物联网的广泛应用。

物联网的基本特征可概括为:①全面感知,即利用感知、捕获、测量技术随时随地对物体进行信息采集和获取;②可靠传送,即通过将物体接入信息网络,依托各种通信网络,随时随地进行可靠的信息交互和共享;③智能处理,即利用各种智能计算技术,对海量的感知数据和信息进行分析处理,实现智能化的决策和控制[1]。综观国内外学者在物联网领域的相关研究可以概括为两大方面:①物联网技术;②物联网应用(在各行业的应用)。关于物联网技术的研究主要涉及以下四个方面[2]:①智能对象的身份识别及数据传输技术,相关研究主要集中于射频识别(radio frequency identification,RFID)技术[3-5]以及无线传感器网络技术[6,7];②异质设备之间的通信技术,相关研究主要集中于开发标准虚拟平台[8]以及普适计算方法[9];③对用户情景的理解技术,相关研究主要集中于情景感知技术[10]以及基于语义的推理技术[11];④随着用户情景变化而产生自适应调整服务的技术,相关研究主要集中于基于情景的推理方法[12]以及面向服务的计算[13]。关于物联网的应用研究目前主要聚焦于智能制造、智慧农业、智能交通与物流、智慧医疗健康、智能电网、智能家居、公共安全与环境保护等重要领域[14]。

与本书最为相关的是物联网在能源配送调度领域、电子商务物流调度、农业等领域的研究。在物联网+能源配送调度领域,已有研究主要涉及能源配送物联网技术、能源配送物联网服务形式、能源配送物联网应用场景三方面。第一方面的研究主要集中于以液位仪、车载全球定位系统(global positioning system,GPS)为代表的能源配送信息感知与识别技术[15]、基于 HetNet 和无线传感器网络(wireless sensor network,WSN)的无线通信技术[16-18]和以边缘计算(edge computing)、大数据分析、深度学习为代表的信息处理技术[19-21]。第二方面的研究主要集中于能源配送过程风险的实时判定[22]、能源配送路径的实时优化[23]、基于供应商管理库存(vendor managed inventory,VMI)的能源库存路径问题(inventory routing problem,

IRP)[24,25]、能源的动态供应调度[26,27]。第三方面的研究主要集中于物联网在油[23]、电[28]、气[29]、可再生能源[30]等典型能源配送调度领域的示范应用研究。在物联网+电子商务物流调度领域，已有研究主要涉及电子商务物流物联网技术、电子商务物流物联网服务形式、电子商务物流物联网应用场景三方面[31]。第一方面的研究主要集中于以 RFID[32]和设计-采购-施工（engineering-procurement-construction，EPC ）[33,34]为代表的电子商务物流信息感知与识别技术、以无线网络[35]和传感器网络[36]为代表的信息传输技术及以多智能体系统[37,38]、云计算[39,40]、大数据[41,42]为代表的信息处理技术。第二方面的研究主要集中于电子商务物流信息实时可见[43]与共享[33,38]、电子商务物流协同机制[41,44]与实时调度[45]、电子商务库存准确性[46,47]和补货[48,49]等方面。第三方面的研究主要集中于物联网在仓库管理[50,51]、订单处理[37]、库存管理[52]、运输和配送[53]等典型电子商务物流调度领域的示范应用研究。在物联网+农业领域，已有研究主要涉及农业物联网技术、农业物联网服务形式、农业物联网应用场景三方面（农业部市场与经济信息司《全国农业物联网发展报告 2016》）。第一方面的研究主要集中于以 RFID[54]、农业传感器[54,55]为代表的农业信息感知与识别技术，以移动通信技术[56]为代表的信息传输技术和以专家系统[57,58]、云计算[59]、大数据分析[60]为代表的信息处理技术。第二方面的研究主要集中于农业生产资源与生产环境的实时监测[61]、智能农机作业调度[62]、农产品质量安全追溯[63,64]等方面。第三方面的研究主要集中于物联网在大田种植、设施农业、畜禽水产养殖等典型农业领域的示范应用研究[65]。

已有研究极大地推动了物联网的研究进展及其应用推广。然而，这些研究大部分是一般性理论方法的研究，若要推广使用，需要与特定应用领域的问题特征相结合，进行进一步的深化研究；因此，针对特定生产领域、特定生产环节的调度决策问题，必须做相应的针对性研究。

1.2.2　基于情景的建模方法的研究进展

传统的智能建模方法是随着决策支持系统、人工智能、知识工程等领域的交融发展而发展起来的。Makowski 和 Wierzbicki [66]总结了很多传统的决策支持建模方法，这些建模方法的通用性强，可用于指导各类决策支持系统的模型库构建。传统通用性的建模方法有多种，如逻辑建模[67]、图文法[68]、结构化建模[69]、基于 Agent 的建模方法[70]等。国内在传统的通用性智能建模方法方面的研究具有代表性的成果有：于水和黄道[71]基于统一建模语言构建决策库模型；黄梯云等[72]基于模型类构建模型；修立军等[73]基于事例学习构建目标规划模型；韩祥兰等[74]基于多 Agent 进行分布式模型构建等；刘博元等[75]总结当前智能决策支持系统的建模方法的三大主流有基于事例推理的方法、基于 Agent 的方法以及基于神经网络的方法。除此之外，针对运筹学优化问题，有一类特殊的建模方法，即代数建模语言。该类建模方法专门针对线性规划问题，建模效率高，并有很强的领域专属性。该类方法的先驱方法有代数建模语言（a mathematical programming language，AMPL）[76]、数学规划和优化的通用代数建模系统（general algebraic modeling system，GAMS）[77]、AIMMS（advanced integrated multidimensional modeling software）[78]等；之后，又有针对这些方法的改进方法，如 AMPL 扩展语言建模方法[79]、结构传递建模语言方法[80]等。此类建模方法要求数据输入结构必须是固定的（如矩阵结构）；并且问题必须具有固定的目标和约束条件，在问题求解过程中不允许进行改变，无法适应动态问题建模。

随着物联网的发展，基于情景的智能建模方法近年来逐步成为研究的主流。当今，普适计算领域的情景感知系统是情景建模方法的主流研究[81,82]，情景感知系统的核心是情景建模和推理技术。Sezer 等总结前人的研究，认为当前有九种主流的情景建模方法[10]：键值法、图形法、标记模式法、基于对象角色的方法、基于逻辑的方法、基于本体的方法、空间法、不确定建模法以及混合情景建模方法。关于键值法：该方法以键值对的形式存储值，具有简单性、灵活性和用户友好性；然而，这种特殊的建模方法对于复杂的、层次化的结构和关系是不方便的[83]。关于图形法：该方法是用关系建模情景的，就建模情景而言，这种建模方法优于基于键值和标记模式建模的方法，其情景建模方法常用的例子为统一建模语言（unified modeling language，UML）和对象角色建模（object role modeling，ORM）[84]。关于标记模式法：该方法使用标记来存储数据；然而，它不支持端口推理，而且信息检索困难，其中，可扩展标记语言（extensible markup language，XML）是标记模式建模中用于临时数据存储的最常用的标记语言[85]。关于基于对象角色的方法：该方法用类和关系建模情景和数据，面向对象的高级语言适合这种建模方法；然而，由于规范和标准化，该方法的验证是困难的[86]。关于基于逻辑的方法：该方法用情景代表规则、逻辑表达式和变量，逻辑推理可以应用于基于逻辑建模的模型，高级情景可以从低级情景中提取出来，低级情景可以通过现有的处理工具捕获；然而，该建模方法很难实现标准化和验证[87]。关于基于本体的方法：该方法通过统一的语义对情景数据进行表示，具有较强的描述能力，能够表达复杂的情景数据；然而，该方法难以描述暂时性的内容，这不利于需要历史数据进行推演的推理过程[88]。关于空间法：该方法适用于基于位置的情景感知系统以及基于空间模型对庞大的情景信息进行空间分割以降低情景管理的复杂性；然而，该方法需要花费很大的代价来收集情景信息的位置数据，并随时将这些数据更新到最新状态，当空间维度在建模过程中不重要时，这种代价是无意义的[89]。关于不确定建模法：该方法主要用来表示情景的质量，可以用以下属性来度量，如准确性、覆盖范围、置信度、频率、新鲜度、可重复性、分辨率和及时性[90]。关于混合情景建模方法：该方法可以充分利用多种情景建模方法的优势，例如，将认知建模语言（cognitive modeling language，CML）与基于本体的方法结合的混合情景建模方法，结合 CML 处理不完备情景信息的能力以及本体可以对不同的情景模型进行语义映射的能力，使得它们扬长避短、优势互补[91]。同时，Sezer 等也总结出六大类主流情景推理方法[10]：基于模糊逻辑的情景推理方法、基于本体的情景推理方法[92]、基于概率逻辑的情景推理方法[93]、基于规则的情景推理方法[94]、监督学习的情景推理方法[95]和无监督学习的情景推理方法[96]。近年来，混合情景推理方法成为新的研究方向，也是未来情景建模的研究重点之一[12,89]。例如，Razzaq 等尝试将监督学习的情景推理方法与基于本体的情景推理方法结合，构建混合的情景推理方法[97]。

综上可知，目前已有的情景建模方法为情景感知系统的开发和应用实践提供了理论基础与技术指导，但是，现有的情景建模方法各有其优劣。因此，本书需要结合现有方法的优缺点，研究如何能将物联网环境下连续不断产生的数据实时转换为情景信息，并基于情景建模与低层次情景推理出高层次情景，以实现情景驱动的调度策略的在线智能生成。此外，调度策略生成系统往往是人工经验和运筹学优化技术相结合的产物，因而，此类系统的情景建模方法不仅需要对问题情景、情景演化的趋势分析进行研究，也需要对策略求解的应用情景进行更深入的探究。

1.2.3 优化调度方法的研究进展

已有的调度方法可以分为三类：①基于经验的方法，该类方法一般以专家系统的方式得以实现；②基于运筹学优化模型的方法，该类方法一般以建立和求解规划模型的手段获得最优调度方案；③人工智能与运筹学优化技术相融合的方法，该类方法通常以开发人工智能算法为手段，实现定性与定量相结合的更为智能的调度过程。

Byrd[98]的研究发现，20 世纪 90 年代，专家系统在生产调度领域[99]应用的广泛性仅次于医疗诊断领域。专家系统在优化调度上主要用于分解复杂问题[100]、选择调度规则[101,102]、产生调度策略[103]等环节上，其优势在于[104]：可为非专家用户使用、知识是一致的，并且可广泛集成多个专家的知识。然而，专家系统是否成功应用取决于其知识库中包含了多少知识以及这些知识的质量，因此，专家系统的应用也存在很多争议。例如，Framinan 和 Ruiz[105]在其研究中发现，许多研究者对调度中是否真正有专家持怀疑态度，这是因为现实的调度环境相当复杂，大部分都超出了调度者的认知能力范围；另外，有些研究者认为，即便有调度专家的存在，专家系统也仅仅是对这些调度专家的决策过程进行了自动化而已。

运筹学优化模型的方法是针对问题的特征，对现实问题进行变量假设，建立数学模型，并用适当的算法求解，得到一个优化的调度方案。根据问题参数是确定性的还是非确定性的，建立的调度模型也相应地分成了确定性调度模型[106-108]，以及处理不确定性[109,110]的随机规划模型[111,112]、模糊规划模型[113,114]、鲁棒优化模型[115,116]等。建立运筹学优化调度模型的优点是能够对调度方案进行定量评价和优化。但是，建立数学模型是一项复杂而困难的工作，需要专业的建模知识，因此，该方法依赖于建模专家，一般的调度人员很难使用。另外，由于建模时，模型对现实情况做了很多假设，当结合实际问题的具体要求与情况之后，求解的结果与现实的相符程度相差较远。所以，模型在实际问题中的应用不可能是直接的，必须结合大量的领域知识和专家知识[117,118]。即人工智能与运筹学优化技术的结合才能够得到最实用的结果，这也是目前该方法更为流行的主要原因。

人工智能与运筹学优化技术结合的优化调度方法主要是针对复杂调度问题，尤其是 NP-hard 问题，开发人工智能模型及相应算法，分解问题的复杂性[119]并可在有限的时间内发现较好的解。例如，Akyol 和 Bayhan[120]综述了神经网络与进化的神经网络及其与各种启发式算法结合的混合算法在生产调度优化中的研究现状；Tuncel 和 Bayhan[121]综述了 Petri 网建模及其与多种启发式的人工智能搜索算法结合解决生产调度问题的研究现状；Zhou 和 Zain[122]综述了模糊 Petri 网的推理算法及其工业应用；Muhamad 和 Deris[123]综述了人工智能中的人工免疫算法在柔性车间生产调度问题中的应用。上述这些方法极大地推动了优化调度决策理论与方法的发展，但 Shen 等[124]的观点认为，由于这些方法都是由一个中央计算单元实现所有的计算，属于集中式的优化决策运算，因此在应用到实际问题上时也产生了很多困难，而基于 Agent 的方法则以其分布式优化运算的方式弥补了这一缺陷。Toptal 和 Sabuncuoglu[125]全面综述了多 Agent 调度系统中的分布式算法，并比较了分布式调度系统与集中式调度系统在理论与应用方面的区别，提出分布式调度系统需要考虑的四个重点问题：①将问题分解为子问题；②将子问题指派给 Agent；③为 Agent 设计求解子问题的算法；④设计交互机制和算法以便于 Agent 之间集成解并解决冲突。近年来，国内学者在该领域也有相关的研究，例如，徐新黎等[126]用多 Agent 动态调度方法解决染色车间调度问题；潘颖等[127]构造了基于多 Agent 的柔性作业车间调度模型，研究了多 Agent 之间的交换协调机制。随着问题规模的扩大，分布式决策的优势更加凸显，尤其是在物联网环境下，为了充分利用相互连接的智能体的分布式计算能力，分布式的优化调度方法必将大显神通。

1.2.4　国内外相关研究小结

综上所述，国内外学者在物联网技术、基于情景的建模方法、优化调度方法等方面开展了众多前沿性研究，研究成果丰富，为后续的同类研究提供了依据与研究基础。但是，现有的研究成果仍无法满足物联网环境下的优化调度要求，主要原因如下：

（1）正如前面所述，物联网技术的应用将引发大量的管理问题。在生产及服务调度领域，要实现在线智能建模过程，仍需要密切结合优化调度问题的具体特征，做更深入的探讨与研究。尤其是如何利用物联网技术获取调度典型情景（典型情景指的是能够引发系统非平稳状态，并需要采取措施进行调度决策的情景），以触发调度决策过程的在线实时响应，是基于物联网的在线智能调度方法亟待解决的首要难题。

（2）已有情景建模方法为情景感知系统的开发与实践提供了理论基础与技术，但现有的情景建模方法各有优缺点和适用的问题类型。因此，结合优化调度决策问题的特征及其类型，研究如何实现以数据为源驱动力、以典型情景为触发点的在线智能建模方法，是本书致力攻克的难题之二。

（3）已有优化调度方法，均是为求某一可清晰界定边界、可完全描述的结构化问题的最优解或者次优解而设计的，而在物联网环境下，由于数据采集的广泛性与实时性，调度面对的决策环境呈现高度的动态复杂性，其非结构性特征凸显。此外，调度决策离不开人工经验，因此，如何在这种高动态、短时效、复杂的物联网环境中实现基于情景的调度优化，并以此为理论基础开发相应的决策支持系统，是本书致力攻克的难题之三。

1.3　主要研究工作及思路

1.3.1　研究内容

针对物联网给生产和服务调度系统带来的新要求和新挑战，本书在已有研究基础上，以基于情景的智能建模以及在线智能调度为主线，采用"情景的获取→情景的表达模型→基于情景的推理"这一研究步骤，融合知识工程、人工智能与运筹学等理论，运用流数据获取与处理、仿真优化技术等方法和技术手段，实现"数据→情景→模型→调度策略"的建模与求解过程，研究物联网环境下基于情景的在线智能调度问题，主要分为以下内容：

1）物联网环境下的在线智能调度决策的基础理论

针对物联网环境下的生产及服务调度系统的季节性、周期性、多因素叠加、连续和离散交错等特征诱发的异常甄别模糊、趋势分析复杂、调度决策科学性差等问题，以提升调度系统的智能性、实时性、科学性为目标，综合运用数据挖掘、一次性决策理论、人工智能等理论方法，提出了规则与模型相结合的基于"情景-焦点"的在线趋势分析和决策方法。通过数据驱动的典型情景感知方法将动态复杂的非结构化问题转化为半结构化问题；运用规则与模型相结合的状态演化分析方法选择焦点，将半结构化问题转化为结构化问题；基于"情景-焦点"的不确定性决策方法实现系统的调度决策。

该方法为求解高度复杂的动态实时调度问题提供了基于物联网的新思路，物联网环境下智能调度的新特征促进了数据驱动的情景分析方法、基于"情景-焦点"的决策方法、情景建模方法的有机结合，实现了大数据、决策理论、人工智能等领域的交叉融合，拓展了一次性决策理论，丰富了焦点的内涵。

2）基于物联网的成品油配送在线监测与智能调度

针对基于物联网的成品油配送系统中物流资源的实时调度难题，以实现油品按需、精准、主动、及时配送为目标，融合情景感知及智能建模理论和方法，提出了成品油配送的在线监测及运营优化调度方法，主要完成成品油消耗异常基于情景的在线感知方法、成品油消耗基于情景的在线趋势分析方法、成品油消耗异常基于情景的在线监测预警方法、基于情景的成品油补货调度方法以及成品油二次配送的在线调度优化方法等研究工作，实现了利用物联网数据实时监测加油站的库存及需求情景且实时感知油品消耗异常的过程，以在超出加油站库存服务能力的需求发生之前进行库存预警，并基于配送计划的实施情况和运力情况，实时生成应对策略，实现库存的及时补货，从而缓解了加油站的服务压力，保障了油品的顺利供应和加油站的平稳运营。

该研究成果有利于提高成品油配送系统调度过程的实时性、科学性和智能性，提高成品油配送系统调度的效能，为其向全自动化补货系统的发展奠定基础，从而全面提高全社会能源运输的高效性与安全性，有利于促进物联网技术、运筹学、人工智能等学科理论的交叉与渗透。

3）基于物联网的温室农作物生长要素在线监测与智能调度

针对物联网环境下温室农作物生长异常的情景实时监测与生长要素的在线调度难题，以实现优化调度温室作物所需的光照、水肥和温度等生长要素为目标，融合数据挖掘及运筹学优化理论与方法，提出"数据驱动的农作物生长异常的情景实时监测→农作物生长要素管控规则的在线训练→规则触发的农作物生长要素的智能调度"的学术思想，主要完成了物联网环境下温室光照异常情景的监测方法、基于物联网的温室智能补光调度模型与算法、物联网环境下温室水肥异常情景的监测方法、基于物联网的温室水肥一体化调度模型与算法、物联网环境下温室温度监测系统与预测、基于物联网的温室卷帘机调控模型与算法等研究工作，能够根据温室物联网产生的数据实时检测作物生长情景，在线训练作物生长的管控规则，进行规则触发的优化智能调度。

同时，为了促进物联网技术及创新商业模式的实现，本部分也对果蔬种植户对物联网技术认知及其影响因素和基于物联网的生鲜产品创新电商运作模式进行了研究，为在我国推进物联网技术提供了依据，有利于促进我国数字农业的发展。

4）基于物联网的机器人移动货架拣选系统智能调度

针对基于物联网的机器人移动货架拣选系统的智能调度问题，以实现订单快速拣选、及时出库为目标，融合数据挖掘、复杂网络理论和方法，提出了机器人移动货架拣选系统的智能调度方法，主要完成了机器人移动货架拣选系统货位分配优化方法、单工作站订单拣选优化方法、多工作站订单智能分配方法等研究工作，实现了基于物联网技术的机器人移动货架拣选系统的仓储商品存储优化与订单优化拣选，梳理了机器人移动货架拣选系统的研究进展和现状，分析了基于自动导引小车（automatic guided vehicle，AGV）的机器人移动货架拣选系统的构成要素、运作流程和特征，对移动拣选仓库的全流程进行仿真分析，利用实际订单数据对商品、订单、货架之间的关系进行分析与建模，基于数据挖掘理论与方法，生成了基于商品特征、订单结构的货位分配方法与拣选工作站订单及货架交互式调度方法，从而减少了机器人移动货架拣选系统的货架移动次数，提高了系统的拣选效率。

该研究成果有利于提高机器人移动货架拣选系统仓储商品货位分配与订单拣选的科学性和智能性，在降低运作成本的同时提高了拣选效率，可有效保障订单的时效性，为该系统的进一步应用提供了思路，有利于促进智慧仓库的发展。

1.3.2　研究思路

本书采用理论与实践相结合的研究思路，针对物联网环境下调度对象状态的动态连续性特征，建立在线实时的智能优化调度方法，从而实现优化调度的在线实时性及优化调度决策的科学性、有效性与实用性。具体思路图见图1.1。该研究立足于物联网环境下生产调度领域的重大科学问题，提炼和分析物联网环境下调度系统中的异常感知难、趋势描述难、决策分析难的特征和决策特点，探讨物联网环境下的在线智能调度决策的基础理论方法，提出一套较为完整的物联网环境下的在线调度问题的新概念、新理论与新方法；以提出的新理论与新方法为指导，聚焦于能源配送领域的成品油配送在线监测及运营优化调度系统、农业生产精细化管理领域的温室农作物生长要素在线监测与智能调度系统，以及电子商务物流管理领域的机器人移动货架拣选系统智能调度三大具体的问题领域，实现理论方法的实例化应用。

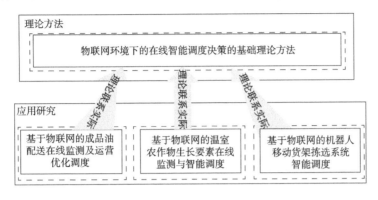

图 1.1 研究思路图

1.3.3 研究意义

本书聚焦于社会生产流通环节，面向能源运输、农业生产、电子商务物流这几大项国家重大需求，重点研究成品油配送中的在线监测及运营优化调度问题、现代农业生产精细化管理中的温室农作物生长要素在线监测与智能调度问题、电子商务订单自动化生产过程中的机器人移动货架拣选系统智能调度问题，解决一些物联网环境下生产及服务调度中的实际技术难题与管理难题，提高能源运输的高效性与安全性，推动农业现代化的发展，有助于实现电子商务物流系统的全自动调度过程。因此，本书的研究具有非常重要的意义。

（1）理论意义：物联网环境下基于情景的在线智能调度已经成为生产调度领域的前沿性方向。本书将建立物联网环境下的实时监测与数据处理方法，构建融合典型情景与决策情景以及建模知识、基于情景的在线智能建模方法，并开发在线实时的模型求解算法，有助于建立物联网环境下的在线智能调度优化的理论与方法，提高生产及服务调度系统的智能性、科学性和实时性，丰富物联网环境下的管理理论与方法研究。有利于物联网与人工智能技术及运筹学等学科的交叉和渗透，催生新学科的诞生，具有重要的理论意义。

（2）现实意义：物联网技术逐渐深入人类生产生活的各个领域，为国家经济及社会的可持续发展带来新动力与新挑战。物联网产业已成为国家重点扶持与积极推动的对象。基于情景的在线智能调度优化方法能够有效利用物联网中的海量数据，为企业与各部门的生产及服务调度提供在线、实时的决策支持，是企业与各部门实现智能生产及服务的关键基础。此外，本项目的应用研究——智慧能源、智慧农业、智慧商务及物流等符合国家重大需求，面向能源、农业、商务物流发展这一国民经济主战场，扎根中国大地，解决中国智慧化发展难题，具有重要的现实意义。特别是智慧农业示范工程建设有利于进一步推动基于"物联网+区块链"智慧农业项目——"京东农场"的大规模推广应用，引领中国"包产到户"的分散式农业逐步向质量效益型的现代农业发展，推进国家质量兴农战略向前发展。

参 考 文 献

[1] 孙其博，刘杰，黎羴，等. 物联网：概念、架构与关键技术研究综述[J]. 北京邮电大学学报，2010，33（3）：1-9.

[2] 胡祥培，孙丽君，王征. 基于物联网的在线智能调度方法的相关思考[J]. 管理科学，2015，28（2）：137-144.

[3] Herrojo C，Paredes F，Mata-Contreras J，et al. Chipless-RFID：a review and recent developments[J]. Sensors，2019，19（15）：1-20.

[4] Mc Gee K，Anandarajah P，Collins D. A review of chipless remote sensing solutions based on RFID technology[J]. Sensors，2019，19（22）：1-51.

[5] Ibrahim A，Dalkilic G. Review of different classes of RFID authentication protocols[J]. Wireless Networks，2019，25（3）：961-974.

[6] Mao F，Khamis K，Krause S，et al. Low-cost environmental sensor networks：recent advances and future directions[J]. Frontiers in Earth Science，2019，7：221.

[7] Saqib M，Khan F Z，Ahmed M，et al. A critical review on security approaches to software-defined wireless sensor networking[J]. International Journal of Distributed Sensor Networks，2019，15（12）：1-17.

[8] López D D，Uribe M B，Cely C S，et al. Developing secure IoT services：a security-oriented review of IoT platforms[J]. Symmetry，2018，10（12）：1-34.

[9] Cook D J，Das S K. Pervasive computing at scale：transforming the state of the art[J]. Pervasive and Mobile Computing，2012，8（1）：22-35.

[10] Sezer O B，Dogdu E，Ozbayoglu A M. Context-aware computing, learning, and big data in internet of things：a survey[J]. IEEE Internet of Things Journal，2018，5（1）：1-27.

[11] Ye J，Dasiopoulou S，Stevenson G，et al. Semantic web technologies in pervasive computing：a survey and research roadmap[J]. Pervasive and Mobile Computing，2015，23：1-25.

[12] Machado R S，Almeida R B，Pernas A M，et al. State of the art in hybrid strategies for context reasoning：a systematic literature review[J]. Information and Software Technology，2019，111：122-130.

[13] Cabrera O，Franch X，Marco J. Ontology-based context modeling in service-oriented computing：

a systematic mapping[J]. Data & Knowledge Engineering，2017，110：24-53.

[14] Khanna A，Kaur S. Evolution of internet of things（IoT）and its significant impact in the field of precision agriculture[J]. Computers and Electronics in Agriculture，2019，157：218-231.

[15] Chen Y，Yong Q，Xiang D. Study on monitor and control of POL transport by road in IOT[C].2nd International Conference on Computer Science and Network Technology（ICCSNT），Changchun，2012.

[16] Ye X，Liang W. Charging utility maximization in wireless rechargeable sensor networks[J]. Wireless Networks，2017，23（7）：2069-2081.

[17] Sisinni E，Saifullah A，Han S，et al. Industrial internet of things：challenges，opportunities，and directions[J]. IEEE Transactions on Industrial Informatics，2018，14（11）：4724-4734.

[18] Bhattarai B P，Levesque M，Maier M，et al. Optimizing electric vehicle coordination over a heterogeneous mesh network in a scaled-down smart grid testbed[J]. IEEE Transactions on Smart Grid，2015，6（2）：784-794.

[19] Liu Z，Qiu X，Zhang S，et al. Service scheduling based on edge computing for power distribution IoT[J]. CMC - Computers Materials & Continua，2020，62（3）：1351-1364.

[20] Liu Y，Yang C，Jiang L，et al. Intelligent edge computing for iot-based energy management in smart cities[J]. IEEE Network，2019，33（2）：111-117.

[21] Li H，Ota K，Dong M. Learning IoT in edge：deep learning for the internet of things with edge computing[J]. IEEE Network，2018，32（1）：96-101.

[22] Zulfikar C，Erdik M，Safak E，et al. Istanbul natural gas network rapid response and risk mitigation system[J]. Bulletin of Earthquake Engineering，2016，14（9）：2565-2578.

[23] 全自强，李鹏翔. 考虑实时路况和车辆周转率的成品油配送路径优化研究[J]. 工业工程与管理，2019，24（2）：109-115.

[24] Coelho L C，Laporte G. An optimised target-level inventory replenishment policy for vendor-managed inventory systems[J]. International Journal of Production Research，2015，53（12）：3651-3660.

[25] Popović D，Vidović M，Radivojević G. Variable neighborhood search heuristic for the inventory routing problem in fuel delivery[J]. Expert Systems with Applications，2012，39（18）：13390-13398.

[26] Mou X，Zhang Y，Jiang J，et al. Achieving low carbon emission for dynamically charging electric vehicles through renewable energy integration[J]. IEEE Access，2019，7：118876-118888.

[27] Chen H，Su Z，Hui Y，et al. Dynamic charging optimization for mobile charging stations in internet of things[J]. IEEE Access，2018，6：53509-53520.

[28] Saleem Y，Crespi N，Rehmani M H，et al. Internet of things-aided smart grid：technologies，architectures，applications，prototypes，and future research directions[J]. IEEE Access，2019，7：62962-63003.

[29] Lobo B J，Brown D E，Gerber M S，et al. A transient stochastic simulation-optimization model for operational fuel planning in-theater[J]. European Journal of Operational Research，2018，264（2）：637-652.

[30] Wang Y，Su Z，Zhang N. BSIS：blockchain-based secure incentive scheme for energy delivery in vehicular energy network[J]. IEEE Transactions on Industrial Informatics，2019，15（6）：3620-3631.

[31] Ben-Daya M，Hassini E，Bahroun Z. Internet of things and supply chain management：a literature review[J]. International Journal of Production Research，2019，57（15/16）：4719-4742.

[32] Sarac A，Absi N，Dauzere-Peres S. A literature review on the impact of RFID technologies on supply chain management[J]. International Journal of Production Economics，2010，128（1）：77-95.

[33] Qiu X，Luo H，Xu G，et al. Physical assets and service sharing for IoT-enabled supply hub in industrial park（SHIP）[J]. International Journal of Production Economics，2015，159（1）：4-15.

[34] 齐赫,周娜. EPC 和 RFID 物联网技术对电子商务物流发展的影响[J]. 电子技术与软件工程，2016，（10）：24.

[35] Decker C，Berchtold M，Chaves L W F，et al. Cost-Benefit Model for Smart Items in the Supply Chain[M]//The Internet of Things. Heidelberg：Springer Berlin Heidelberg，2008：155-172.

[36] Ferreira P，Martinho R，Domingos D. IoT-aware business processes for logistics：limitations of current approaches[C]. INForum，Hungary，2010：611-622.

[37] Reaidy P J，Gunasekaran A，Spalanzani A. Bottom-up approach based on internet of things for order fulfillment in a collaborative warehousing environment[J]. International Journal of Production Economics，2015，159（SI）：29-40.

[38] Qu T，Thurer M，Wang J，et al. System dynamics analysis for an internet-of-things-enabled production logistics system[J]. International Journal of Production Research，2017，55（9）：2622-2649.

[39] Pang Z，Chen Q，Han W，et al. Value-centric design of the internet-of-things solution for food supply chain：value creation，sensor portfolio and information fusion[J]. Information Systems Frontiers，2015，17（2）：289-319.

[40] Addo-Tenkorang R，Helo P T. Big data applications in operations/supply-chain management：a literature review[J]. Computers & Industrial Engineering，2016，101：528-543.

[41] Zhu D. IoT and big data based cooperative logistical delivery scheduling method and cloud robot system[J]. Future Generation Computer Systems - the International Journal of eScience，2018，86：709-715.

[42] Hopkins J，Hawking P. Big data analytics and iot in logistics：a case study[J]. International Journal of Logistics Management，2018，29（2）：575-591.

[43] Lou P，Liu Q，Zhou Z，et al. Agile supply chain management over the internet of things[C].2011 International Conference on Management and Service Science，Wuhan，2011.

[44] Kong X T R，Yang X，Peng K L，et al. Cyber physical system-enabled synchronization mechanism for pick-and-sort ecommerce order fulfilment[J]. Computers in Industry，2020，118：103220.

[45] Kong X T R，Chen J，Luo H，et al. Scheduling at an auction logistics centre with physical

internet[J]. International Journal of Production Research, 2016, 54（9）: 2670-2690.

[46] Fleisch E, Tellkamp C. Inventory inaccuracy and supply chain performance: a simulation study of a retail supply chain[J]. International Journal of Production Economics, 2005, 95（3）: 373-385.

[47] Kang Y, Gershwin S B. Information inaccuracy in inventory systems: stock loss and stockout[J]. IIE Transactions, 2005, 37（9）: 843-859.

[48] Kök A G, Shang K H. Inspection and replenishment policies for systems with inventory record inaccuracy[J]. M & Som-Manufacturing & Service Operations Management, 2007, 9（2）: 185-205.

[49] Gaukler G M, Özer Ö, Hausman W H. Order progress information: improved dynamic emergency ordering policies[J]. Production and Operations Management, 2008, 17(6): 599-613.

[50] Yang J. Design and implementation of intelligent logistics warehouse management system based on Internet of things[C]. ICLEM 2012: Logistics for Sustained Economic Development—Technology and Management for Efficiency, Reston, 2012: 319-325.

[51] García A, Chang Y, Abarca A, et al. RFID enhanced MAS for warehouse management[J]. Taylor & Francis, 2007, 10（2）: 97-107.

[52] Lee Y M, Cheng F, Leung Y T. Exploring the impact of RFID on supply chain dynamics[C]. Proceedings of the 2004 Winter Simulation Conference, Washington DC, 2004.

[53] Singh B, Gupta A. Recent trends in intelligent transportation systems: a review[J]. Journal of Transport Literature, 2015, 9（2）: 30-34.

[54] Kumari L, Narsaiah K, Grewal M K, et al. Application of RFID in agri-food sector[J]. Trends in Food Science & Technology, 2015, 43（2）: 144-161.

[55] Thakur D, Kumar Y, Kumar A, et al. Applicability of wireless sensor networks in precision agriculture: a review[J]. Wireless Personal Communications, 2019, 107（1）: 471-512.

[56] Chowdhury M Z, Shahjalal M, Hasan M K, et al. The role of optical wireless communication technologies in 5G/6G and IoT solutions: prospects, directions, and challenges[J]. Applied Sciences-Basel, 2019, 9（20）: 1-20.

[57] Baseca C C, Sendra S, Lloret J, et al. A smart decision system for digital farming[J]. Agronomy-Basel, 2019, 9（5）: 1-19.

[58] Kaloxylos A, Eigenmann R, Teye F, et al. Farm management systems and the future internet era[J]. Computers and Electronics in Agriculture, 2012, 89: 130-144.

[59] Wang H, Lin G, Wang J, et al. Management of big data in the internet of things in agriculture based on cloud computing[J]. Applied Mechanics and Materials, 2014, 548-549: 1438-1444.

[60] Wolfert S, Ge L, Verdouw C, et al. Big data in smart farming-a review[J]. Agricultural Systems, 2017, 153: 69-80.

[61] Katsoulas N, Elvanidi A, Ferentinos K P, et al. Crop reflectance monitoring as a tool for water stress detection in greenhouses: a review[J]. Biosystems Engineering, 2016, 151: 374-398.

[62] 张瑶, 滕桂法, 苑迎春, 等. 农机跨区作业紧急调配算法适宜性选择[J]. 农业工程学报, 2018, 34（5）: 47-53.

[63] Ping H，Wang J，Ma Z，et al. Mini-review of application of IoT technology in monitoring agricultural products quality and safety[J]. International Journal of Agricultural and Biological Engineering，2018，11（5）：35-45.

[64] Costa C，Antonucci F，Pallottino F，et al. A review on agri-food supply chain traceability by means of RFID technology[J]. Food and Bioprocess Technology，2013，6（2）：353-366.

[65] Han Z，Zhang W，Hu B. Dual roles of users in online brand community and knowledge sharing behavior a simulation study[J]. Kybernetes，2019，48（9）：2093-2116.

[66] Makowski M，Wierzbicki A P. Modeling Knowledge：Model-based Decision Support and Soft Computations[M]. Yu X，Kacprzyk J. Applied Decision Support with Soft Computing. Heidelberg：Springer Berlin Heidelberg，2003：3-60.

[67] Krishnan R. A logic modeling language for automated model construction[J]. Decision Support Systems，1990，6（2）：123-152.

[68] Jones C V. Developments in graph-based modeling for decision support[J]. Decision Support Systems，1995，13（1）：61-74.

[69] Tsai Y C. Model integration using SML[J]. Decision Support Systems，1998，22（4）：355-377.

[70] An L. Modeling human decisions in coupled human and natural systems：review of agent-based models[J]. Ecological Modelling，2012，229（SI）：25-36.

[71] 于水，黄道. 基于统一建模语言的新型决策库模型[J]. 华东理工大学学报，2001，（5）：471-474.

[72] 黄梯云，冯玉强，周宽久. 决策支持系统中的建模知识表示研究[J]. 管理科学学报，2001，（1）：45-51.

[73] 修立军，胡祥培，李闻宇. 基于事例学习的目标规划问题的建模方法研究[J]. 哈尔滨工业大学学报，2003，（1）：13-16.

[74] 韩祥兰，吴慧中，陈圣磊. 基于多 Agent 的分布式模型管理与组合方法[J]. 计算机集成制造系统，2004，（S1）：114-119.

[75] 刘博元，范文慧，肖田元. 决策支持系统研究现状分析[J]. 系统仿真学报，2011，23（S1）：241-244.

[76] Fourer R，Gay D M，Kernighan B W. A modeling language for mathematical programming[J]. Management Science，1990，36（5）：519-554.

[77] Brooke A，Kendrick D A，Meeraus A. GAMS：A User'S Guide（Release 2.25）[M]. San Francisco:The Scientific Press，1992.

[78] Bisschop J. AIMMS-Optimization Modeling[M]. Kirkland：Lulu. com，2006.

[79] Desrochers M，Jones C V，Lenstra J K，et al. Towards a model and algorithm management system for vehicle routing and scheduling problems[J]. Decision Support Systems，1999，25（2）：109-133.

[80] Colombo M，Grothey A，Hogg J，et al. A structure-conveying modelling language for mathematical and stochastic programming[J]. Mathematical Programming Computation，2009，1（4）：223-247.

[81] Perera C，Zaslavsky A，Christen P. Context aware computing for the internet of things：a

survey[J]. IEEE Communications Surveys & Tutorials, 2014, 16（1）: 414-454.

[82] Pradeep P, Krishnamoorthy S. The MOM of context-aware systems: a survey[J]. Computer Communications, 2019, 137: 44-69.

[83] Gascon-Samson J, Coppinger M, Jin F, et al. CacheDOCS: A Dynamic Key-Value Object Caching Service[M]//Musaev A, Ferreira J E, Higashino T. IEEE International Conference on Distributed Computing Systems Workshops, Atlanta: IEEE, 2017: 383-388.

[84] Zheng Z, Pei J, Bansal N, et al. Generation of pairwise potentials using multidimensional data mining[J]. Journal of Chemical and Computation, 2018, 14（10）: 5045-5067.

[85] Abadi M, Warinschi B. Security analysis of cryptographically controlled access to XML documents[J]. Journal of the ACM, 2008, 55（2）: 1-29.

[86] Tomaš T C, Moškon M, Mraz M, et al. Computational modelling of liver metabolism and its applications in research and the clinics[J]. ACTA Chimica Slovenica, 2018, 65（2）: 253-265.

[87] Sakhanenko N A, Luger G F. Model failure and context switching using logic-based stochastic models[J]. Journal of Computer Science and Technology, 2010, 25（4）: 665-680.

[88] Acierno M, Cursi S, Simeone D, et al. Architectural heritage knowledge modelling: an ontology-based framework for conservation process[J]. Journal of Cultural Heritage, 2016, 24: 124-133.

[89] Ranganathan A, Al-Muhtadi J, Chetan S, et al. MiddleWhere: A Middleware for Location Awareness in Ubiquitous Computing Applications[M]//Jacobsen H A. Lecture Notes in Computer Science, Berlin: Springer-Verlag, 2004: 397-416.

[90] Izquierdo J, Crespo Marquez A, Uribetxebarria J. Dynamic artificial neural network-based reliability considering operational for context of assets[J]. Reliability Engineering & System Safety, 2019, 188: 483-493.

[91] Machado R D S, Almeida R B, da Rosa D Y L, et al. EXEHDA-HM: a compositional approach to explore contextual information on hybrid models[J]. Future Generation Computer Systems - the International Journal of eScience, 2017, 73: 1-12.

[92] Villalonga C, Razzaq M A, Khan W A, et al. Ontology-based high-level context inference for human behavior identification[J]. Sensors, 2016, 16（10）: 1617.

[93] Ameyed D, Miraoui M, Zaguia A, et al. Using probabilistic temporal logic pctl and model checking for context prediction[J]. Computing and Informatics, 2018, 37（6）: 1411-1442.

[94] Hoque M R, Kabir M H, Seo H, et al. PARE: profile-applied reasoning engine for context-aware system[J]. International Journal of Distributed Sensor Networks, 2016, 12: 53890917.

[95] Borgi A, Akdag H. Knowledge based supervised fuzzy-classification: an application to image processing[J]. Annals of Mathematics and Artificial Intelligence, 2001, 32（1/4）: 67-86.

[96] Xie J, Zhu F, Huang M, et al. Unsupervised learning of paragraph embeddings for context-aware recommendation[J]. IEEE Access, 2019, 7: 43100-43109.

[97] Razzaq M A, Amin M B, Lee S. An ontology-based hybrid approach for accurate context reasoning[C]. The 19th Asia-Pacific Network Operations and Management Symposium （APNOMS 2017）, Seoul, 2017: 403-406.

[98] Byrd T A. Expert systems implementation：interviews with knowledge engineers[J]. Industrial Management &amp；Data Systems，1995，95（10）：3-7.

[99] 李豆豆. 生产调度的启发式规则研究综述[J]. 机械设计与制造工程，2014，43（2）：51-56.

[100] Alexander S M. An expert system for the selection of scheduling rules in a job shop[J]. Computers & Industrial Engineering，1987，12（3）：167-171.

[101] Subramaniam V，Ramesh T，Lee G K，et al. Job shop scheduling with dynamic fuzzy selection of dispatching rules[J]. International Journal of Advanced Manufacturing Technology，2000，16（10）：759-764.

[102] 范华丽，熊禾根，蒋国璋，等. 动态车间作业调度问题中调度规则算法研究综述[J]. 计算机应用研究，2016，33（3）：648-653.

[103] Zupan B，Cheng A. Optimization of rule-based systems using state space graphs[J]. IEEE Transactions on Knowledge and Data Engineering，1998，10（2）：238-254.

[104] Metaxiotis K S，Askounis D，Psarras J. Expert systems in production planning and scheduling：a state-of-the-art survey[J]. Journal of Intelligent Manufacturing，2002，13（4）：253-260.

[105] Framinan J M，Ruiz R. Architecture of manufacturing scheduling systems：literature review and an integrated proposal[J]. European Journal of Operational Research，2010，205（2）：237-246.

[106] Pfund M，Fowler J W，Gupta J N D. A survey of algorithms for single and multi-objective unrelated parallel-machine deterministic scheduling problems[J]. Journal of the Chinese Institute of Industrial Engineers，2004，21（3）：230-241.

[107] Ma Y，Chu C，Zuo C. A survey of scheduling with deterministic machine availability constraints[J]. Computers & Industrial Engineering，2010，58（2SI）：199-211.

[108] Lee C Y，Lei L，Pinedo M. Current trends in deterministic scheduling[J]. Annals of Operations Research，1997，70：1-41.

[109] Li Z，Ierapetritou M. Process scheduling under uncertainty：review and challenges[J]. Computers & Chemical Engineering，2008，32（4/5）：715-727.

[110] Jaillet P，Qi J，Sim M. Routing optimization under uncertainty[J]. Operations Research，2016，64（1）：186-200.

[111] Ye Y，Li J，Li Z，et al. Robust optimization and stochastic programming approaches for medium-term production scheduling of a large-scale steelmaking continuous casting process under demand uncertainty[J]. Computers & Chemical Engineering，2014，66：165-185.

[112] Birge J R，Dempstert M A H. Stochastic programming approaches to stochastic scheduling[J]. Journal of Global Optimization，1996，9（3/4）：417-451.

[113] Li J，Borenstein D，Mirchandani P B. A decision support system for the single-depot vehicle rescheduling problem[J]. Computers & Operations Research，2007，34（4）：1008-1032.

[114] Leu S S，Chen A T，Yang C H. Fuzzy optimal model for resource-constrained construction scheduling[J]. Journal of Computing in Civil Engineering，1999，13（3）：207-216.

[115] Yanıkoğlu I，Gorissen B L，den Hertog D. A survey of adjustable robust optimization[J]. European Journal of Operational Research，2019，277（3）：799-813.

[116] Gounaris C E，Wiesemann W，Floudas C A. The robust capacitated vehicle routing problem

under demand uncertainty[J]. Operations Research，2013，61（3）：677-693.

[117] Hu X，Sun L，Liu L. A PAM approach to handling disruptions in real-time vehicle routing problems[J]. Decision Support Systems，2013，54（3）：1380-1393.

[118] Slater A. Specification for a dynamic vehicle routing and scheduling system[J]. International Journal of Transport Management，2002，1（1）：29-40.

[119] Kato E R R，de Aguiar A G D，Tsunaki R H. A new approach to solve the flexible job shop problem based on a hybrid particle swarm optimization and Random-Restart Hill Climbing[J]. Computers & Industrial Engineering，2018，125：178-189.

[120] Akyol D E，Bayhan G M. A review on evolution of production scheduling with neural networks[J]. Computers & Industrial Engineering，2007，53（1）：95-122.

[121] Tuncel G，Bayhan G M. Applications of Petri nets in production scheduling：a review[J]. The International Journal of Advanced Manufacturing Technology，2007，34（7/8）：762-773.

[122] Zhou K，Zain A M. Fuzzy Petri nets and industrial applications：a review[J]. Artificial Intelligence Review，2016，45（4）：405-446.

[123] Muhamad A S，Deris S. An artificial immune system for solving production scheduling problems：a review[J]. Artificial Intelligence Review，2013，39（2）：97-108.

[124] Shen W，Wang L，Hao Q. Agent-based distributed manufacturing process planning and scheduling：a state-of-the-art survey[J]. IEEE Transactions on Systems Man and Cybernetics Part C-Applications and Reviews，2006，36（4）：563-577.

[125] Toptal A，Sabuncuoglu I. Distributed scheduling：a review of concepts and applications[J]. International Journal of Production Research，2010，48（18）：5235-5262.

[126] 徐新黎，郝平，王万良. 多 Agent 动态调度方法在染色车间调度中的应用[J]. 计算机集成制造系统，2010，16（3）：611-620.

[127] 潘颖，孙伟，马跃，等. 基于多 Agent 的柔性作业车间调度研究[J]. 大连理工大学学报，2011，51（5）：667-674.

第2章 物联网环境下在线智能调度决策的基础理论

2.1 基于物联网的在线智能调度系统的特征及面临的挑战

2.1.1 基于物联网的在线智能调度系统的特征

近年来，物联网技术的飞速发展和快速推广诱发了经济管理模式的转型升级及重大变革，特别是生产、服务系统的调度决策首当其冲。调度是生产生活中普遍存在且极其重要的优化管理过程，工农业生产、交通运输、机器人路径规划、医院手术室排程、应急物资分配、能源互联网运行等活动中调度问题无处不在。物联网环境下，调度系统的各个终端被传感器赋予感知功能，状态信息得以实时地输送到控制中心，调度系统展现出感知性、透明性、在线实时性的全新特征（图2.1）。

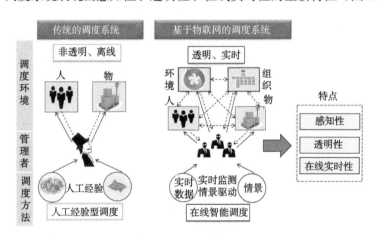

图 2.1　物联网环境下调度系统的特征

物联网环境下调度系统的全新特征克服了传统系统中信息不透明、终端交互有延迟等弊端，并为解决基于人工经验的调度决策过程中个体依赖性强、科学性差、决策不及时等问题，实现在线智能调度，提升调度系统的实时性、科学性、智能性提供了前所未有的机遇。

面对物联网环境下在线智能调度系统连续涌入的动态实时数据流，如何结合大数据和人工智能技术，化解此类非结构问题的内在的复杂性，满足新特征呈现后调度系统对自适应、在线、智能的要求，是促进产业升级、惠及民众生活、提升社会安全的重大关键难题。解决这一难题，需要在线智能调度决策基础理论的创新和发展，前端结合分布式存储、计算技术，保证数据的真实性，提高数据分析能力，末端在线智能建模、重调度方案在线生成，促进学科融合，实现技术交叉，因此在线智能调度方法的研究，是当前产业界和学术界共同关注与亟待解决的热点及难点问题。本章将专注于介绍调度系统实时性、科学性和智能性提升所涉及的基础理论知识。

2.1.2　基于物联网的智能调度系统面临的挑战

机遇往往与挑战并存，物联网环境下的智能调度领域也不例外。物联网的普及、大数据技术的发展使调度系统实时性、科学性和智能性的提升成为可能，但具体如何提升并无方法可依，无前例可循，这是一项面临诸多挑战的创新性工作（图 2.2）。

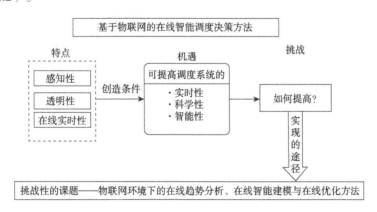

图 2.2　物联网环境下智能调度系统的新挑战

提升调度系统的实时性、科学性和智能性面临的挑战体现在多个方面。首先，调度系统全方位感知的实现是建立在大量的感知节点基础上的，系统中的感知对象繁多，致使数据来源复杂，数据结构多样，数据分析工作面临挑战。其次，调度系统的运行环境十分复杂，例如，能源工业等领域的配送易受天气、交通、偶发事件等因素影响，导致动态数据呈现出季节性、类周期性、随机性、多因素叠加的非结构化特征，使得系统不稳定的异常模式不明，物联网环境下正常与异常状态的识别难以简单地用设置阈值来加以区分，临界状态识别困难。再者，临界状态的未来趋势不确定，不同的调度问题决策目的不完全一致，调度决策中的不确定性描述和处理面临挑战。最后，智能调度的实时性要求重调度决策在线实现，在线智能建模和优化方法的拓展与应用面临挑战。基于以上分析可以看出，物联网环境下的智能调度是具有高度不确定性的、从数据到决策的实时分析、建模、优化过程。由于不确定性的存在，系统出现偏差的情景仅仅依照当前信息不足以支撑管理者做出正确决策，必须要结合系统未来趋势来分析决策。这是因为当前出现偏差的状态，随着系统的运行可能致使其无法完成预定目标，也可能重新回归正常状态。保障系统的稳定性、决策的实时性和重调度的必要性，需要针对识别出的偏差状态启动趋势分析。智能调度的趋势分析不同于简单时间序列中趋势随时间上升（或下降）的情形，系统的未来状态往往难以唯一确定，通常以概率分布的形式呈现。一旦趋势分析的结果需要重调度，则借助在线智能建模和在线优化方法实现重调度方案的在线生成。上述问题涉及运筹学、决策科学、数据挖掘、人工智能等多学科知识，是当前学术界和产业界的前沿性难题。绪论中已经总结回顾了调度优化方法相关研究的发展，调度方法集中在三个方面[1]：①基于经验的调度方法；②基于优化模型的调度方法；③人工智能与运筹优化技术相结合的调度方法。面对物联网环境下调度问题的复杂特性，人工智能与运筹学相结合的调度优化方法往往能够克服基于经验的调度方案优化程度不足的问题，并显著提高其"科学性"和"实时性"，达到更好更实用的效果。现有研究已经在人工智能与运筹学相结合的调度优化相关领域被广泛开展，并在数据驱动的决策方法、在线智能建模和在线优化等方面取得了较大的进展，但是由于该问题的复杂性以及不同领域的调度问题又具有其特殊性，物联网环境下数据驱动的在线智能调度决策优化问题至今未能根本解决，其复杂性在于解决方案必须同时满足实时性、科学性和智能性的目标所面临的挑战。

2.2 物联网环境下基于情景的在线调度决策流程分析

提升物联网环境下调度系统的实时性、科学性和智能性，面临"异常甄别模糊、趋势分析复杂、重调度科学性差"等难题，解决这些难题需要综合运用运筹学与人工智能等学科理论，将以基于模型的定量分析见长的运筹学方法与擅长基于符号知识推理的人工智能技术相融合，实现定性分析与定量分析相结合、人的智能与机器智能相结合，学术思想见图 2.3。

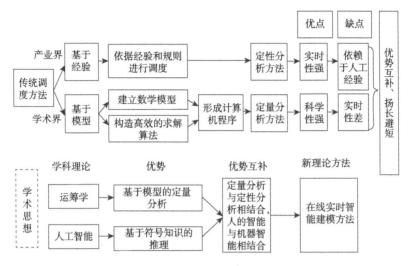

图 2.3　物联网环境下在线智能调度决策方法的学术思想

　　智能调度要完成的任务是在线实现从数据到决策再到决策实施的过程。通过物联网的数据采集与处理、调度系统状态实时监测、感知系统可能发生异常的临界状态，实现"异常感知、典型特征获取、趋势分析、在线重调度决策、重调度方案在线生成"这一复杂的在线分析决策和重调度过程。上述基于物联网的智能调度流程，涉及从数据收集到智能决策的方方面面，关键环节主要涉及在线趋势分析、在线智能建模和在线优化方法三个阶段。由于异常感知、趋势分析和智能建模等都面临许多新的问题，需要研究新的解决方法。本章就物联网环境下生产与服务调度系统的情景实时分析，提出数据驱动的异常感知方法和基于"情景-焦点"的趋势分析与决策方法，建立数据驱动的"情景-焦点"在线智能调度决策模型，实现物联网环境下"情景分析—智能建模—在线求解"这一基于数据流的在线智能调度优化决策过程，为基于物联网的智能调度决策提供理论支持，具体流程见图 2.4。

　　图 2.4 中"数据监测"需要依赖传感器赋予系统的感知能力，其作用不仅仅局限于实现调度系统的在线监测，更重要的是要根据历史和实时信息，判定需要启动重调度的决策点，将数据服务决策的功能实质推进，避免由于系统正常与异常状态不均衡导致的阶段性重优化时间间隔难以确定、连续重优化又造成浪费，降低系统效率且无法适应物联网环境下大规模数据处理要求的状况。"异常感知"需要基于数据挖掘建立的分类模型，根据分类模型判定系统当前所处的状态类型；结合人工经验给出系统的典型情景，触发"趋势分析"，解决何时有必要干预现

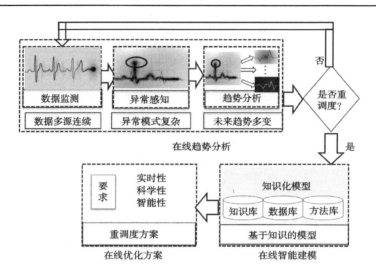

数据监测   异常感知   趋势分析   是否重调度？

数据多源连续   异常模式复杂   未来趋势多变

在线趋势分析

要求   实时性
       科学性
       智能性   知识化模型

                              知识库 数据库 方法库
重调度方案   基于知识的模型

在线优化方案   在线智能建模

图 2.4   物联网环境下在线智能调度的决策流程

有运行策略问题（即重调度问题）。

当系统状态处于典型情景时，意味着其发生偏差且具有迅速恶化的潜在危险，是否启动重调度取决于其未来的发展趋势。如果系统的未来状态可以准确预测，那么问题转化为确定性问题。通常，由于重调度决策具有提前干预的特征，系统的未来状态即使在实时信息和历史数据的支持下也难以唯一确定。调度问题在很多领域中关乎民生甚至生命、财产安全，物联网环境下趋势分析中涉及的不确定性问题，需要综合考虑事件发生的可能性和其导致的后果。对于不可重复的突发性、偶然性事件的不确定性，均值和期望效用等理论模型难以适用，物联网环境下的趋势分析需要新的不确定性处理方法，本章将采用并拓展能够反映决策目的的基于焦点的方法来处理不确定性。

图 2.4 中的"异常感知"和"趋势分析"环节，经过"典型情景判定"和"焦点的选择"，使得物联网环境下的智能调度这类复杂问题可以逐步转变为结构化问题。基于典型情景和焦点，即可做出重调度与否以及如何重调度的决策。通过在线建模和在线优化方法即可实现在线智能调度。本章将针对每个环节介绍具体实现方法。

2.3   数据驱动的在线情景分析法

情景分析法的应用可以追溯到美国的曼哈顿项目，兰德公司的科学家通过计算机模拟,预测描述爆炸一颗原子弹的各种可能效果[2],但截至目前,对情景分析法尚没有统一的权威定义。Kahn 和 Wiener[3]在其著作 *The Year 2000* 中明确使用了情景一词,用以表示未来情形及诱使事物由初始状态向未来状态转换的一系列事实。宗蓓华[4]综合国内外关于情景分析的相关研究后,认为情景分析法具备以下特征[5]:①考察对象的未来发展中具有不确定性,有多种可能的趋势;②承认人在发展中的主观能动性,把决策者的意愿作为情景分析的考察要素;③具有定量分析与定性分析相融合的优势。研究者通常倾向通过介绍情景分析的具体过程来阐明情景分析的含义。朱跃中[6]以及于红霞和钱荣[7]将情景分析总结为:通过对历史的回顾和现状的分析,探索事物未来发展可能出现的多种状态以及达成各种状态的可能途径的思维方法。

物联网环境下的情景分析方法依然具备上述常规情景分析方法的一些基本特征:考察的对象具有不确定性,并且未来的发展趋势更加复杂;注重人的经验和决策目的的作用,人的主观能动性自然是趋势分析的考察要素,因其直接影响对可能趋势的评估;分析过程中发挥具有定量分析与定性分析、人的智能与机器智能相融合的优势,物联网环境下调度问题处理过程中,多种工具的结合和多学科的交叉更加必要,效果也更加明显。物联网环境下的趋势分析以数据为基础,以实时数据流为对象,具有系统复杂、未来状态空间巨大、状态演化多变等新特点。在趋势分析的过程中,需要将复杂动态的非结构化问题逐步转化为静态的结构化问题。面对物联网环境下动态复杂的调度系统,初始方案制定时为所有值得关注的情景嵌入预案已不现实,传统的情景分析方法也难以满足在线决策的要求。物联网环境下智能调度的核心应是自适应,系统要能够根据所处情景实时地感知异常、自主地给出决策建议。物联网积累的线下数据为调度系统的复杂性分析提供了材料,通过挖掘历史累计数据展示出的系统特性,建立分类模型来判定系统当前的状态类型,做出合适的决策是实现数据价值的必要途径,数据驱动的情景分析方法及其内涵都需为适应物联网环境下在线决策的需求而发展和改变。物联网环境下的情景分析包含数据驱动的异常感知和系统未来趋势预测与描述两个主要任务。

无论工业生产还是生活服务,调度异常轻则造成财产损失,重则可能威胁生命,如重大装备的运行调度、医院手术室安排、成品油配送、电网运行等,如果调度不当就会出现系统故障,将导致重大安全责任事故。系统运行过程中,对当前状态进行鉴别,实时感知异常极其重要。任何事件的发生都有其特定的时空限制,无法割裂具体环境单独地谈某一事件发生的可能性和其结果。例如,科技的发展和维护技术的进步可以使得高精尖设备运行中原有的危险状态不再是危险状态;医学领域个体的差异可能致使"对于大多数是正常状态的指标"对"特定人群"就构成危险。此外,事物的发展阶段及决策者本身的知识构成都会对决策产生影响。调度决策也是如此，决策效果跟情景密切相关。调度过程涉及多个指标，如成本、时间、安全保障等，调度决策目标的不同自然导致调度方案评价标准不同。情景每时每刻都在发生变化，不同的情景下同样的调度方案可能会导致完全不同的后果，所以情景对于调度方案的制定至关重要。对于物联网环境下的情景，其考察的内容很丰富，定义如下。

定义 2.1　情景是指直接影响决策效果的因素，包括人、事、物。对于调度系统，它涉及调度方案要达成的目标、各终端的状态、发展趋势和制定调度方案所受到的约束等。

调度系统中各终端的状态包括设备、物资、天气等情况，如成品油配送过程中配送车辆、油品库存、雷雨等实时状态。调度方案制定时所受的约束包括对安全、成本、预算、人员使用均衡、行业特殊条款等各方面的限制，如成品油配送过程中不能出现断油，一个配送员的工作量不能超过固定时长等。决策目标跟领域和决策主体相关，例如，危险化学品的运输要求安全，常规物品的配送可能以成本控制为主等，即使面对同一问题，当存在不确定性时，不同的决策主体也可能给出不同的方案，这些都是情景需要考虑的因素。实际运行中，决策目标是制定满足约束下的可行方案，通常约束可以体现在目标的制定过程中。物联网环境下的情景分析针对具有典型特征的非平稳状态进行，异常感知是利用物联网采集、存储、处理的历史数据建立分类模型，判断和甄别出系统当前状态是处在正常状态、异常状态或疑似异常状态（图 2.5）中的哪一种状态。

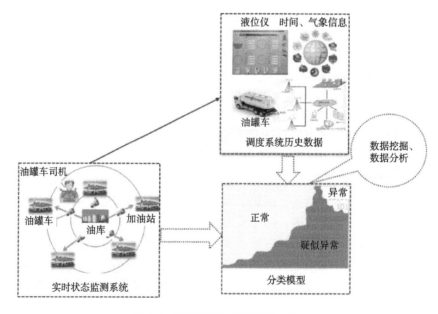

图 2.5　数据驱动的异常感知方法

　　异常状态是指系统失效无法正常运行的状态，必须立即采取措施进行重调度使系统恢复正常；正常状态是指系统平稳运行可以完成预期目标的状态。处于正常和异常之间的非平稳状态称为疑似异常状态，处在疑似异常状态的调度系统暂时还没有失效，还能够处于非稳态运行，可能逐渐恢复到平稳状态，也可能持续恶化导致异常、无法运行。

　　由于调度系统的复杂性，有限的运行时间内很难建立当前状态跟结果间的一一对应关系。状态跟结果之间映射的不确定性，致使建立分类模型时调度系统异常状态的阈值难以确定。异常阈值设置过低会造成系统调度策略的频繁变更，增加运营成本；设置过高，一旦发生事故又会导致严重后果。人类对于系统复杂规律认识的有限或系统自身具有难以消除的不确定性，决定了一般情况下系统能够确定识别的正常状态和异常状态两个集合的并集难以覆盖所有待判别状态。对于难以确定未来的状态，称为疑似异常状态。疑似异常状态的集合可能相当庞大，尤其对于运行时间较短的系统，样本量会限制甄别标准的清晰度。若对于所有疑似异常状态都启动趋势分析会极大降低系统的效率，此时需要结合专家经验对分类模型认定的疑似异常状态进行筛选，发挥定量与定性相结合的优势，找出具有典型特征、可能使系统迅速恶化的状态所对应的典型情景，聚焦典型情景、分析其未来的变化趋势和演化规律，以触发调度决策过程的在线实时响应。

　　定义 2.2　调度系统处于非平稳状态且其状态数据集具有典型特征，有可能导致系统迅速恶化而发生异常的状态所对应的情景称为典型情景。

　　若当前系统处于典型情景对应的状态，是否启动重调度取决于其未来的发展趋势。趋势分析的困难在于系统未来的状态不确定，而不同的状态产生不同的结果，使得备选策略的评价不一。对于未来趋势的判断，数据驱动的情景分析方法不同于传统的情景分析方法，它不是建立每种可能状态和实现途径。由于系统的复杂性，数据驱动的情景分析方法分别进行不确定性的描述和不确定性的处理，以适应在线决策的需求。若系统处于典型情景，则触发趋势分析。结合预测方法给出未来状态的概率分布（图 2.6）。预测方法的书籍和文献已经很丰富，如常用的时间序列预测法、回归模型、马尔可夫预测法、灰色预测法、贝叶斯预测法、基于数据挖掘的预测法、组合预测法等，可根据具体问题的特征选择相应的预测方法，本章不再赘述。未来状态的可能分布明确后，根据预测的结果产生值得关注的状态。

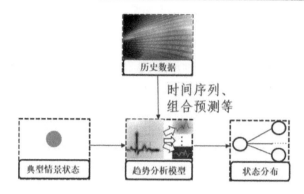

图 2.6　典型情景的未来状态描述

　　常用的基于概率最大、支持度计数、贝叶斯网络，或以此为基础进行拓展变形的一些传统不确定性处理方法，注重状态发生的可能性，忽视了不同状态所导致结果的差异性。若把买某种意外险的结果记作"发生意外"和"不发生意外"两种可能状态，以概率最大为原则进行不确定性评价，则很难解释买保险行为的合理性，成品油配送调度系统中不能出现断油事故的情况与此类似。因为概率描述的是或然性，概率大的状态不等于一定会发生的状态。对于不可多次重复的决策过程，若存在一个状态，其发生时的收益（或损失）足够大，以致决策者忽视其发生的概率相对较小的事实，此时就会发生偏离概率最大原则的现象。调度系统的不确定性处理既要注重可能性，又要考虑各可能状态导致结果的差异性。基于均值、加权均值或期望效用体系的不确定性处理方法，综合了各个可能状态的概率和结果，但适用于可多次重复的决策过程。大量证据已表明具有不确定性时的决策不总是遵循均值或期望效用最大的原则，且效用函数难以拟合。因为对于所有可能状态，当其实现时有且仅有一个状态会发生，若决策过程难以多次重复且可能状态较为分散，均值（或期望效用）自然失去意义，难以反映决策者的实际追求。每种不确定性决策方法都有它适用的范围，不同情景的问题拥有各自适用的不确定性处理方法。因此，不确定性处理方法需要综合考虑可能产生的结果和其发生的可能性，衡量各种状态应被关注的程度，用以处理不确定性。

　　本章所述的数据驱动的情景分析方法，针对未来状态不确定的调度系统，线下通过历史数据建立分类模型。由于异常标准难以简单确定，分类模型输出正常、异常和疑似异常三种结果。对于疑似异常状态，需结合人工经验选出典型情景，启动趋势分析，预测典型情景的未来状态的概率分布形式。当决策目的或约束不同时，面对相同的实时状态和未来状态分布，对各备选方案的评价也可能不同，本质是怎样去除不确定性。物联网环境下的不确定性处理是重调度决策的关键，直接决定当前情景下是否需要重调度。典型情景是趋势分析的触发点，趋势分析决定其是否为重调度决策点，二者结合解决了连续重优化花费高、效率低及阶段性重优化时间间隔难以确定的难题,基于以上思想建立基于"情景-焦点"的重调度决策方法。

2.4　基于"情景-焦点"的重调度决策方法

典型情景下的重调度决策依赖于趋势分析,趋势分析的核心是不确定性处理。现有研究中结合趋势分析的智能调度方法的不确定性处理,通常以最大可能值准则或伯努利准则为基础。最大可能值准则的应用方面,成果显著的是贝叶斯网络、支持度计数以及基于它们的变形[8],此类方法注重事件发生的可能性,对各可能事件导致的结果不加以区分,实际应用中易导致忽略概率较小但可引发重大后果的事件(即小概率大后果事件)。伯努利准则里均值是最容易理解和解释的用来处理不确定性的方法,但众所周知,其难以解释诸如圣彼得堡悖论之类的现象[9]。作为不确定性决策问题的经典理论,期望效用理论体系[10]仍被广泛应用于调度问题中的不确定性处理[11-13]。无论期望值、期望效用理论还是后来的前景理论[14]、后悔理论[15, 16]、伯努利框架下的可能性理论[17]等理论方法都较为适合处理可多次重复的调度问题,且描述不确定性处理过程的函数拟合困难,难以适应物联网环境下智能调度的实时性要求。Guo[18]提出的一次性决策理论,通过综合考虑各个可能状态发生后的结果及其可能性,选择焦点用于处理不确定性,可更好地反映决策者目的,使决策更加接近实际问题的解决过程。自提出以来,一次性决策理论受到普遍关注,得以长足发展,显示出比较旺盛的生命力。Guo 和 Li[19]的多阶段一次性决策方法为解决多阶段问题提供了新的理论框架。一次性决策理论的基础也不断深化[20],在投资消费[21]、供应链管理[22, 23]、房地产[24]、拍卖[25]等多个领域被广泛应用,但一次性决策理论是针对一次性决策问题提出的,应用范围受限而亟须拓展,针对智能调度问题,焦点将被赋予全新的内涵,形成新的基于焦点的决策方法,连接不同决策方法之间的鸿沟,在统一的逻辑框架下对决策行为进行解释,并与数据挖掘和人工智能等理论相结合,为解决在线智能调度的实际问题提供新方法。

对于t时刻的一个典型情景状态x_t,假设通过趋势分析的预测模型得知其未来有n种可能状态,可能状态集为$X_{t+1} = \{x_{t+1,1}, x_{t+1,2}, \cdots, x_{t+1,n}\}$,各状态发生时所产生的结果(收益或损失)分别为$\{v(x_{t+1,1}), v(x_{t+1,2}), \cdots, v(x_{t+1,n})\}$,记$v_{t+1} = v(x_{t+1,i})$ $(1 \leq i \leq n)$。在不确定性环境下的决策过程中,决策者通常关注两个方面:每一个状态发生的可能性和其发生后将导致的后果。状态$x_{t+1,i}$发生的概率记为

$p_{t+1,i} = p\left(x_{t+1,i}\right)$，满足 $\sum_{i=1}^{n} p_{t+1,i} = 1$。各可能状态（收益或损失）和其发生概率的组合构成一个前景 $\left(v_{t+1,1}, p_{t+1,1}; v_{t+1,2}, p_{t+1,2}; \cdots, v_{t+1,n}, p_{t+1,n}\right)$。建立前景空间到实轴的函数，函数的映射关系即一个自然序。它决定了不同前景间偏好的次序，构建此函数是求解不确定性决策问题的核心。调度系统中不确定性的处理，要以解决实际问题为准绳，能够反映决策目的，适应在线需求。决策目的由问题的特征和决策者的追求共同决定，反映为各个可能状态的被关注程度。状态 $x_{t+1,i}$ 的被关注程度 $\alpha_{t+1,i}$ 取决于由各可能状态产生的结果和其发生的可能性，记作 $\alpha_{t+1,i}\left(v_{t+1}, p_{t+1}\right)$，称为状态 $x_{t+1,i}$ 的关注度系数，满足 $\sum_{i=1}^{n} \alpha_{t+1,i}\left(v_{t+1}, p_{t+1}\right) = 1$，其中，$v_{t+1} = \left(v_{t+1,1}, v_{t+1,2}, \cdots, v_{t+1,n}\right)$，$p_{t+1} = \left(p_{t+1,1}, p_{t+1,2}, \cdots, p_{t+1,n}\right)$ 分别为所有可能结果及它们对应的概率构成的向量。$\boldsymbol{\alpha}_{t+1}\left(v_{t+1}, p_{t+1}\right) = \left(\alpha_{t+1,1}\left(v_{t+1}, p_{t+1}\right), \cdots, \alpha_{t+1,i}\left(v_{t+1}, p_{t+1}\right), \cdots, \alpha_{t+1,n}\left(v_{t+1}, p_{t+1}\right)\right)$ 为关注度向量，偏好函数定义为 $F\left(v_{t+1,1}, p_{t+1,1}; v_{t+1,2}, p_{t+1,2}; \cdots; v_{t+1,n}, p_{t+1,n}\right) = \left\langle \boldsymbol{\alpha}_{t+1}\left(x_{t+1}, p_{t+1}\right), v_{t+1}\right\rangle$，它是关注度向量与可能状态结果向量的内积，反映各个可能状态在决策中被关注的程度及被关注状态对应的整体结果。关注度系数与概率不同，它由事件发生的概率和事件发生后的结果共同决定。关注度系数 $\alpha_{t+1,i}\left(v_{t+1}, p_{t+1}\right) = 0$ 意味着相较于被关注的状态，状态 $x_{t+1,i}$ 在此次决策中不被关注，哪怕其发生的概率大于 0；关注度系数 $\alpha_{t+1,i}\left(v_{t+1}, p_{t+1}\right) > 0$ 意味着状态 $x_{t+1,i}$ 在此次决策中被关注，被关注的状态对应的节点称为焦点，其定义如下。

定义 2.3 对于一个前景 $\left(v_{t+1,1}, p_{t+1,1}; v_{t+1,2}, p_{t+1,2}; \cdots; v_{t+1,n}, p_{t+1,n}\right)$，若关注度系数 $\alpha_{t+1,i}\left(v_{t+1}, p_{t+1}\right) > 0$，则其对应的状态 $x_{t+1,i}$ 称为焦点。

2.4.1　基于焦点的决策方法

一次性决策理论中用来评估备选策略的焦点只能是某一特定状态，与此不同的是此处的焦点可以是多个状态。基于焦点的不确定性处理方式仍然允许支配状态的存在。当一个可能状态的重要程度足以令管理者做出决策时，备选策略可用此单一状态来评估。焦点的选取由决策所处的情景决定，对于可多次重复（或相似度很高）的常规决策，当决策过程重复足够多次后，根据伯努利大数定律，各状态发生的频率将趋近于其概率，此时各个状态都将按比例发生，不容忽视，所有状态自然都成为关注的焦点。$x_{t+1,i}$ 的关注度系数与其发生的概率相等，即 $\alpha_{t+1,i}\left(v_{t+1}, p_{t+1}\right) = p_{t+1,i}$。当决策过程可重复次数足够多时，基于焦点的不确定性处理方法收敛于基于均值的不确定性处理方法，二者等效。

若可能结果相对集中，即各可能状态导致的结果差异性较小时，可能性最大的结果被关注是适合的。此时焦点的选择与基于概率最大原则的不确定性处理方式一致，概率最大的状态 $x_{t+1}^{*} = \underset{x_{t+1,i}}{\arg\max}\, p(x_{t+1,i})$ 即焦点，此时概率最大的状态关注度系数为 1，其余状态的关注度系数为 0。若存在可能导致严重后果的状态集，且仅其中一个可能状态即足以令决策者做出选择（例如，成品油配送系统中断油事故发生的状态足以使决策者启动重调度，意外保险所对应的事故发生后的损失足以使购买者忽略其成本而购买），则收益最大（或损失最小）状态 $x_{t+1}^{*} = \underset{i}{\arg\max}\, v(x_{t+1,i})$ 即焦点，此时收益最大（或损失最小）的状态关注度系数为 1，其余为 0。对于存在多个焦点的情况，只需选出每个焦点，并分配它们的关注度系数即可。焦点的选取可依据人的经验和智慧，对于决策目的明确的调度系统，它只跟概率和收益（或损失）相关，关注度系数可以快速给出，可以满足实时性的要求。

对于单一焦点的情形（即一个状态的关注度系数为 1，其他为 0），焦点的选择方法可以依据 Guo[18] 以及 Guo 和 Li[19] 的研究成果，结合物联网环境下智能调度决策的特征，以提供决策支持为目的进行拓展。假设 t 时刻的备选策略集为 $A_{t} = \{ a_{t,j} | j = 1, 2, \cdots, m \}$，根据智能调度实时性强、解空间大的特征，决策者对状态结果的感受和发生的可能性分别用满意度与相对似然度来刻画。

定义 2.4　对于 t 时刻状态为 x_t 的情景，假设某一项措施 $a_{t,j}$ 被执行后，其下个阶段的可能状态集为 $X_{t+1}(x_t, a_{t,j}) = \{ x_{t+1,1}, x_{t+1,2}, \cdots, x_{t+1,n} \}$，状态 $x_{t+1,i}$ 发生的概率为 $p(x_t, a_{t,j}, x_{t+1,i})$，称 $\pi_{t+1}(x_t, a_{t,j}, x_{t+1,i}) = \dfrac{p(x_t, a_{t,j}, x_{t+1,i})}{\underset{x_{t+1,i}}{\max}\, p(x_t, a_{t,j}, x_{t+1,i})}$ 为给定典型情景 x_t、策略 $a_{t,j}$ 被选用时下阶段的可能状态 $x_{t+1,i}$ 的相对似然度。

相对似然度函数定义在可能状态集上，值域为[0, 1]，反映各个状态发生可能性的相对大小，最可能发生的状态相对似然性记为 1。

定义 2.5　对于 t 时刻的典型情景状态 x_t，假设某一项措施 $a_{t,j}$ 被执行后其下个阶段的可能状态集合为 $X_{t+1}(x_t, a_{t,j}) = \{ x_{t+1,1}, x_{t+1,2}, \cdots, x_{t+1,n} \}$，各状态发生时的结果（收益或损失）为 $\{ v_{t+1,1}, v_{t+1,2}, \cdots, v_{t+1,n} \}$，其中 $v_{t+1,i} = v(x_t, a_{t,j}, x_{t+1,i})$ 表示典型情景为 x_t、策略 $a_{t,j}$ 被选用时可能状态 $x_{t+1,i}$ 的收益（或损失），称 $\mu_{t+1}(x_t, a_{t,j}, x_{t+1,i}) = \dfrac{v(x_t, a_{t,j}, x_{t+1,i})}{\underset{x_{t+1,i}}{\max}\, v(x_t, a_{t,j}, x_{t+1,i})} = \dfrac{v_{t+1,i}}{\underset{i}{\max}\, v_{t+1,i}}$ 为给定典型情景 x_t、策略 $a_{t,j}$ 被选用时下个阶段的可能状态 $x_{t+1,i}$ 的满意度。

满意度函数定义在可能状态集上，值域是[0, 1]，反映决策者对不同状态的相对感受，最看好的状态所导致结果的满意度记为 1。理想的决策当然是追求以高的似然度获得高的收益，但通常情况下收益的上升（满意度的增加）多伴随着风险的同步上升（相对似然度的降低）。焦点的选择方式多种多样，下面以相对似然度和满意度为决策目标，选取表 2.1 中所示的四种典型焦点加以介绍。

表 2.1　四种典型单一焦点类型

焦点类型	相对似然度	满意度
乐观型	较高	较高
悲观型	较高	较低
大胆型	较低	高
审慎型	较低	低

乐观型焦点、悲观型焦点与不确定型决策中的乐观法则、悲观法则有相似之处，但本质不同。不确定型决策中的乐观法则、悲观法则是决策者在缺乏客观概率的情况下，对于任意备选方案都分别设想发生收益最大、收益最小的结果。物联网环境下，调度系统积累了海量线下数据，对未来状态分布的刻画更加准确，使得针对系统的深入分析成为可能。因而，焦点的选择可以充分考虑各可能状态发生的可能性和产生的结果、选定的足以反映此次决策目的的状态。可见，前者（不确定型决策中）类似信息不充分条件下的被动选择，后者（物联网环境下）是在足够分析基础上的主动行为。伴随着决策者对系统认识的逐步深入和实时信息的快速获取，系统每个时刻情景的透明程度越来越高。除了重复程度较高的常规事件之外，调度系统的突发、随机或导致难以接受后果的重大事件等不可多次重复的决策也展现出"个性化"的特征，单一焦点仍然有着广泛的应用空间。对于不可多次重复的决策问题，大量实例已经表明：均值最大或效用最大的不确定性处理方式难以解释现实中的很多现象，如阿莱悖论、埃尔斯伯格悖论等。然而，焦点综合考虑了满意度和相对似然度，决策时需要权衡二者之间的关系。若决策者认为二维向量 $(\pi, \beta\mu)$ 与 $\left(\dfrac{1}{\beta}\pi, \mu\right)$ 等效，则 β 称为满意度和相对似然度间的平衡系数。平衡系数反映决策者对风险和收益之间的权衡，以 $\beta \geqslant 1$ 为例，平衡系数的意义是为了使满意度增加为原来的 β 倍，决策者能够承受其成功实现的相对似然度缩减为原来的 $\dfrac{1}{\beta}$。

基于定义 2.4 和定义 2.5，令 $\beta=1$，以较高的可能性获得较高收益的决策目标可通过式（2.1）选择的焦点实现：

$$x_{t+1}^{1*} = \arg\max_{x_{t+1,i}} \min\left(\pi_{t+1}\left(x_t, a_{t,j}, x_{t+1,i}\right), \mu_{t+1}\left(x_t, a_{t,j}, x_{t+1,i}\right)\right) \tag{2.1}$$

x_{t+1}^{1*} 称为乐观型焦点，意味着可能状态集合 X_{t+1} 中不存在相对似然度和满意度都大于 x_{t+1}^{1*} 的状态，获得比焦点更高的收益则要付出风险同时提高的代价。

类似地，悲观型焦点可由式（2.2）选取：

$$x_{t+1}^{2*} = \arg\min_{x_{t+1,i}} \max\left(1 - \pi_{t+1}\left(x_t, a_{t,j}, x_{t+1,i}\right), \mu_{t+1}\left(x_t, a_{t,j}, x_{t+1,i}\right)\right) \tag{2.2}$$

x_{t+1}^{2*} 是具有较高相对似然度和较低满意度的状态，即状态集合 X_{t+1} 中不存在一个相对相似度高于 x_{t+1}^{2*} 且满意度低于 x_{t+1}^{2*} 的状态。结果不理想可能性较高的情形在很多决策中是需要规避的，悲观型的焦点在这些决策中被普遍关注。

大胆型的焦点是发生的可能性较低但收益很高的状态，此类焦点的选择方式如下：

$$x_{t+1}^{3*} = \arg\min_{x_{t+1,i}} \max\left(\pi_{t+1}\left(x_t, a_{t,j}, x_{t+1,i}\right), \left(1 - \mu_{t+1}\left(x_t, a_{t,j}, x_{t+1,i}\right)\right)\right) \tag{2.3}$$

x_{t+1}^{3*} 是具有较小的相对似然度但满意度高的状态，即状态集合 X_{t+1} 中不存在相对似然度小同时满意度高于 x_{t+1}^{3*} 的状态，当在收益和风险（概率）的正向（反向）区间时，大胆型焦点即概率较小但收益最大的状态，可用于解释买彩票一类的决策行为。

审慎型的焦点是发生的可能性较小，但一旦发生则导致的结果极差，即满意度极低的状态：

$$x_{t+1}^{4*} = \arg\min_{x_{t+1,i}} \max\left(\pi_{t+1}\left(x_t, a_{t,j}, x_{t+1,i}\right), \mu_{t+1}\left(x_t, a_{t,j}, x_{t+1,i}\right)\right) \tag{2.4}$$

可能状态集合 X_{t+1} 中没有相对似然度小同时满意度低于 x_{t+1}^{4*} 的状态，审慎型焦点是概率较小但损失很大的状态，可用于解释买保险一类的决策行为。

例 2.1　假设可能状态集 $X_{t+1} = \{x_{t+1,1}, x_{t+1,2}, x_{t+1,3}, x_{t+1,4}, x_{t+1,5}, x_{t+1,6}\}$ 的收益和概率分布如表 2.2 所示，下面通过这一简单实例介绍焦点的选择过程，有助于读者理解。

表 2.2　可能状态的收益概率分布

项目	$x_{t+1,1}$	$x_{t+1,2}$	$x_{t+1,3}$	$x_{t+1,4}$	$x_{t+1,5}$	$x_{t+1,6}$
收益	200	380	480	250	430	500
概率	0.120	0.150	0.230	0.200	0.250	0.050

根据定义 2.4 和定义 2.5 可得各状态的相对似然度和满意度分别如表 2.3 所示。

表 2.3　可能状态的相对似然度和满意度

项目	$x_{t+1,1}$	$x_{t+1,2}$	$x_{t+1,3}$	$x_{t+1,4}$	$x_{t+1,5}$	$x_{t+1,6}$
满意度	0.40	0.76	0.96	0.50	0.86	1.00
相对似然度	0.48	0.60	0.92	0.80	1.00	0.20

将表 2.3 所求得的满意度和相对似然度分别代入式（2.1）~ 式（2.4）可得到乐观、悲观、大胆、审慎四种类型的焦点（表 2.4）。

表 2.4　可能状态的四种类型焦点

焦点类型	x_{t+1}^{1*}	x_{t+1}^{2*}	x_{t+1}^{3*}	x_{t+1}^{4*}
数值	480	250	500	200

由焦点计算的结果（表 2.4）结合表 2.3 中各状态的相对似然度和满意度可看出：第一种类型的焦点具有较高的满意度，发生的可能性（相对似然度）也较高；第二种类型的焦点满意度较低但发生的可能性较高；第三种类型的焦点发生的可能性低但满意度最高；第四种类型的焦点发生的可能性低且满意度也低。此结果与表 2.1 中各类型焦点的含义相符。

焦点可以是单一状态（五角星）或状态组合（五角星和三角形），随着调度系统的长期运行，起初发生次数很少的决策过程可能多次重复，致使某一个特定状态难以恰当处理不确定性，焦点由一个变成多个，决策者的关注变为状态的组合。当决策过程重复足够多次时，任何状态都以概率的频次出现，不容忽略，均值最大的策略自然是最优的，所有可能状态都为焦点（五角星、三角形和无标记的灰色圆），基于焦点的决策方法在选择特定的满意度和相对似然度函数后，与基于均值或期望效用的决策方法一致（图 2.7）。

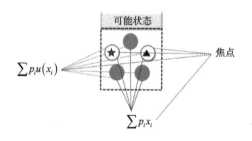

图 2.7　焦点

这里需要说明的是单一焦点的选择方式远不止介绍的这四种，例如，根据决策情景也可以选择概率最大或者收益最大的状态为焦点；或者收益高于某阈值中概率最大的，概率高于某阈值中收益最大的；诸如此类，不一一列举。总之，基于焦点的决策方法其内容可覆盖基于概率最大原理、收益最大原理、阈值、一次性决策理论等常用的不确定性处理方式和方法。

焦点的选取过程涉及的都是收益和概率的简单计算，当决策目的明确时，即可快速求出焦点，可以满足智能调度系统线上决策的需求。基于焦点及其可能状态的评估，决策者决定重调度与否，并反馈给分类模型；分类模型不断学习直至进化，变成输出为需要重调度和不需要重调度两类状态的二分模型。然而，现实中也不乏决策依据不清晰的状况，当决策目的不明确，或者实际运营中决策效果很好，但相关人员难以明确描述其决策依据，知识显式表达困难时，依据他们积累的大量实际决策及其后果评估的案例，基于焦点的不确定性处理方法即转化为通过历史数据拟合关注系数 $\alpha_{t+1,i}$ 这一机器学习中常见的问题类型。

调度决策通常表现为多阶段决策，当前的决策不仅要考虑下一阶段的状态，还要考虑调度过程结束时各个阶段的状态。当智能调度为多阶段的决策问题时，基于焦点的决策过程的优势将更加明显。因为基于焦点的多阶段决策方法可在不同的阶段使用不同类型的焦点，以反映事物不断发展变化的规律，具有更强的实用性。下面结合动态规划模型介绍基于焦点的多阶段调度问题求解。

2.4.2　基于焦点的多阶段决策方法

动态规划是解决多阶段决策问题的有力工具[26]，随机动态规划法被广泛应用于解决各个领域的风险型多阶段决策问题[27-30]，因为随机性和不确定性在决策问题中普遍存在，随机动态规划方法是学者和业界关注的热点领域。

考虑一个 T 阶段的离散决策问题，系统的起始点为 $t=0$ 时刻，初始状态记为 x_0。$t(t=0,1,2,\cdots,T-1)$ 时刻的备选策略集为 $A_t=\left\{a_{t,j}\,\middle|\,j=1,2,\cdots,m\right\}$，当一个策略被选用，系统下一阶段的状态不确定，但可通过历史数据结合人工经验预测出其可能状态的概率分布，$t+1$ 时刻的可能状态集为 $X_{t+1}\left(a_{t,j}\right)=\left\{x_{t+1,i}\left(a_{t,j}\right)\middle|i=1,2,\cdots,n\right\}$，决策目标是通过选取每个阶段的策略使得从当前到 T 时刻各个阶段产生的整体收益最大，决策过程如下。

当决策问题为多个阶段时，任意时刻 t 的相对似然度仍然由定义 2.4 确定。在 $T-1$ 时刻，备选策略集 $A_{T-1}=\left\{a_{T-1,j}\,\middle|\,j=1,2,\cdots,m\right\}$，$T$ 时刻的可能状态集为 $X_T=\left\{x_{T,i}\,\middle|\,i=1,2,\cdots,n\right\}$。此时等同于单阶段决策问题，满意度的定义同定义 2.5，$\pi_T\left(x_{T-1},a_{T-1,j},x_{T,i}\right)$、$\mu_T\left(x_{T-1},a_{T-1,j},x_{T,i}\right)$ 分别表示当前状态为 x_{T-1} 时，若备选策略 $a_{T-1,j}$ 被执行，下个阶段的可能状态 $x_{T,i}$ 的相对似然度和满意度，可以求得 T 时刻的焦点为

$$x_T^*\left(x_{T-1},a_{T-1,j}\right)=\arg F\left(\pi_T\left(x_{T-1},a_{T-1,j},x_{T,i}\right),\mu_T\left(x_{T-1},a_{T-1,j},x_{T,i}\right)\right) \quad （2.5）$$

式中，$F(\cdot)$ 表示焦点选取函数的一般形式，取式（2.1）~式（2.4）中的一个，$x_T^*\left(x_{T-1},a_{T-1,j}\right)$ 是当前状态为 x_{T-1}，备选策略 $a_{T-1,j}$ 被选用时的焦点。给定 x_{T-1}，根据式（2.5）可以求出任意备选策略 $a_{T-1,j}\left(j=1,2,\cdots,m\right)$ 的焦点，$T-1$ 时刻状态为

x_{T-1} 时的最大收益函数表示为

$$f_{T-1}\left(x_{T-1}\right) = \max_{a_{T-1,j} \in A_{T-1}} v\left(x_T^*\left(x_{T-1}, a_{T-1,j}\right)\right) \qquad (2.6)$$

式（2.6）取最大值时对应的策略记为

$$a_{T-1}^*\left(x_{T-1}\right) = \arg \max_{a_{T-1,j} \in A_{T-1}} v\left(x_T^*\left(x_{T-1}, a_{T-1,j}\right)\right) \qquad (2.7)$$

式中，$a_{T-1}^*\left(x_{T-1}\right)$ 表示当状态为 x_{T-1} 时 $T-1$ 阶段的最优策略。

当 $t = T - l$，$l \geq 2$ 时，$t+1$ 时刻可能状态的满意度定义如下。

定义 2.6　对于 t 时刻状态为 x_t 的情景，如果 $a_{t,j}$ 被选用，其下个阶段的可能状态集为 $X_{t+1}\left(x_t, a_{t,j}\right) = \{x_{t+1,1}, x_{t+1,2}, \cdots, x_{t+1,n}\}$，记 $W_{t+1}\left(x_t, a_{t,j}, x_{t+1,i}\right) = \{w_{t+1,i}\left(x_t, a_{t,j}, x_{t+1,i}\right)$ $\big| w_{t+1,i}\left(x_t, a_{t,j}, x_{t+1,i}\right) = v(x_{t+1,i}) + f_{t+1}\left(x_{t+1,i}\right), i = 1, 2, \cdots, n\}$，称　$\mu_{t+1}\left(x_t, a_{t,j}, x_{t+1,i}\right) =$

$\mu_{t+1}\left(w_{t+1,i}\right) = \dfrac{w_{t+1,i}}{\max\limits_i w_{t+1,i}}$ 为给定 x_t、$a_{t,j}$ 被选用时，可能状态 $x_{t+1,i}$ 的满意度。

根据定义 2.4、定义 2.6，同单阶段决策求焦点的公式（2.5）类似，可以得到任意 $a_{t,j}$ 在 t 时刻的焦点：

$$x_{t+1}^*\left(x_t, a_{t,j}\right) = \arg F\left(\pi_{t+1}\left(x_t, a_{t,j}, x_{t+1,i}\right), \mu_{t+1}\left(x_t, a_{t,j}, x_{t+1,i}\right)\right) \qquad (2.8)$$

当时刻 t 的状态 x_t 为最大收益函数时，可表示为

$$f_t\left(x_t\right) = \max_{a_{t,j} \in A_t} v\left(x_{t+1}^*\left(x_t, a_{t,j}\right)\right) + f_{t+1}\left(x_{t+1}^*\left(x_t, a_{t,j}\right)\right) \qquad (2.9)$$

从而求得最优策略如下：

$$a_t^*\left(x_t\right) = \arg \max_{a_{t,j} \in A_t} v\left(x_{t+1}^*\left(x_t, a_{t,j}\right)\right) + f_{t+1}\left(x_{t+1}^*\left(x_t, a_{t,j}\right)\right) \qquad (2.10)$$

综上，对于一个 T 阶段的不确定性决策问题，得知当前状态和预测未来各阶段状态的概率分布后，可以求出任意备选策略对应的焦点，从而选出最优策略。

例 2.2　考虑一个两阶段（$T = 2$）定常系统（时不变系统，状态转移规律不随时间变化），设其状态空间为 $X = \{0, 1, 2\}$，各阶段的备选策略集都为 $A = \{a_1, a_2\}$。当 a_1 被选取时，状态的概率转移矩阵为

$$P_{a_1} = \begin{bmatrix} 1 & 0 & 0 \\ 0 & 1 & 0 \\ 0 & 0 & 1 \end{bmatrix} \qquad (2.11)$$

若 a_2 被选取状态的概率转移矩阵为

$$P_{a_2} = \begin{bmatrix} 0 & 0.71 & 0.29 \\ 0.41 & 0 & 0.59 \\ 0.44 & 0.56 & 0 \end{bmatrix} \qquad (2.12)$$

当 a_1 被选取时，产生的收益总是 1；当 a_2 被选取时，如果 $x_{t+1} > x_t$，产生的收益为 2，否则为 0.5。针对这一问题，下面分析各个阶段应该采取的措施，以使得整个过程的收益最大。

根据式（2.11）和式（2.12）可以求得 a_1、a_2 被选取时状态的相对似然度矩阵分别为

$$\boldsymbol{\Pi}_{a_1} = \begin{bmatrix} 1 & 0 & 0 \\ 0 & 1 & 0 \\ 0 & 0 & 1 \end{bmatrix} \tag{2.13}$$

$$\boldsymbol{\Pi}_{a_2} = \begin{bmatrix} 0 & 1 & 0.4 \\ 0.7 & 0 & 1 \\ 0.8 & 1 & 0 \end{bmatrix} \tag{2.14}$$

在最后一个决策阶段（$t=1$），如果 $x_{1,k}=2$，则根据收益的定义规则，选择 a_2 得到的收益一定为 0.5，从而 a_1 为最优策略。当 $x_{1,k}=0$ 或 $x_{1,k}=1$ 时，根据满意度的定义，若备选策略 a_1 被选用，对于任意的 $x_{1,k}, x_{1,i} \in \{0,1,2\}$，满意度 $\mu_2(x_{1,k}, a_1, x_{1,i})=1$。若备选策略 a_2 被选用，则 $\mu_2(0, a_2, 0)=0.25$，$\mu_2(0, a_2, 1)=1$，$\mu_2(0, a_2, 2)=1$，$\mu_2(1, a_2, 0)=0.25$，$\mu_2(1, a_2, 1)=0.25$，$\mu_2(1, a_2, 2)=1$。从而可以得到乐观型焦点如下：对于任意 $x_{1,k} \in \{0,1,2\}$，$x_2^*(x_{1,k}, a_1)=x_{1,k}$，$x_2^*(0, a_2)=1$，$x_2^*(1, a_2)=2$。进而可以求得在 $t=1$ 时刻的最优策略如下：$a_1^*(0)=a_2$，$a_1^*(1)=a_2$，$a_1^*(2)=a_1$。所以当 $t=1$ 的状态给定时，最优策略对应的收益分别为 $f_1(0)=f_1(1)=2$，$f_1(2)=1$。

下面分析 $t=0$ 时刻的决策问题。若计算 $t=0$ 时刻的满意度，需要得到满意度函数定义中的 $w_{1,i}$，为便于识别，记 $w_1(x_{0,k}, a_1, x_{1,i})$ 为当前状态是 $x_{0,k}$、策略 a_1 被采用时 $w_{1,i}$ 的取值，则

$$w_1(0, a_1, 0) = v(0, a_1, 0) + f_1(0) = 1 + 2 = 3$$

$$w_1(0, a_1, 1) = v(0, a_1, 1) + f_1(1) = 1 + 2 = 3$$

$$w_1(0, a_1, 2) = v(0, a_1, 2) + f_1(2) = 1 + 1 = 2$$

$$w_1(1, a_1, 0) = v(1, a_1, 0) + f_1(0) = 1 + 2 = 3$$

$$w_1(1, a_1, 1) = v(1, a_1, 1) + f_1(1) = 1 + 2 = 3$$

$$w_1(1, a_1, 2) = v(1, a_1, 2) + f_1(2) = 1 + 1 = 2$$

$$w_1(2, a_1, 0) = v(2, a_1, 0) + f_1(0) = 1 + 2 = 3$$

$$w_1(2, a_1, 1) = v(2, a_1, 1) + f_1(1) = 1 + 2 = 3$$

$$w_1(2,a_1,2) = v(2,a_1,2) + f_1(2) = 1 + 1 = 2$$

$$w_1(0,a_2,0) = v(0,a_2,0) + f_1(0) = 0.5 + 2 = 2.5$$

$$w_1(0,a_2,1) = v(0,a_2,1) + f_1(1) = 2 + 2 = 4$$

$$w_1(0,a_2,2) = v(0,a_2,2) + f_1(2) = 2 + 1 = 3$$

$$w_1(1,a_2,0) = v(1,a_2,0) + f_1(0) = 0.5 + 2 = 2.5$$

$$w_1(1,a_2,1) = v(1,a_2,1) + f_1(1) = 0.5 + 2 = 2.5$$

$$w_1(1,a_2,2) = v(1,a_2,2) + f_1(2) = 2 + 1 = 3$$

$$w_1(2,a_2,0) = v(2,a_2,0) + f_1(0) = 0.5 + 2 = 2.5$$

$$w_1(2,a_2,1) = v(2,a_2,1) + f_1(1) = 0.5 + 2 = 2.5$$

$$w_1(2,a_2,2) = v(2,a_2,2) + f_1(2) = 0.5 + 1 = 1.5$$

根据定义 2.6 可以求得满意度如下：$\mu_1(0,a_1,0) = 1$，$\mu_1(0,a_1,1) = 1$，$\mu_1(0,a_1,2) = 2/3$，$\mu_1(1,a_1,0) = 1$，$\mu_1(1,a_1,1) = 1$，$\mu_1(1,a_1,2) = 2/3$，$\mu_1(2,a_1,0) = 1$，$\mu_1(2,a_1,1) = 1$，$\mu_1(2,a_1,2) = 2/3$，$\mu_1(0,a_2,0) = 0.625$，$\mu_1(0,a_2,1) = 1$，$\mu_1(0,a_2,2) = 0.75$，$\mu_1(1,a_2,0) = 5/6$，$\mu_1(1,a_2,1) = 5/6$，$\mu_1(1,a_2,2) = 1$，$\mu_1(2,a_2,0) = 1$，$\mu_1(2,a_2,1) = 1$，$\mu_1(2,a_2,2) = 0.6$。根据乐观型焦点的定义可得：$x_1^{1*}(0,\ a_1) = 0$，$x_1^{1*}(1,\ a_1) = 1$，$x_1^{1*}(2,\ a_1) = 2$，$x_1^{1*}(0,\ a_2) = 1$，$x_1^{1*}(1,\ a_2) = 2$，$x_1^{1*}(2,\ a_2) = 1$，给定初始值后，在 $t = 0$ 时刻的最优策略如下：$a_0^*(0) = a_2$，$a_0^*(1) = a_1$ 或 a_2，$a_0^*(2) = a_1$，所以 $f_0(0) = 4$，$f_0(1) = 4$，$f_0(2) = 2.5$。上述过程得到了任意初始值时各阶段的最优策略，并给出了清晰的路径，例如，初始值若为 0，$t = 0$，$t = 1$ 时的最优策略分别为 a_2、a_2，最优路径为 $0 \to x_1^{1*}(0,\ a_2) \to x_2^*(x_1^{1*}(0,\ a_2),\ a_2)$，即 $0 \to 1 \to 2$。

2.4.3　基于焦点的多阶段决策分析与应用

基于焦点的多阶段决策方法与现有方法的不同体现在其用焦点来处理不确定性。焦点的选取过程依据决策的具体情景，因此求解不同类型的决策问题需要采用不同的焦点选择方式。基于焦点的多阶段决策方法具有以下特征：①基于焦点的决策方法尊重决策主体，具有差异性的事实。对于单一焦点的决策问题，在同一个阶段，面对相同的信息，不同的决策者因为关注的焦点不同可能做出不同的选择。通常大胆型焦点的收益高于乐观型焦点，二者高于悲观型焦点，三者又都高于审慎型焦点。面对未来不确定的突发状况，不同的专家可能给出不同的决策建议，同现实中的决策过程和现象相符。②基于焦点的多阶段决策方法尊重事物是变化发展的这一事实，焦点依据情景选择，使得随着情景的变化不同的阶段可以选择不同的焦点，用于不确定性的处理，反映事物发展变化的本质，提升决策方法的实用性，避免期望效用等传统方法的假设过强、适用范围有限的弊端。③基于焦点的决策方法可反映信息对决策的影响。以乐观型焦点和悲观型焦点为例，不确定性程度越高（相对似然度函数的曲线较平），两类焦点对应的收益间的差距越大。这提醒我们在实际决策过程中，信息的获取和披露有助于减小决策群体中不同决策者之间的分歧。当决策过程重复次数足够多，单一焦点时，决策者无论选择哪一类型的焦点，最终都稳定于每一个可能状态均为焦点的情景，各个状态的关注度系数即概率，此时基于焦点的决策方法与均值等效。

最优停时问题（optimal stopping problem）是一类典型的多阶段决策问题，它是一个在每个阶段有且仅有两个策略——"停止"或"继续"可供选择的决策过程。如果策略"继续"，被选择决策过程将进入下一个阶段，如果策略"停止"，被选择决策过程随即结束。考虑一个离散的时不变系统（time-invariant system），系统在每个阶段有"继续"和"停止"两个选项可供选择，每个选项有相应的收益。决策者需要决定系统何时停止以获取最大的收益，这是一个典型的最优停时问题。对于时不变系统"停止"的收益和"继续"的成本都与时间无关，只取决于系统的状态。记系统的状态空间为 $\{0,1,2,3,\cdots,i,\cdots\}$。如果当前状态为 i 且决策者选择"停止"，则收益为 r_i；若当前状态为 i 且决策者选择"继续"，则系统消耗一定成本进入下一个阶段，记从状态 i 到状态 j 消耗的转移成本为 c_{ij}。决策者要决定在哪个阶段结束上述过程以获得整体的最大收益，结束的时刻即最优停时。

假设系统的初始状态为 i，且最多允许持续 n 阶段（步），即在阶段 n 自然停止。记初始时刻为 $t=0$，则系统在 $t=n$ 时必然停止，设 $v_i(n)$ 是初始状态为 i 最多持续 n 步时的最大收益，则 $v_i(1)=\max\left\{r_i,-c_{ii_1^*}+v_{i_1^*}(0)\right\}$ 是最多持续一步时收益的最优方程，其中 $v_{i_1^*}(0)=r_{i_1^*}$，i_1^* 是系统在 $t=1$ 时刻的焦点。以此类推，若已知时刻 $t\in\{0,1,2,\cdots,n-1\}$ 的状态为 i，则当前时刻收益的最优方程为

$$v_i(n-t)=\max\left\{r_i,-c_{ii_{t+1}^*}+v_{i_{t+1}^*}(n-t-1)\right\} \tag{2.15}$$

式中，i_{t+1}^* 表示系统在 $t+1$ 时刻的焦点。应选择"停止"的状态集合定义为

$$S(n-t)=\left\{i\,\middle|\,v_i(n-t)=r_i\right\} \tag{2.16}$$

表示在时刻 t 的状态如果属于集合 $S(n-t)$，则应选择"停止"。系统第一次有状态落入集合 $S(n-t)$ 的时刻就是最优停时：

$$T_i(n) = \min\{t | i_t \in S(n-t)\} \qquad (2.17)$$

与应选择"停止"的状态集合 $S(n-t)$ 对应，在时刻 t 的应选择"继续"的状态集合为

$$C(n-t) = \{i | v_i(n-t) > r_i\} \qquad (2.18)$$

若在时刻 t 的状态属于集合 $C(n-t)$，则应选择"继续"。

最优停时问题就是求解式（2.17），而求解式（2.17）需要先得到集合 $S(n-t)(t=0,1,2,\cdots,n-1)$ 中的元素，即满足 $v_i(n-t)=r_i$ 的状态。同 Guo 和 Li[19] 的多阶段一次性决策理论思想相似，例 2.3 可以帮助读者理解基于焦点的最优停时问题。

例 2.3　考虑一个 $n=3$ 的最优停时问题，状态空间 $S=\{2,5,8,10\}$，在各个阶段备选策略集均为 $A=\{a^1, a^2\}$，其中 $a^1=$ 继续，$a^2=$ 停止。设在状态 $i(i=2,5,8,10)$ "停止"的收益为 $r_i=2i$，选择"继续"时，系统状态间的概率转移矩阵如下：

$$P = \begin{bmatrix} 0 & 0.56 & 0.33 & 0.11 \\ 0.37 & 0 & 0.45 & 0.18 \\ 0.15 & 0.50 & 0 & 0.35 \\ 0.11 & 0.33 & 0.56 & 0 \end{bmatrix} \qquad (2.19)$$

由定义 2.4 可得"继续"时状态间的相对似然度转移矩阵：

$$\Pi = \begin{bmatrix} 0 & 1 & 0.6 & 0.2 \\ 0.8 & 0 & 1 & 0.4 \\ 0.3 & 1 & 0 & 0.7 \\ 0.2 & 0.6 & 1 & 0 \end{bmatrix} \qquad (2.20)$$

设选择 a^1（继续）后，从当前阶段到下一阶段的状态间的转移成本为 $c_{ij}=2$，其中，i 为系统的当前状态，j 为系统的下一阶段的状态，$i,j \in S$，行为 a^1（继续）在 $t+1(t=0,1,2)$ 阶段的满意度函数为

$$\mu_{t+1}(i, a^1, j) = \frac{-c_{ij} + v_j(m-t-1)}{\max_k(-c_{ik} + v_k(m-t-1))}, \quad t=0,1,2 \qquad (2.21)$$

在 $t=2$ 时刻，$\mu_3(i, a^1, j) = \dfrac{-c_{ij} + r_j}{\max_k(-c_{ik} + r_k)}$。将 $r_i=2i$，$c_{ij}=2$ 代入式（2.21），对于任意 $i \in S$，$\mu_3(i, a^1, 2)=0.11$，$\mu_3(i, a^1, 5)=0.44$，$\mu_3(i, a^1, 8)=0.78$，$\mu_3(i, a^1, 10)=1$。根据式（2.20）和满意度的数值，当第 2 阶段的状态为不同值，选择"继续"时，第 3 阶段的乐观型焦点分别为 $x_3^{1*}(2, a^1)=8$，$x_3^{1*}(5, a^1)=8$，

$x_3^{1*}\left(8,a^1\right)=10$，$x_3^{1*}\left(10,a^1\right)=8$，因此最大收益分别是 $v_2(1)=\max\left\{r_2,r_8-2\right\}=$ $\max\left\{4,16-2\right\}=14$，$v_5(1)=\max\left\{r_5,r_8-2\right\}=\max\left\{10,16-2\right\}=14$，$v_8(1)=\max\left\{r_8,r_{10}-2\right\}=$ $\max\left\{16,20-2\right\}=18$，$v_{10}(1)=\max\left\{r_{10},r_8-2\right\}=\max\left\{20,16-2\right\}=20$。在 $t=2$ 时刻，状态给定时的最优决策如下：$a_2^*(2)=a^1$，$a_2^*(5)=a^1$，$a_2^*(8)=a^1$，$a_2^*(10)=a^2$。可知 10 是 $t=2$ 时刻的一个属于停止集合 $S(1)=\left\{i\middle|v_i(1)=r_i\right\}$ 的状态。上述现象很容易理解和解释，10 是系统中收益最大的状态，再选择"继续"也不可能超过在状态 10 停止的收益，因此当状态 10 出现时，最优策略必然是"停止"，即 10 包含于任何阶段的停止集合中。

在 $t=1$ 时刻，对于任意状态 $i\in S$，根据满意度函数（2.21），可求得其满意度如下：$\mu_2\left(i,a^1,2\right)=0.67$，$\mu_2\left(i,a^1,5\right)=0.67$，$\mu_2\left(i,a^1,8\right)=0.89$，$\mu_2\left(i,a^1,10\right)=1$。根据式（2.20）和满意度的数值，当第 1 阶段的状态为不同值，选择"继续"时，第 2 阶段的乐观型焦点分别为 $x_2^{1*}\left(2,a^1\right)=5$，$x_2^{1*}\left(5,a^1\right)=8$，$x_2^{1*}\left(8,a^1\right)=$ 10，$x_2^{1*}\left(10,a^1\right)=8$。从而可以求得 $v_2(2)=\max\left\{r_2,v_5(1)-2\right\}=\max\left\{4,14-2\right\}=12$，$v_5(2)=\max\left\{r_5,v_8(1)-2\right\}=\max\left\{10,18-2\right\}=16$，$v_8(2)=\max\left\{r_8,v_{10}(1)-2\right\}=\max$ $\left\{16,20-2\right\}=18$，$v_{10}(2)=\max\left\{r_{10},v_8(1)-2\right\}=\max\left\{20,18-2\right\}=20$。$t=1$ 时刻的状态给定时，最优决策分别为 $a_1^*(2)=a^1$，$a_1^*(5)=a^1$，$a_1^*(8)=a^1$，$a_1^*(10)=a^2$，从而 10 是属于停止集合 $S(2)=\left\{i\middle|v_i(2)=r_i\right\}$ 的状态，与上个阶段的结论相符。

在 $t=0$ 时刻，对于任意状态 $i\in S$，根据式（2.21），可求得其满意度如下：$\mu_1\left(i,a^1,2\right)=0.56$，$\mu_1\left(i,a^1,5\right)=0.78$，$\mu_1\left(i,a^1,8\right)=0.89$，$\mu_1\left(i,a^1,10\right)=1$。根据式（2.20）和上述满意度数值，当阶段 0 的状态取不同值时选择继续，阶段 1 的乐观型焦点分别为 $x_1^{1*}\left(2,a^1\right)=5$，$x_1^{1*}\left(5,a^1\right)=8$，$x_1^{1*}\left(8,a^1\right)=5$，$x_1^{1*}\left(10,a^1\right)=8$，从而可以求得 $v_2(3)=\max\left\{r_2,v_5(2)-2\right\}=\max\left\{4,16-2\right\}=14$，$v_5(3)=\max\left\{r_5,v_8(2)-2\right\}$ $=\max\left\{10,18-2\right\}=16$，$v_8(3)=\max\left\{r_8,v_5(2)-2\right\}=\max\left\{16,16-2\right\}=16$，$v_{10}(3)=$ $\max\left\{r_{10},v_8(2)-2\right\}=\max\left\{20,18-2\right\}=20$。$t=0$ 时刻的状态取相应值时最优决策分别为 $a_0^*(2)=a^1$，$a_0^*(5)=a^1$，$a_0^*(8)=a^2$，$a_0^*(10)=a^2$。从而 8、10 是属于停止集合 $S(3)=\left\{i\middle|v_i(3)=r_i\right\}$ 的状态。

此例中，$S(3)=\{8,10\}$，$S(2)=\{10\}$，$S(1)=\{10\}$，因为状态空间 $S=\{2,5,8,10\}$，故而 $C(3)=\{2,5\}$，$C(2)=\{2,5,8\}$，$C(1)=\{2,5,8\}$，当初始状态给定时，最优停时分别为 $T_2(3)=3$，$T_5(3)=2$，$T_8(3)=0$，$T_{10}(3)=0$。若初始状态为 2，则基于焦点的最优决策路径为 $2\rightarrow5\rightarrow8\rightarrow10$，阶段 0、阶段 1、阶段 2 的最优决策都为 a^1 继续，最优停时 $T_2(3)=3$。

从此例子中还可以看到，对于单一焦点的最优停时问题，其某些结论是跟基于均值的最优停时问题相悖的，如 $v_8(3)<v_8(2)$。在基于均值的最优停时问题中，$v_i(n)$ 是 n 的增函数，但基于焦点的最优停时问题中，此结论不再成立，一方面，系统的不确定性会随着决策阶段的增多而上升；另一方面，基于焦点的决策方法体现人的主观性，随着阶段的增多，决策者在前面阶段的"目标"有可能会降低，即截止日期的延后可能会降低决策者的主观努力，从而使系统前期的产出降低。对于最优停时问题，因为它属于多阶段决策问题，同样可以分析各个类型焦点之间的关系，以及不确定性对决策的影响，结论与多阶段决策问题的结论一致。

2.5　数据驱动的在线建模与优化方法[31]

由于实际的调度问题中，不确定性的存在使得系统的"稳定性"难以保障，在解决复杂动态的调度问题时，无法再假设模型和参数皆是已知的，因此，如何得到一个动态的决策方案，使得其随着系统情景的变化触发决策机制，应对系统的改变，使得整体运行过程中的结果得到优化就成为极具挑战性的问题，这需要相应的在线建模和优化方法。保障在线决策实时性的一种方式是把建模和优化过程中的某些环节进行在线实时处理。模块化处理是一个有效的方式。将典型情景、焦点选择、模型知识和算法知识进行模块化知识表示，形成基于"情景-焦点"的智能调度优化方法。调度系统运行过程中，通过分类模型对实时状态的判定感知典型情景，触发趋势分析，当基于焦点的决策结果为重调度时，即启动在线建模和优化过程，调用模型和算法库中与之匹配的模块，由建模方法库中的智能建模方法实现算法与模型的搭建，完成算法对模型的求解过程，得到重调度方案，实现基于"情景-焦点"的智能调度（图 2.8）。

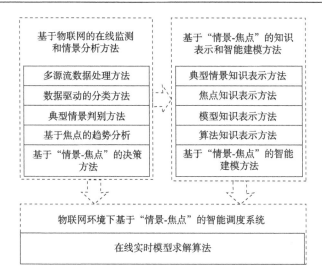

图 2.8　物联网环境下基于"情景-焦点"的智能调度流程图

在图 2.8 中,当趋势分析结束后,决策焦点就被确定下来,以决策焦点对应的短期未来发展趋势以及系统当前的情景作为决策的当前状态,启动与系统当前情景状态相匹配的在线建模与优化过程。该方法采用模块化的思想,将模型和算法进行了模块化表示,并在在线建模与优化过程中将相应的算法模块和模型模块集成起来,实现模型与算法的在线构建,并运行获得最终的优化调度策略。其过程如下:以当前实时获取的在线情景要素的值以及决策焦点值作为启动知识库中相应推理规则的输入,知识库中的相应规则启动后,则调用模型及算法库中与之匹配的模型及算法模块,由建模方法库中相应的在线智能建模方法实现算法与相应模型的搭建,并同时完成算法对模型的求解过程,从而最终获得优化调度策略。

该在线智能建模与优化方法的实现,融合使用了人工智能与知识工程中多种知识表示方法,在系统中实现了问题知识表示、模型知识表示以及算法的知识表示,以各个部分的知识表示为支撑,实现在线智能建模过程(图 2.9)。该建模过程的核心是 PAM 建模方法[32]:以与实时情景相适应的调度策略(policy,P)为驱动,调用相关的算法(algorithm,A)组件以及目标函数和约束条件构成的模型组件(model,M),搭建起相应的优化模型和算法,从而获得优化的调度策略(PAM 建模与优化方法的原理图见图 2.10)。

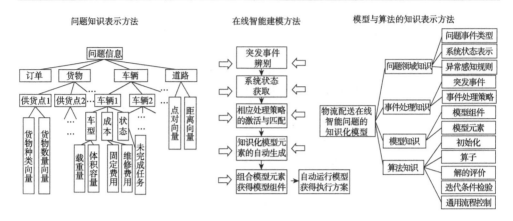

图 2.9　基于情景的在线智能建模与优化方法的核心模块

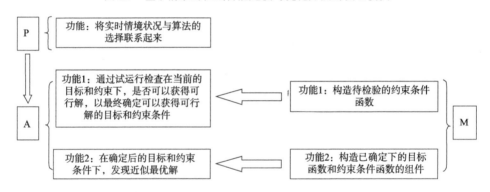

图 2.10　PAM 建模与优化方法的原理图

　　综上，针对物联网环境下的智能调度问题，本书通过数据驱动，基于"情景-焦点"进行趋势分析，并以基于知识的在线智能建模与优化方法实现了调度方案的智能生成，从而实现了"情景分析—智能建模—在线求解"这一基于数据流的在线智能调度优化决策过程。上述过程的实现将在后续章节中结合成品油配送问题、农作物生长要素在线监测与智能调度问题、大型网上超市机器人移动货架拣选系统智能调度问题的实施具体介绍。

2.6　本章小结

　　本章针对物联网环境下智能调度系统状态异常识别模糊、在线趋势分析复杂、重调度决策在线实现困难等问题，给出了数据驱动的情景分析方法和基于"情景-焦点"的重调度决策方法，为在线异常感知、典型情景识别、在线趋势分析和决策以及在线建模和优化提供了基础理论，解决了何时重调度、如何重调度、重调度方案如何在线生成的难题。在线建模的核心是降低其应用的复杂性，通过情景分析和基于"情景-焦点"的重调度决策方法将动态复杂的非结构化问题逐步转化为结构化问题，为在线情景建模奠定了坚实的基础，解决了复杂性降解的难题。结合具体领域，通过在线优化方法实现上述异常感知和焦点选择过程即可完成数据监测—异常感知—典型情景判定（趋势预测-焦点选择）—重调度决策—在线智能建模的在线智能调度过程，实现提升物联网环境下调度决策实时性、科学性和智能性的目标。

参 考 文 献

[1] 胡祥培，孙丽君，王征. 基于物联网的在线智能调度方法的相关思考[J]. 管理科学，2015，28（2）：134-141.

[2] 荆涛. 情景分析法在作战方案评估中的应用研究[J]. 系统科学学报，2019，27（4）：65-69.

[3] Kahn H，Wiener A. The Year 2000[M]. New York：MacMillan，1967.

[4] 宗蓓华. 战略预测中的情景分析法[J]. 预测，1994，2：50-55.

[5] 张学才，郭瑞雪. 情景分析方法综述[J]. 探索与争鸣，2005，8：125-126.

[6] 朱跃中. 未来中国交通运输部门能源发展与碳排放情景分析[J]. 中国工业经济，2001，12：30-35.

[7] 于红霞，钱荣. 解读未来发展不确定性的情景分析法[J]. 未来与发展，2006，2：12-15.

[8] 王婷，卫少鹏，周彤. 智能调度的研究现状及前沿[J]. 物流科技，2019，11：5-9.

[9] Bernoulli D. Exposition of a new theory on the measurement of risk[J]. Econometrica，1954，22：23-26.

[10] von Neumann J，Morgenstern O. Theory of Games and Economic Behavior[M].Princeton：Princeton University Press，1944.

[11] Kim S，Lewis M，Wang C C. Optimal vehicle routing with real-time traffic information[J]. IEEE Transactions on Intelligent Transportation Systems，2005，6（2）：178-188.

[12] Thomas B W. Waiting strategies for anticipating service requests from known customer locations[J]. Transportation Science，2007，41（3）：319-331.

[13] Herroelen W，Leus R. Project scheduling under uncertainty：survey and research potentials[J]. European Journal of Operational Research，2015，165：289-306.

[14] Kahneman D，Tversky A. Prospect theory：an analysis of decision under risk[J]. Econometrica，1979，47：63-291.

[15] Bell D E. Regret in decision making under uncertainty[J]. Operations Research，1982，30：961-981.

[16] Loomes G，Sugden R. Regret theory：an alternative theory of rational choice under uncertainty

[J]. Economic Journal, 1982 (92): 805-824.

[17] Dubois D, Prade H, Sabbadin R. Decision-theoretic foundations of qualitative possibility theory[J]. European Journal of Operational Research, 2001, 128 (3): 459-478.

[18] Guo P. One-shot decision theory[J]. IEEE Transactions on Systems, Man and Cybernetics, Part A: Systems and Humans, 2011, 41 (5): 917-926.

[19] Guo P, Li Y. Approaches to multistage one-shot decision making[J]. European Journal of Operational Research, 2014, 236 (2): 612-623.

[20] Guo P. Focus theory of choice and its application to resolving the St. Petersburg, Allais, and Ellsberg paradoxes and other anomalies[J]. European Journal of Operational Research, 2019, 276: 1034-1043.

[21] Li Y, Guo P. Possibilistic individual multi-period consumption-investment model[J]. Fuzzy Sets and Systems, 2015, 274: 47-61.

[22] Guo P, Yan R, Wang J. Duopoly market analysis within one-shot decision framework with asymmetric possibilistic information[J]. International Journal of Computational Intelligence Systems, 2010, 3 (6): 786-796.

[23] Guo P, Ma X. Newsvendor models for innovative products with one-shot decision theory[J]. European Journal of Operational Research, 2014, 439 (2): 523-536.

[24] Guo P. Private real estate investment analysis within one-shot decision framework[J]. International Real Estate Review, 2010, 13 (3): 238-260.

[25] Wang C, Guo P. Behavioral models for first-price sealed-bid auctions with the one-shot decision theory[J]. European Journal of Operational Research, 2017, 261: 994-1000.

[26] Bellman R E. Dynamic Programming[M]. Princeton: Princeton University Press, 1957.

[27] He S C, Sim M, Zhang M L. Data-driven patient scheduling in emergency departments: a hybrid robust-stochastic approach[J]. Management Science, 2019, 65 (9): 4123-4140.

[28] Truong V A. Optimal advance scheduling[J]. Management Science, 2015, 61 (7): 1584-1597.

[29] Balseiro S R, Brown D B. Approximations to stochastic dynamic programs via information relaxation duality[J]. Operations Research, 2019, 67 (2): 577-597.

[30] Brown D B, Smith J E. Information relaxations, duality, and convex stochastic dynamic programs[J]. Operations Research, 2014, 62 (6): 1394-1415.

[31] 胡祥培, 李永刚, 孙丽君, 等. 基于物联网的在线智能调度决策方法[J]. 管理世界, 2020, 8: 150-160.

[32] Hu X, Sun L, Liu L. A PAM approach to handling disruptions in real-time vehicle routing problems[J]. Decision Support Systems, 2013, 54 (3): 1380-1393.

第3章 基于物联网的成品油配送在线监测及运营优化调度

　　成品油作为重要的生产及生活资料,其稳定、有序的供应是关系国计民生的大事。然而,国际油价波动频繁,加上加油站所处的时空位置导致的油品消耗规律的差异性,使得成品油的需求波动剧烈。例如,出租车交接班时段的市内加油站、大型工程施工工地(如建楼盘、建地铁等)周围的加油站、小长假时高速公路旁的加油站等都面临着需求剧增的情况。加油站作为直接连接油品供给端与需求端的媒介,其储量的合理有序补充与供应是应对需求剧增的不二选择。近年来,我国加油站成品油的供应采用主动配送制度,即由调度中心根据其可用的配送油罐车运力,综合考虑中心油库库存、各加油站的库存、销售数据等要素主动制订配送计划,按照轻重缓急对各个加油站的库存进行补货。当前国内三大石油公司(中国石油天然气集团有限公司、中国石油化工集团有限公司、中国海洋石油集团有限公司)所属的加油站均已安装了液位仪传感器网络,为调度中心实时掌握加油站的库存数据提供了软硬件条件。然而,由于缺乏科学的数据分析方法,加油站未来一个配送周期(即次日)的油品需求趋势一般由调度员根据个人的经验进行粗略估计,误差很大。为了保障加油站不断供,调度员往往会在日常调度过程中,尽量为每个加油站维持一个很高的库存。然而,若个别加油站的需求剧增未被及时处理,则可能导致该加油站断供,另外,若需求剧增导致了运力不足,则有可能造成多个加油站的连锁断油,进而严重影响社会生产、生活秩序,如图3.1所示。因此,配送中心需要实时监测加油站的库存及需求情景,实时感知油品消耗的异常,以在超出加油站当前库存服务能力的需求发生之前进行库存预警,然后基于当前的配送计划的实施情况、运力情况,实时制定应对策略,实现应急补货,从而缓解加油站的服务压力,保障油品的顺利供应和加油站的平稳运营。

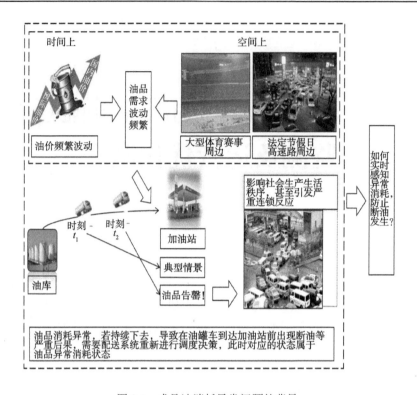

图 3.1　成品油消耗异常问题的背景

　　物联网技术及设施的应用与发展为成品油配送调度的决策者提供了透明、实时在线的决策环境，可以实现加油站繁忙程度的实时监控；实现油品配送车辆位置的实时获取；实现加油站库存的实时监测等。如何充分利用物联网实时采集到的数据，综合考虑与库存异常有关的多个动态变化的情景要素，并充分考虑库存情景的当前状态与未来的状态演化，在线实时实现对所有资源状态的汇总分析，实现加油站库存在线监测预警以及制定科学的库存补货策略，以有效避免断油事件的发生并降低加油站的库存成本，是本章重点解决的问题。

　　物联网环境下该问题的决策流程见图 3.2。该决策流程中包含以下五个研究内容：①成品油消耗异常基于情景的在线感知；②成品油消耗基于情景的在线趋势分析；③成品油消耗异常基于情景的在线监测预警；④基于情景的成品油补货调度；⑤成品油二次配送的在线调度优化算法。3.1~3.5 节分别对应此五项研究内容。

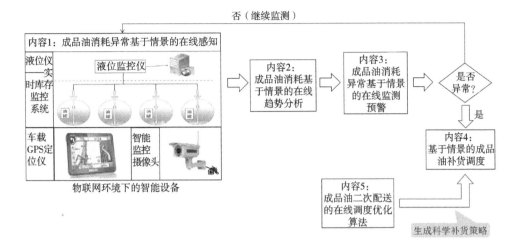

图 3.2　基于物联网的成品油配送在线监测及运营优化调度问题的决策流程

3.1　成品油消耗异常基于情景的在线感知方法

为防止断油事件的发生，目前，加油站往往设置一个很高的库存水平作为安全库存的预警阈值。然而，全国有大约 10 万座加油站，所有这些加油站加在一起的安全库存总量极大，其储存成本极高且安全风险激增。现有的静态、仅凭经验设定的成品油库存预警阈值方法，与大多数其他领域的库存监测预警一样，只依据实时读取到的库存量的大小去判断成品油消耗是否异常，没有考虑到与库存消耗速度以及库存补货过程密切相关的情景要素的影响。加油站的某油品剩余库存是否足以应对当前配送周期内的需求这一问题，受到加油站当前的繁忙程度、该配送周期内该油品的需求趋势、库存水平、当前的配送计划、正在执行当前配送计划的配送车辆所在位置等很多情景要素的影响。综合考虑这些情景要素，才能实时感知和判定该油品的消耗是否会在最近一次补货前就突破当前剩余库存的服务能力，即消耗"异常"状态。例如，当库存水平较低时，若油品的需求趋势极慢，且库存补货车已在路上，剩余的库存足以应付到补货车到达的情景下，即使库存水平达到了预警阈值也不必预警；反过来，有时候库存水平虽然较高，但油品的需求趋势极高，若等到阈值到达时再预警，可能补货时间已经来不及了。成品油消耗异常的在线实时感知方法基于物联网获取的数据，综合分析加油站油品供需双方的信息，综合考虑加油站油品库存供应不足的可能时刻点以及油品的需求状态这两方面的情景信息，实现加油站油品消耗情景的动态全监测，为在线启动成品油消耗的趋势分析以及动态实时异常预警奠定了基础。

　　由于需求的随机性，加油站往往很难及时捕捉到某油品的异常消耗。同时，如果加油站不能实时采取措施以及时应对油品的异常消耗，那么某油品就极有可能发生断供。正如上面所述，某油品的消耗异常状态与当前的情景密切相关，若假设潜在的消耗异常时刻点为 t_a，那么 t_a 受情景状态的影响动态变化，很难被捕捉。我们将这种具有在线性与动态性的异常状态称为在线情景依赖的异常状态。该类异常状态在很多系统中都存在，且如果未被及时发现，则可能会造成严重的后果。传统的异常状态检测往往依赖于有经验的人对系统的状态进行监控，以发现潜在的异常状态风险。然而，基于人工经验的方法往往会导致异常状态的错误判断或者遗漏。对于成品油这类具有实时变化需求的物品，基于人工经验的消耗异常状态监测更具有挑战性。

　　为了实时捕捉到潜在的消耗异常时刻点 t_a，本书提出一种实时滚动的在线监测方法。该方法通过物联网技术获得数据，综合分析实时的情景，以严格排除消耗正常的时间作为准则，动态更新监测的时间窗。该方法获得的潜在的消耗异常时刻点 t_a 是启动成品油消耗趋势分析并判断是否进行异常预警的时刻点。如果通过趋势分析发现该潜在的消耗异常将在未来的某一个时刻演变为真正的异常，则根据当前时刻与未来时刻之间的关系，以及未来时刻系统的情景状态，对预警级别进行划分，并触发预警；反之，如果通过趋势分析发现该潜在的消耗异常不会演变为真正的异常，则该可能异常点被排除释放，不会触发预警（消耗趋势分析过程和预警级别判定将在 3.2 节进行介绍）。

3.1.1　实时滚动的潜在异常时刻点监测

　　本节所述的实时滚动的潜在异常时刻点的监测方法的前提有：成品油配送系统已装备了物联网，包含车载 GPS、加油站液位仪系统、加油站实时监控系统等；该系统的运行是稳定的，即道路是顺畅的，能够保证油罐车以较稳定的速度行驶在为加油站补货的路上，加油站中加油枪的出油速度也是稳定的；该方法监测的是加油站中一个品类的油品的消耗异常时刻点，而不是所有油品的，即加油站的多个品类油品的消耗异常监测需要分别进行（因为不同的品类，其库存、运输等均是分开的）。

　　该方法的介绍中涉及以下参数，见表 3.1。

表 3.1　实时滚动的潜在异常时刻点监测方法的参数描述

参数	参数的意义	参数的取值范围
n	加油站中供应某油品的加油枪的总个数	$n > 0$
i	正在工作中的该油品的加油枪的个数	$0 \leqslant i \leqslant n$
v_{each}	该油品加油枪的加油速率	$v_{each} > 0$
v_0	在线感知到的该油品的初始消耗速率	$v_0 \geqslant 0$
v_{max}	该油品的最大消耗速率	$v_{max} = n v_{each}$
S_0	加油站该油品的初始库存	$S_0 \geqslant 0$
t_0	在线感知的初始时刻点	$t_0 \geqslant 0$
v_{t_c}	在线感知的该油品的实时消耗速率	$v_{t_c} \geqslant 0$
S_c	在线感知的该油品的实时库存	$S_c \geqslant 0$
t_c	在线感知的实时时刻点	$t_c \geqslant 0$
S_s	该油品的静态安全库存	$S_s > 0$
d_c	实时感知到的为该加油站补充该油品库存的配送车辆到达该加油站的剩余距离	$d_c \geqslant 0$
ΔS	当前剩余库存	$\Delta S = S_c - S_s$
v_{tanker}	该配送车辆的行驶速率	$v_{tanker} > 0$
T	该配送车辆由当前位置到达该加油站的剩余时间	$T = \dfrac{d_c}{v_{tanker}}$
T_{min}	当前剩余库存可供消耗的最短时间长度	$T_{min} = \dfrac{\Delta S}{v_{max}}$
T_k	当前剩余的库存以速率 v_0 消耗的可持续时间	$T_k = \dfrac{\Delta S}{v_0}$

1. 数据分析

由于该方法综合分析的数据包含了液位仪系统采集到的实时数据流,因此我们首先要对液位仪系统的数据特征进行分析。下面的分析以具有四个加油枪的某油品的液位仪数据为例进行。由加油枪的独立或者同时工作的状态可知,某油品某时刻的消耗速率由正在工作中的加油枪的数目 i 决定,可以用 $i v_{each}(i = 0,1,2,\cdots, n)$ 表示。即若某时刻有两个加油枪正在工作,那么该油品的消耗速率为 $2 v_{each}$。该油品随着时间推移的消耗速率示意图如图 3.3 所示,最大消耗速率为 $4 v_{each}$,其他可能的消耗速率有 0、v_{each}、$2 v_{each}$、$3 v_{each}$。

2. 消耗异常监测实时滚动方法的原理及其流程

消耗异常监测实时滚动方法通过综合分析库存消耗速率、库存水平、补货油罐车到达加油站所需的时间等实时变化的情景要素,排除绝对安全的时间段,实时滚动地监测潜在的油品消耗异常时刻点。图 3.4 为该方法的流程图。该流程有四个核心的步骤,其原理阐述如下。

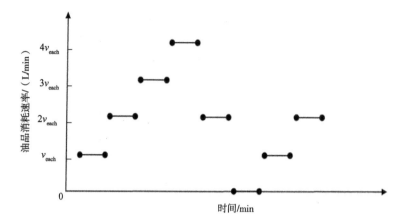

图 3.3　以四个加油枪为例的某油品的消耗速率数据图示

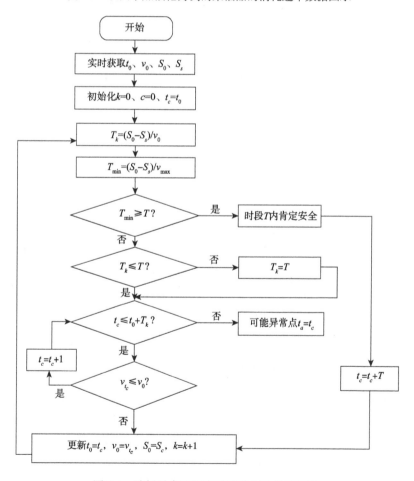

图 3.4　消耗异常监测实时滚动方法的流程图

步骤 1：判断油品的当前剩余库存 ΔS 是否一定可以保障油品的正常供应。该步骤主要判断 ΔS 可供消耗的最短时间长度 $T_{\min}$ 是否超过了配送车辆由当前的位置行驶到该加油站所用的时间长度 T。若 $T_{\min} \geqslant T$，则说明油品剩余库存一定能够维持到补货油罐车的到达时刻，即在时间段 T 内，油品供应不足的事件肯定不会发生，则该时段是绝对安全的时段，可以在时长 T 之后再更新参数的值 $t_0 = t_c$，$v_0 = v_{t_c}$，$S_0 = S_c$，$k = k + 1$，继续重复步骤 1 进行监测；若 $T_{\min} < T$，进入步骤 2。

步骤 2：判断若维持消耗速率 v_0 的情况下，ΔS 可被消耗的持续时间长度 T_k 是否超过 T。若 $T_k > T$，令 $T_k = T$；否则，进入步骤 3。

步骤 3：实时感知当前的油品消耗速率 v_{t_c}，并与 v_0 进行对比。若 $v_{t_c} > v_0$，则需要更新以下参数为当前值，即 $t_0 = t_c$，$v_0 = v_{t_c}$，$S_0 = S_c$，$k = k + 1$，并返回步骤 1；若 $v_{t_c} \leqslant v_0$，令 $t_c = t_c + 1$，若 $t_c \leqslant t_0 + T_k$，则重复步骤 3，否则，转步骤 4。

步骤 4：若 $t_c > t_0 + T_k$，则潜在异常时刻点 t_a 为 t_c，即得到 $t_a = t_c$。

步骤 3 和步骤 4 的意义为：在时间段 T_k 内，若油品库存以小于或等于 v_0 的速率消耗下去，则不存在消耗异常的时刻点，即可以在 $v_{t_c} \leqslant v_0$ 前提下排除消耗异常的时刻点，因此只需要持续判断消耗有可能异常的情况即可。

3.1.2　潜在消耗异常时刻点实时滚动监测过程的仿真

通过对现实加油站及其库存补货过程进行调研，我们发现以下因素与消耗异常时刻点的实时滚动监测是密切相关的：加油枪的出油速率、加油前后的操作时间（当车辆到达加油站进行加油操作时，加油前有一定的操作时间，即司机对加油机进行加油前操作，并把加油枪插入油箱口后才能正式开始加油；加油结束后也有一定的操作时间，即司机需要将加油枪放回加油机上，并且付款后才会将车开走）、配送车辆到达加油站的时间（对加油站进行补货的配送车辆是按照配送计划为加油站进行补货的）。上述因素中，除了加油枪的出油速率是稳定的之外，其他因素的取值都是随机的，因此，在仿真过程中，我们对随机因素的取值进行了不同的变化，以验证上面所提出的方法的有效性。

1. 仿真过程的实现

仿真选用了 Arena 平台。本节的仿真模型通过搭建"车辆的加油流程"仿真模块、"配送车辆（油罐车）的配送及卸油流程"仿真模块以及"时间实时推进"仿真模块三个模块（分别对应图 3.5 ~ 图 3.7），实现油品消耗潜在异常时刻点的实时感知。"车辆的加油流程"仿真模块主要仿真到加油站加油的车辆的加油流程，该模块可以实时获得某油品的消耗速率。"配送车辆（油罐车）的配送及卸油流程"仿真模块主要仿真配送车辆（油罐车）对加油站进行配送和到站卸油的过程，该模块可以实时获得油罐车到达加油站的剩余时间。"时间实时推进"仿真模块主要采用每隔半分钟产生一个时间实体的形式仿真时间的实时推进过程，以及时捕捉到 t_k 时刻。该模块的设置是因为仿真时钟是由离散事件推进的，无法在离散事件没有发生时实时推进。

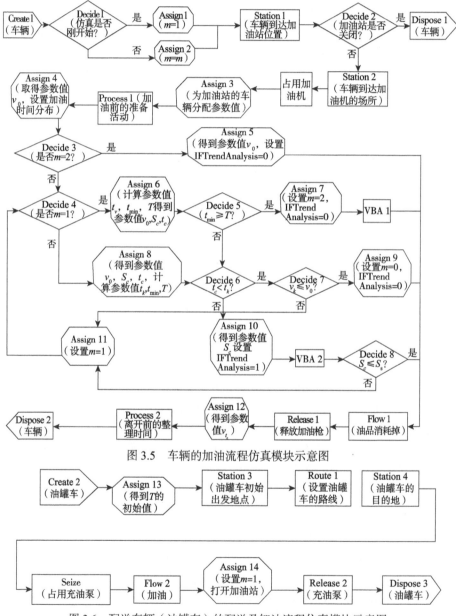

图 3.5　车辆的加油流程仿真模块示意图

图 3.6　配送车辆（油罐车）的配送及卸油流程仿真模块示意图

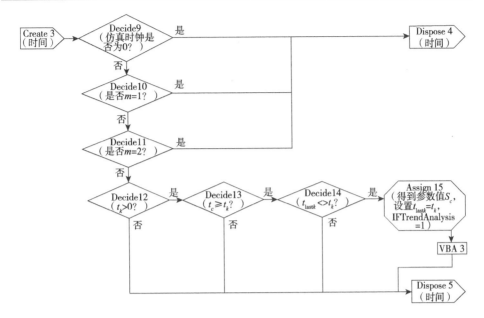

图 3.7　时间实时推进的仿真模块示意图

上述三个模块中包含的主要子模块的定义如下。

（1）Create 子模块仿真了实体的到达。即图 3.5 中的"Create1（车辆）"模块负责生成到加油站加油的车辆实体，图 3.6 中的"Create 3（油罐车）"模块负责生成油罐车实体，图 3.7 中的"Create2（时间）"模块负责生成时间实体。

（2）Station 子模块代表的是一个场所，是油罐车和加油车辆这两类实体的活动场所。

（3）Route 子模块代表的是油罐车和加油车辆这两类实体的行驶路线及其行驶时间。

（4）Decide 子模块用以实现某些状态的判断。

（5）Assign 子模块负责将每次的仿真值分配给变量，或者将初始值及静态的变量值分配给仿真模型中的相应参数。我们主要定义了 v_{max}、T_{min}、IFTrendAnalysis 等关键参数。其中，参数 IFTrendAnalysis 表示实时感知到的时刻点，其取值及其所代表的含义为 IFTrendAnalysis=$\begin{cases} 0（绝对安全点（T_{min} \geqslant T）） \\ 1（可能异常点 t_a） \\ 11（可能异常点 t_a） \end{cases}$。

参数 IFTrendAnalysis 取值为 0，表示仿真中 $T_{min} \geqslant T$，则加油站在配送车辆到达之前肯定不会断油，此时感知到的状态是绝对的安全状态；参数 IFTrendAnalysis 取值为 1，表示该时刻大于 $t_0 + T_k$，且该仿真过程是由加油车辆到达或离开加油站事件驱动的，这有可能导致检测到的潜在异常时刻点远大于 $t_0 + T_k$ ，当前仿真时刻为可能异常点 t_a ；参数 IFTrendAnalysis 取值为 11，表示该时刻大于 $t_0 + T_k$ ，但是该仿真过程是由每半分钟产生一次的时间实体驱动的，当前仿真时刻也为可能的异常点 t_a 。

（6）Delay 子模块用于在一定的时间内推迟实体流的流动，该模块模拟加油车辆开始加油前的准备时间 t_{w01} （对加油机的操作及将加油枪插入加油口等操作花费的时间），以及加完油后的整理时间 t_{w02} （将加油枪挂回加油机及付款等操作花费的时间）。

（7）Dispose 子模块表示实体离开该系统。

2. 仿真结果的分析

上述仿真系统中参数 v_{t_c} 、 S_c 、 t_c 、 T 的取值是在仿真过程中实时获取的；而以下参数的取值是固定不变的：加油站某油品的加油枪数量 n 为 4，每个加油枪的出油速率 v_{each} 为 10L/min，该油品的最大出油速率 $v_{max} = nv_{each} = 40L/min$ ，仿真时长为 48h（ $2d \times 24h/d = 48h$ ），安全库存 S_s 设为 120L，初始库存 S_0 为 2000L，车辆加油的时间分布 B 是低限为 2min、众数为 3min、上限为 4min 的三角分布，车辆的加油量分布 C 是低限为 20L、众数为 30L、上限为 40L 的三角分布。同时，为验证上面所提出方法的有效性以及该方法在随机参数不同取值下的稳定性，我们改变以下随机参数的取值进行两组仿真实验：加油车辆到达加油站的时间间隔分布 A 、配送车辆（油罐车）到达加油站的时间间隔分布 D 以及由当前油罐车的初始位置到加油站的行驶时间 T_0 。参数的两组具体取值如下。

第一组参数的取值如下：

$A = 0.999 + GAMM(62.6, 0.814)$ s， $D = UNIF(12.75, 13.25)$ h， $T_0 = 2$ h。

A 的取值表示加油车辆到达加油站的时间间隔服从 Gamma 分布； D 的取值表示配送车辆（油罐车）到达加油站的时间间隔服从最小值为 12.75h、最大值为 13.25h 的均匀分布； T_0 的取值表示由当前油罐车的初始位置到加油站的行驶时间为 2h。

第二组参数的取值如下：

$A = expo(1.5)$ min， $D = UNIF(22.75, 23.25)$ h， $T_0 = 0.5$ h。

A 的取值表示加油车辆到达加油站的时间间隔服从均值为 1.5min 的指数分布； D 的取值表示配送车辆（油罐车）到达加油站的时间间隔服从最小值为 22.75h、最大值为 23.25h 的均匀分布； T_0 的取值表示由当前油罐车的初始位置到加油站的行驶时间为 0.5h。

表 3.2、表 3.3 和表 3.4 显示的结果是第一组参数取值下的仿真结果，表 3.5、

表 3.6 和表 3.7 显示的结果是第二组参数取值下的仿真结果。

表 3.2 展示了第一组参数取值下的仿真过程中所有参数的更新过程。3.1.1 节中的消耗异常实时滚动方法在以下特定的情况下会更新参数 t_0、v_0、S_0、k 的值。

（1）当 $v_{t_c} > v_0$ 时，例如，从 $k=1$ 到 $k=2$，v_0 的取值由 10L/min 增加为 20L/min；

（2）当配送车辆（油罐车）到达加油站时，例如，$k=9$ 时，S_c 为 2000L，证明此时油罐车到达加油站刚刚卸完油；

（3）当检测到潜在的消耗异常时刻点时，例如，从 $k=7$ 到 $k=8$，虽然 v_0 从 40L/min 降为 30L/min，但由于 $t_0 = 9.04$ min 是潜在的消耗异常时刻点，因此相应参数的取值在该时刻也发生了更新。

表 3.2　第一组参数下的仿真过程中的参数取值更新表

k	v_0 /（L/min）	S_c /L	T_{min} /min	T /min	T_k /min	t_0 /min	k	v_0 /（L/min）	S_c/L	T_{min} /min	T /min	T_k /min	t_0 /min
1	10	200.00	2.00	119.30	8.70	0.70	14	40	129.22	0.23	1677.40	182.83	182.60
2	20	191.54	1.79	118.45	5.12	1.55	15	40	109.43	−0.26	1676.78	182.95	183.22
3	20	129.05	0.23	113.98	6.48	6.02	16	30	85.54	−0.86	1675.97	182.88	184.03
4	30	119.47	−0.01	113.50	6.48	6.50	17	40	81.04	−0.97	1675.82	183.20	184.18
5	40	115.81	−0.10	113.38	6.52	6.62	18	40	2000.00	47.00	1739.00	941.78	894.78
6	40	54.20	−1.64	111.71	6.64	8.29	19	20	438.52	7.96	1691.42	958.29	942.36
7	40	29.33	−2.27	110.96	6.77	9.04	20	30	436.49	7.91	1691.31	953.01	942.46
8	30	0.07	−3.00	110.03	5.97	9.97	21	40	419.39	7.48	1690.74	950.52	943.03
9	40	2000.00	47.00	1739.00	168.00	121.00	22	40	147.13	0.68	1682.94	951.52	950.84
10	30	466.89	8.67	1689.88	181.68	170.12	23	30	95.74	−0.61	1681.51	951.46	952.27
11	40	436.48	7.91	1688.77	179.14	171.23	24	40	82.82	−0.93	1681.08	951.77	952.70
12	30	244.69	3.12	1680.75	183.41	179.25	25	40	61.61	−1.46	1680.42	951.89	953.35
13	40	234.41	2.86	1680.41	182.45	179.59	26	40	38.31	−2.04	1679.72	952.02	954.06

表 3.3 记录了基于第一组参数值仿真的在线感知过程感知到的所有潜在的消耗异常时刻点以及主动排除掉的绝对安全的时刻点。通过表 3.3 记录的信息可以发现，该仿真过程感知到的潜在消耗异常时刻点和主动排除掉的绝对安全时刻点符合 3.1.1 节所提出的实时滚动监测方法中这些时刻点应该满足的条件。

（1）表 3.3 中记录的参数 IFTrendAnalysis 的取值为 1 或 11 时，潜在消耗异常时刻点 t_a 发生，均满足 $t_c > t_0 + T_k$，此时，$t_a = t_c$；

（2）由于此次仿真未检测到绝对安全发生的条件，因此未能主动排除一些绝对安全的时刻点或者时间段，表 3.3 中也无相应的记录。

表 3.3　第一组参数下的潜在消耗异常可能不足时刻点和绝对安全时刻点表

IFTrendAnalysis	k	t_c /min	$t_0 + T_k$ /min
11	2	5.20	5.12
11	3	6.50	6.48
1	4	6.50	6.48
1	5	6.62	6.52
1	6	8.29	6.64
1	7	9.04	6.77
1	8	9.97	5.97
11	9	168.10	168.00
11	11	179.20	179.14
11	13	182.50	182.45
11	14	182.90	182.83
1	15	183.22	182.95
1	16	184.03	182.88
1	17	184.18	183.20
11	18	941.80	941.78
11	21	950.60	950.52
11	22	951.60	951.52
1	23	952.27	951.46

表 3.4 表示仿真模型中模拟的油罐车（即配送车辆）向加油站行驶的过程及到达加油站的卸油过程，得到了油罐车到达加油站的时刻以及加油站的即时库存量。

表 3.4　第一组参数下的油罐车到达加油站的时刻及即时库存量表

油罐车到达时刻/min	油罐车到达加油站时的加油站油品库存量/L
120.00	0.00
893.78	0.00

表 3.5 记录了基于第二组参数值仿真的在线感知过程感知到的所有潜在的消耗异常时刻点以及主动排除掉的绝对安全的时刻点。

（1）当 IFTrendAnalysis 取值为 0 时，$k=1$，由表 3.6 可知，此时满足 $T_{min}=$47min>T=29.3min，由表 3.7 可知，在此状态下，油罐车到达加油站时的加油站库存为 1373.35L>S_s，即油罐车到达加油站之前，断油事件一定不会发生；

（2）当 IFTrendAnalysis 的取值为 1 或 11 时，存在潜在的消耗异常时刻点 t_a，均满足 $t_c > t_0 + T_k$，此时，$t_a = t_c$。

表 3.5　第二组参数下的潜在消耗异常可能不足时刻点和绝对安全时刻点表

IFTrendAnalysis	k	t_c /min	$t_0 + T_k$ /min
0	1	0.7	188.7
11	5	79.8	79.730 65
11	9	110	109.915 4
11	13	131.2	131.120 7
11	14	131.8	131.745 7
1	15	132.904 8	132.140 3
1	16	136.083 6	130.786 2
1	17	137.128 9	133.957 6
1	18	139.623 4	129.259
1	19	140.022 5	134.640 7

表 3.6 展示了第二组参数下的仿真过程中的参数的更新过程。与第一组仿真结果类似，第二组仿真也是在以下特定的情况下更新参数 t_0、v_0、S_0、k 的值。

（1）当 $v_{t_c} > v_0$ 时，例如，从 $k=2$ 到 $k=3$，v_0 由 10L/min 更新为 20L/min；

（2）当油罐车（即配送车辆）到达加油站卸油时，例如，当 $k=2$ 时，加油站的当前库存为 2000L，此时也是油罐车刚卸完油的状态；

（3）当检测到潜在的消耗异常时刻点时，例如，从 $k=9$ 到 $k=10$，虽然 v_0 的取值从 40L/min 变为 10L/min，但由于 $t=110$ min 是潜在的消耗异常时刻点，因此相应参数的取值在该时刻也将发生更新。此外，从 $t_0 = 0.7$ min 到 $t_0 = 31.8483$ min 这一时间段内，由于发生了断油事件，因此不需要继续在线感知潜在的消耗异常时刻点，则相应的参数值不必更新。

表 3.6　第二组参数下的仿真过程中的参数取值更新表

k	v_0 /(L/min)	S_c /L	T_{min} /min	T /min	T_k /min	t_0 /min
1	10	2 000	47	29.3	188.7	0.7
2	10	2 000	47	1 738.152	219.848 3	31.848 3
3	20	1 991.05	46.776 24	1 737.257	126.295 8	32.743 35
4	30	1 988.4	46.709 99	1 737.124	95.155 83	32.875 84
5	40	1 971.021	46.275 53	1 736.545	79.730 65	33.455 12
6	10	1 058.685	23.467 12	1 684.184	179.684 6	85.816 07
7	20	1 053.806	23.345 16	1 683.696	132.994 2	86.303 93
8	30	1 048.087	23.202 18	1 683.41	1 17.526 1	86.589 89
9	40	1 033.288	22.832 21	1 682.917	109.915 4	87.083 18
10	10	535.306 3	10.382 66	1 657.967	153.563 9	112.033 3

续表

k	v_0 / (L/min)	S_c /L	T_{min} /min	T /min	T_k /min	t_0 /min
11	20	535.117 5	10.377 94	1 657.948	132.808	112.052 1
12	30	495.193	9.379 824	1 655.952	126.554 8	114.048 4
13	40	327.53	5.19	1 644.07	131.12	125.93
14	40	141.63	0.54	1 638.80	131.75	131.20
15	20	104.71	−0.38	1 637.10	132.14	132.90
16	10	67.03	−1.32	1 633.92	130.79	136.08
17	20	56.57	−1.59	1 632.87	133.96	137.13
18	10	16.36	−2.59	1 630.38	129.26	139.62
19	20	12.36	−2.69	1 629.98	134.64	140.02
20	10	2 000.00	47.00	1 738.20	1 593.58	1 405.58
21	20	1 983.09	46.58	1 736.51	1 500.42	1 407.27
22	30	1 982.26	46.56	1 736.47	1 469.38	1 407.31
23	40	1 964.08	46.10	1 735.86	1 454.02	1 407.92

表 3.7 是第二组参数下的油罐车到达加油站的时刻及加油站的即时库存量。

表 3.7　第二组参数下的油罐车到达加油站的时刻及即时库存量表

油罐车到达时刻/min	油罐车到达加油站时的加油站油品库存量/L
30	1373.35
1403.78	0
2782.89	0

综上所述，通过对仿真过程的数值记录跟踪以及仿真结果的分析，我们可以发现所提出的方法是能够实现实时感知到所有潜在的油品消耗异常时刻点 t_a 的。

3.2　成品油消耗基于情景的在线趋势分析方法

3.1 节实现了潜在的异常时刻点监测之后，潜在的异常随着时间的推移是否会演变成真正的消耗异常则需要结合成品油的消耗情景进行趋势分析。若趋势分析的结果发现，在不对系统进行干预的情况下，该消耗异常将会演变成真正的异常，则需要进行预警，以促使管理决策者对系统进行干预，使之恢复正常的库存供应状态。趋势分析最关键的是分析库存的消耗趋势。在物联网环境下，为了提高趋势分析结果的可靠性和科学性，对库存消耗趋势的预测不应该只基于历史数据，而应该将现实情景与历史数据相结合。因此，本书中介绍的成品油消耗的趋势分析方法包含了以下三个步骤：一是对当前的实时库存消耗情景进行分析和判断，以获得实时的消耗情景状态；二是构建一种基于历史数据的短期库存消耗预测方法，通过综合分析历史数据后获得库存消耗曲线；三是将步骤一获得的实时消耗情景状态与步骤二获得的库存消耗曲线进行整合分析，根据历史上的升降模式以及当前的实时消耗情景状态来判断库存消耗的短期发展趋势。因此，本节的内容将包含加油站库存实时消耗状态的监测方法（3.2.1 节）、加油站成品油短期需求预测方法（3.2.2 节）、加油站成品油消耗的趋势分析过程（3.2.3 节）。

3.2.1　加油站库存实时消耗状态的监测

目前，加油站库存实时消耗状态往往采用一段时间内的平均库存消耗速率来评估，即用库存消耗总量除以时长的方式表示库存消耗状态。然而，该种方式无法精确区分加油站不同时刻的真实库存消耗状态，更难以刻画不同状态的持续时间情况。为解决上述难题，本节引入情景建模的思想，基于加油站现场的繁忙程度实现加油站库存消耗状态的实时监测。该监测过程首先实现对加油站库存消耗状态的定性分类：利用与加油站现场繁忙程度变化有关的情景要素对加油站的繁忙程度进行分类，构建不同但可覆盖全集的繁忙程度情景模式。由于情景模式类别之间的转换是由繁忙程度相关的情景要素的取值变化驱动的，这样，既可以解决实时感知繁忙程度时的信息过载问题，也可以避免重要的库存消耗状态信息的缺失问题。同时，由于加油事件是离散的，其对油品实时消耗的影响存在不确定性，因此，本节借助概率模型定量刻画每种情景模式下的成品油库存期望消耗速率，这不仅考虑了不确定性变量的概率分布，也考虑了不确定性变量实时的确定性转换问题。

本节提出的加油站库存实时消耗状态的监测方法示意图如图 3.8 所示，分为离线阶段与在线阶段。离线阶段，本节主要确定加油站繁忙情景划分标准以实现对库存消耗状态的定性分类，并构建可以定量刻画每种情景模式下库存期望消耗速率的概率模型。在线阶段，本节首先通过物联网实时监测获取与加油站繁忙情景相关的实时情景数据；其次，将实时获取到的情景要素数据，与事先构建的情景模式对比，实时地确定当前的情景模式类别，实现情景类别的获取过程；然后，当某种情景模式发生时，调用库存期望消耗速率的概率模型实时地计算成品油库存期望消耗速率，实现情景模式中不确定性的表达。

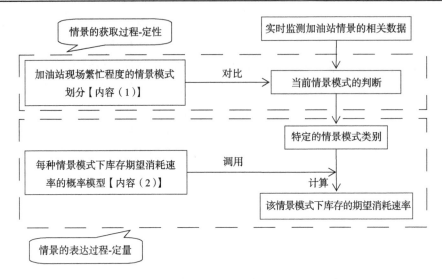

图 3.8　加油站库存实时消耗状态的监测方法示意图

本节提出的加油站库存实时消耗状态的监测方法确定了库存消耗状态的定性情景模式类别信息和定量库存消耗速率信息。基于该方法,本节可以获得动态更新的加油站库存消耗状态数据库。该数据库包含实时感知到的情景模式的类别、开始时刻、结束时刻、持续时长。通过该数据库,决策者可以知道加油站库存消耗状态的发展变化情况、每种状态的持续时间情况,可以实现加油站库存的动态全监测。同时,基于当前库存以及实时感知到的当前消耗状态类别,决策者可以预判安全库存的到达时刻,可以进一步将其与基于历史数据的预测时刻进行对比分析,以在超出加油站服务能力的库存水平到达之前进行预警,方便管理者及时调配资源来缓解服务压力,最终实现不确定性需求拉动的全自动、精准补货。综上所述,本节将首先确定加油站现场繁忙程度的情景模式划分标准,并以此为基础,通过构建概率模型定量刻画每种模式下的成品油库存期望消耗速率。

1. 加油站现场繁忙程度的情景模式划分

在多队列加油排队系统中,影响加油站现场繁忙程度的情景因素是被车辆占用的加油位的总数量 j 以及最长队列上正在排队等待的车辆数 l(假设新到达客户总是选择队长最短的队列进行排队等待)。根据这两个情景要素以及调研结果,本节确定出五种可以全面描述加油排队系统不同繁忙程度的情景模式。五种情景模式中,情景模式一表示无车辆在加油站加油,被车辆占用的加油位的总数量 j 满足 $j=0$,最长队列上正在排队等待的车辆数 l 满足 $l=0$;情景模式二表示加油车辆零散着到达加油站,j 满足 $1 \leqslant j \leqslant m$,其中,$m$ 表示该情景模式下可被占用的加油位数量的最大值,l 满足 $l=0$;情景模式三表示加油车辆来到加油站后不用排队，但一直陆续有加油车辆较密集地到达加油站，j 满足 $m+1 \leqslant j \leqslant n-1$，其中，$n$ 表示加油排队系统中加油位的总数量，l 满足 $l=0$，该模式表示始终至少有一个加油位是空闲状态；情景模式四表示到达加油站的加油车辆需要排队加油，但是排队情况并不严重，j 满足 $j=n$，l 满足 $0 \leqslant l \leqslant k$，其中，$k$ 表示该模式下的最长队列上可排队等待的车辆数的最大值，该模式表示所有的加油位都被占用了，但排队车辆数一直未超过最大排队车辆数；情景模式五表示车辆排队加油的情况严重，j 满足 $j=n$，l 满足 $l \geqslant k+1$，该模式表示所有的加油位都被占用了，且排队车辆数超过了最大排队车辆数。汇总后的五种情景模式见表 3.8，其中，k和 m 的具体取值可以根据具体问题的特点以及排队系统的要求进行设置。

表 3.8　加油站繁忙情景模式表

参数	模式一	模式二	模式三	模式四	模式五
j	$j=0$	$1 \leqslant j \leqslant m$	$m+1 \leqslant j \leqslant n-1$	$j=n$	$j=n$
l	$l=0$	$l=0$	$l=0$	$0 \leqslant l \leqslant k$	$l \geqslant k+1$

2. 每种情景模式下成品油库存的期望消耗速率计算

刻画加油站繁忙程度的五种情景模式可以划分为被车辆占用的加油位总数量 j 是确定的（包含模式一、模式四和模式五）和 j 是不确定的（包含模式二和模式三）两大类，而 j 不确定的情景模式下的成品油库存的期望消耗速率的计算依赖于 j 确定的情景模式的期望消耗速率的计算。因此，我们首先要明确 j 确定的情景模式的成品油库存期望消耗速率的计算方式；然后以此计算方式为基础，得到 j 不确定的情景模式的成品油库存期望消耗速率的计算方式。

1）j 确定的模式下的成品油库存的期望消耗速率的计算

当被车辆占用的加油位的总数量 j 确定时，决定整个加油站某种成品油库存期望消耗速率的是 j 个加油位中正在发生该油品消耗（即加油枪正在工作）的加油位数量 $i(0 \leqslant i \leqslant j, \ i \in N)$ 及其对应的发生概率 P^{ji}。因此，本节首先介绍概率 P^{ji} 的计算方式；再获得 i 的所有可能取值，进而计算成品油库存的期望消耗速率。

当加油车辆占用加油位时，加油位上会发生互斥事件：油品消耗事件（其持续时间为正在发生加油服务的时间 t_{w1}，即加油枪持续工作的时间）和油品不消耗事件（其持续时间为 t_{w0}，即加油位虽然被占用但加油枪却是闲置状态的总时间，包括加油的前期准备时间 t_{w01} 以及加油后的整理时间 t_{w02}），事件发生顺序见图 3.9。如图 3.9 所示，油品消耗事件或者油品不消耗事件发生的概率只与构成该事件的持续时间的长度成正比，则这种概率为几何概型。因此，油品消耗事件发生的概率为

$$P_w = \frac{t_{w1}}{t_{w0} + t_{w1}}$$ ；其互斥事件，即油品不消耗事件发生的概率为 $P_0 = 1 - P_w$ 。

图 3.9 成品油库存消耗发生时间与库存不消耗发生时间图示

由于每个加油位上发生油品消耗事件与油品不消耗事件是相互独立的，则 i 服从二项分布 $B(j, P_w)$ 。因此， j 个加油位中正在发生油品消耗的加油位数量为 $i(0 \leqslant i \leqslant j, i \in N)$ 的概率如式（3.1）所示。假设单个加油位发生油品消耗时的成品油库存消耗速率恒为 v_{each} ，在 j 个加油位被车辆占用的情况下，加油站中所有可能的加油枪工作情况以及成品油库存消耗速率情况，如表 3.9 所示。汇总表中所有情况后的期望消耗速率计算公式如式（3.2）所示。

$$P^{ji} = C_j^i (P_w)^i (1 - P_w)^{j-i} \tag{3.1}$$

表 3.9 j 个加油位被车辆占用时加油枪的工作情况表

加油枪工作情况	对应概率	油品消耗速度
j 个加油枪同时工作	$P^{jj} = (P_w)^j$	jv_{each}
…	…	…
d 个加油枪同时工作（ $1 < d < j, d \in N$ ）	$P^{jd} = C_j^d (P_w)^d (1 - P_w)^{j-d}$	dv_{each}
1 个加油枪工作	$P^{j1} = C_j^1 (P_w)(1 - P_w)^{j-1}$	v_{each}
没有加油枪工作	0	0

$$E(X) = \sum_{i=0}^{j} (X_i P^{ji}) = \sum_{i=0}^{j} (iv_{each} C_j^i (P_w)^i (1 - P_w)^{j-i}) \tag{3.2}$$

加油站繁忙程度的情景模式中，被车辆占用的加油位总数量 j 是确定的模式包含模式一、模式四和模式五这三种。模式一中， $j = 0$ ；模式四、模式五中， $j = n$ 。因此，根据式（3.2）可知，模式一的加油站成品油库存期望消耗速率为 $E(X)_1 = 0$ ，模式四、模式五中的加油站成品油库存期望消耗速率 $E(X)_{C4}$ 、 $E(X)_{C5}$ 如式（3.3）所示：

$$E(X)_{C4} = E(X)_{C5} = \sum_{i=0}^{n} (iv_{each} C_n^i (P_w)^i (1 - P_w)^{n-i}) \tag{3.3}$$

2） j 不确定的模式下的成品油库存的期望消耗速率的计算

加油站繁忙情景模式二和模式三中被车辆占用的加油位总数量 j 的取值具有不确定性。因此，模式二、模式三中加油站成品油库存期望消耗速率的计算如下：

首先，需要明确 j 的所有不同取值情况；其次，需要明确每个取值出现的概率；最后在此基础上，结合 j 确定的模式下的成品油库存期望消耗速率的计算方法来确定模式二、模式三的成品油库存期望消耗速率。

每个加油位只有闲置（其持续时间为车辆到达加油位的时间间隔长度 t_{int}）和被车辆占用（其持续时间为车辆占用加油位的时间长度 $t_1 = t_{w1} + t_{w0}$）两种相互独立的状态，其中，加油位被车辆占用发生的概率 P_{cus} 只与车辆占用加油位的持续时间成正比，为一种几何概型，则 $P_{cus} = \dfrac{t_1}{t_{int} + t_1}$；而且每个加油位相互独立且被车辆占用的概率相同。设 Y 为加油站 n 个加油位中被车辆占用的加油位总数量，则 $Y \sim B(n,\ P_{cus})$。因此，$Y = j(0 \leqslant j \leqslant n,\ j \in N)$ 的发生概率为

$$P^j = C_n^j (P_{cus})^j (P_{nocus})^{n-j} \tag{3.4}$$

在模式三中，Y 的取值范围为 $m+1 \leqslant Y \leqslant n-1$，$Y \in N$。所以，一旦当前情景确定为模式三，$Y$ 的取值确定为 $h(m+1 \leqslant h \leqslant n-1,\ h \in N)$ 的概率为 $P_{C3}^h = P^h / \left(\sum\limits_{j=m+1}^{n-1} P^j \right)$。根据 j 确定的模式中成品油库存期望消耗速率的计算方法，当模式三中确定有 h 个加油位被车辆占用时，加油排队系统中成品油库存的期望消耗速率为

$$E(X)_{C3}^h = \sum_{i=0}^{h} \left(X_i P^{hi} \right) = \sum_{i=0}^{h} \left(iv_{each} C_h^i (P_w)^i (1-P_w)^{h-i} \right) \tag{3.5}$$

表 3.10 汇总了模式三中 j 所有可能取值下的成品油库存消耗速率情况。汇总表中所有情况后的期望消耗速率 $E(X)_{C3}$ 为

$$E(X)_{C3} = \sum_{j=m+1}^{n-1} \left(E(X)_{C3}^j P_{C3}^j \right) = \sum_{j=m+1}^{n-1} \left\{ \left[\sum_{i=0}^{j} \left(iv_{each} C_j^i (P_w)^i (1-P_w)^{j-i} \right) \right] P_{C3}^j \right\} \tag{3.6}$$

表 3.10　模式三中 j 所有可能取值下的成品油库存消耗速率情况表

j 的所有取值	取值发生的概率	成品油库存消耗速率
$n-1$	$P_{C3}^{n-1} = \dfrac{P^{n-1}}{\sum\limits_{j=m+1}^{n-1} P^j}$	$E(X)_{C3}^{n-1} = \sum\limits_{i=0}^{n-1} (iv_{each} C_{n-1}^i (P_w)^i (1-P_w)^{n-1-i})$
…	…	…
$r(m+1 < r < n-1,\ r \in N)$	$P_{C3}^r = \dfrac{P^r}{\sum\limits_{j=m+1}^{n-1} P^j}$	$E(X)_{C3}^r = \sum\limits_{i=0}^{r} (iv_{each} C_r^i (P_w)^i (1-P_w)^{r-i})$
…	…	…
$m+1$	$P_{C3}^{m+1} = \dfrac{P^{m+1}}{\sum\limits_{j=m+1}^{n-1} P^j}$	$E(X)_{C3}^{m+1} = \sum\limits_{i=0}^{m+1} (iv_{each} C_{m+1}^i (P_w)^i (1-P_w)^{m+1-i})$

同理可得模式二的期望消耗速率 $E(X)_{C2}$ 为

$$E(X)_{C2} = \sum_{j=1}^{m}\left(E(X)_{C2}^{j}\,P_{C2}^{j}\right) = \sum_{j=1}^{m}\left\{\left[\sum_{i=0}^{j}\left(iv_0C_j^i(P_w)^i(1-P_w)^{j-i}\right)\right]P_{C2}^{j}\right\} \quad (3.7)$$

3. 仿真实验与结果分析

为验证上述所提出的库存实时消耗状态计算方法的有效性和准确性，本节借助 Arena 仿真平台进行仿真模拟。我们构建的加油站车辆加油的工作流程仿真示意图如图 3.10 所示，每个加油位都按照该仿真模型运行。该模型仿真了车辆在加油位上的加油流程：车辆按照一定的时间间隔分布 A 到达加油站，并判断是否可以加油；如果可以加油，车辆到达加油位，经过一定时间的前期准备（工作人员拔出加油枪、插入加油枪等）开始接受加油服务，服务时间分布记为 B；加完油后，经过一定时间的后期整理（拔出加油枪并挂好加油枪、付款并打印票据等），离开加油站，车辆在加油位上的非加油时间记为 t_{w0}。同时，该模型可以实时判断排队系统当前的情景模式类别以及对应情景模式中的成品油库存期望消耗速率：①该模型借助 VBA（Visual Basic for Application，应用程序语言）模块，判断加油站实时的库存消耗情景模式类别，并在情景模式发生变化时将结果记录在 Excel 表中；②该 Excel 数据表设置模式的类别、开始时刻 t_{sta}、结束时刻 t_{end}、持续时长（$t_{end} - t_{sta}$）、开始时加油站油品库存 S_{sta}、结束时加油站油品库存 S_{end}、本次消耗库存（$S_{end} - S_{sta}$）七个字段，以获得每种模式的消耗速率；③仿真结束后，我们获得每种模式消耗的总库存 S_{total} 及其总持续时长 t_{total}，并通过 $\dfrac{S_{total}}{t_{total}}$ 计算每种模式的消耗速率。

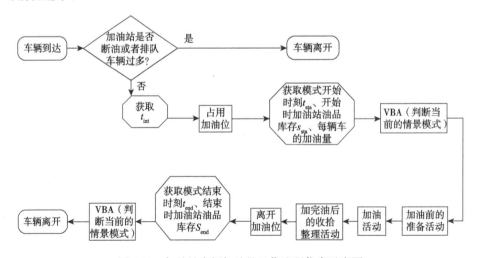

图 3.10　加油站车辆加油的工作流程仿真示意图

最后，通过比对仿真模拟结束后五种模式仿真得到的消耗速率与模型计算结果之间的差异来检验方法的精确性。通过访谈调研大连市区某加油站，本节假设每个加油位最多有 1 个加油枪提供加油服务，并设置仿真模型中的参数值为：加油站的加油位总数量 $n=4$，加油枪的成品油库存消耗速率 $v_{each}=10\mathrm{L}/\min$，车辆在加油位的非加油时间为 $t_{w0}=2\min$，$k=4$，$m=2$。根据参数的具体取值，五种加油站繁忙情景模式中"被占用的加油位总数量 j"以及"最长队列上正在排队等待的车辆数 l"这两个情景要素的取值情况如表 3.11 所示。

表 3.11　加油站排队系统繁忙程度的情景模式

参数	模式一	模式二	模式三	模式四	模式五
j	$j=0$	$j=1$ 或 2	$j=3$	$j=4$	$j=4$
l	$l=0$	$l=0$	$l=0$	$0 \leqslant l \leqslant 4$	$l \geqslant 5$

为验证模型的有效性和准确性，本节通过设置车辆服务时间分别服从低限为 4min、众数为 5min、上限为 6min 的三角分布（TRIA（4，5，6）min）与低限为 6min、众数为 7min、上限为 8min 的三角分布（TRIA（6，7，8）min），车辆到达时间间隔分别服从低限为 5min、众数为 8min、上限为 20min 的三角分布（TRIA（5，8，20）min），区间[8min，15min]内的均匀分布（UNIF（8，15）min），期望与标准差分别为 7min 与 1min 的正态分布（NORM（7，1）min），进行 2×3 组实验，每组实验的仿真长度设定为 7d×24h/d=168h。

1）加油位服务时间 t_{w1} 服从分布 TRIA（4，5，6）min 时

在本次仿真中，$n=4$，$m=2$，加油位服务时间 t_{w1} 服从分布 TRIA（4，5，6）min，其均值为 5min，即 $t_{w1}=5\min$，前期准备、后期整理过程所用的时间 $t_{w0}=2\min$，因此，$P_w=5/(5+2)=5/7$。由于模式一、模式四、模式五的期望消耗速率只与加油位服务时间 t_{w1} 以及前期准备、后期整理过程所用的时间 t_{w0} 有关，因此，当 t_{w1}、t_{w0} 确定时，可以先用式（3.3）计算出 $E(X)_{C5}=E(X)_{C4}=28.57$，$E(X)_{C1}=0$。模式二、模式三中，模式的期望消耗速率还与客户到达的时间间隔有关，所以需要借助仿真获得加油位客户到达时间间隔的均值。

当车辆到达时间间隔服从分布 TRIA（5，8，20）min 时，仿真获得的模式消耗速率见表 3.12。此时，选用到达时间间隔 8min 代表车辆到达时间间隔，调用式（3.7）、式（3.6）可以分别获得 $E(X)_{C2}=11.20$，$E(X)_{C3}=21.43$。

表 3.12　模式消耗速率仿真实验结果 1

模式	总持续时间/min	总油品库存消耗量/L	模式消耗速率/（L/min）
一	96.683 68	0	0
二	2 355.751	28 969.1	12.297 2
三	2 099.422	45 283.5	21.569 5
四	933.414 5	25 747.5	27.584 2
五	0	0	0

当车辆到达时间间隔服从分布 UNIF（8，15）min 时，仿真获得的模式消耗速率见表 3.13。此时，车辆到达时间间隔选用到达时间间隔的中位数，即 $(8+15)/2 = 11.5\,\mathrm{min}$，则 $E(X)_{C2} = 10.55$，$E(X)_{C3} = 21.43$。

表 3.13　模式消耗速率仿真实验结果 2

模式	总持续时间/min	总油品库存消耗量/L	模式消耗速率/（L/min）
一	134.447 4	0	0
二	2 782.554	33 494.9	12.037 5
三	2 034.774	43 428.2	21.343
四	799.953 8	23 076.9	28.847 8
五	0	0	0

当车辆到达时间间隔服从分布 NORM（7，1）min 时，仿真获得的模式消耗速率见表 3.14。

表 3.14　模式消耗速率仿真实验结果 3

模式	总持续时间/min	总油品库存消耗量/L	模式消耗速率/（L/min）
一	0	0	0
二	1.092 854	10.928 5	10
三	22.417 27	522.584	23.311 7
四	1 600.894	45 963.9	28.711 4
五	1 902.424	53 313.6	28.024

此时，车辆到达时间间隔选用 7min，则 $E(X)_{C2} = 11.43$，$E(X)_{C3} = 21.43$。

2）加油位服务时间 t_{w1} 服从分布 TRIA（6，7，8）min 时

同理，加油位服务时间分布为 TRIA(6,7,8)min，即加油位服务时间均值 $t_{w1} = 7$ min 时，模式一、模式四、模式五的期望消耗速率为 $E(X)_{C1} = 0$、$E(X)_{C4} = E(X)_{C5} = 31.11$。模式二、模式三中，模式的期望消耗速率仍需要借助仿真获得客户到达加油位时间间隔的均值。

当车辆到达时间间隔服从分布 TRIA（5，8，20）min 时，仿真获得的模式消耗速率见表 3.15。同理，车辆到达时间间隔选用 8min，则 $E(X)_{C2} = 12.66$，$E(X)_{C3} = 23.33$。

表 3.15　模式消耗速率仿真实验结果 4

模式	总持续时间/min	总油品库存消耗量/L	模式消耗速率/（L/min）
一	3.416 252 286	0	0
二	520.877 140 5	7 551.117 552	14.496 926 37
三	1 193.964 446	28 436.399 22	23.816 788 95
四	2 204.529 374	64 012.483 22	29.036 802 12
五	0	0	0

当车辆到达时间间隔服从分布 UNIF（8，15）min 时，仿真获得的模式消耗速率见表 3.16，模式一、模式二、模式三没有发生，则不需要计算 $E(X)_{C1}$、$E(X)_{C2}$、$E(X)_{C3}$ 进行验证。

表 3.16　模式消耗速率仿真实验结果 5

模式	总持续时间/min	总油品库存消耗量/L	模式消耗速率/（L/min）
一	0	0	0
二	0	0	0
三	0	0	0
四	116.359 4	3 802.28	32.677 1
五	3 110.072	96 197.7	30.931

当车辆到达时间间隔服从分布 NORM（7，1）min 时，仿真获得的模式消耗速率见表 3.17，在这种情况下，模式一、模式二、模式三没有发生，不需计算 $E(X)_{C1}$、$E(X)_{C2}$、$E(X)_{C3}$ 进行验证。

表 3.17　模式消耗速率仿真实验结果 6

模式	总持续时间/min	总油品库存消耗量/L	模式消耗速率/（L/min）
一	0	0	0
二	0	0	0
三	0	0	0
四	45.411 64	1 425.97	31.401
五	3 258.616	98 574	30.250 3

本节选用模型计算所得到的模式期望消耗速率 $v_k^{mod}(k=1,2,3,4,5)$ 与仿真实际得到的模式消耗速率 $v_k^{sim}(k=1,2,3,4,5)$ 之间的相对差异 $\varepsilon_k=\dfrac{v_k^{mod}-v_k^{sim}}{v_k^{sim}}$，进行六组比较实验，具体结果见表 3.18（表中"无"表示在仿真中对应模式的持续时间为 0，模式一的仿真结果和模型计算结果均为 0）。

表 3.18　第 1~6 组实验结果比较表

模式	第1组实验			第2组实验			第3组实验			第4组实验			第5组实验			第6组实验		
	仿真结果 v_k^{sim}	模型计算结果 v_k^{mod}	相对差异 ε_k	仿真结果 v_k^{sim}	模型计算结果 v_k^{mod}	相对差异 ε_k	仿真结果 v_k^{sim}	模型计算结果 v_k^{mod}	相对差异 ε_k	仿真结果 v_k^{sim}	模型计算结果 v_k^{mod}	相对差异 ε_k	仿真结果 v_k^{sim}	模型计算结果 v_k^{mod}	相对差异 ε_k	仿真结果 v_k^{sim}	模型计算结果 v_k^{mod}	相对差异 ε_k
一	0	0	0.000	0	0	0.000	无	无	无	无	无	无	0	0	0.000	0	0	0.000
二	12.3	11.2	0.089	14.5	12.66	0.127	无	无	无	无	无	无	12.04	10.55	0.124	10	11.43	0.143
三	21.57	21.43	0.006	23.82	23.33	0.021	无	无	无	无	无	无	21.34	21.43	0.004	23.31	21.43	0.081
四	27.58	28.57	0.036	29.04	31.11	0.071	32.68	31.110	0.048	31.4	31.11	0.009	28.85	28.57	0.010	28.71	28.57	0.005
五	28.02	28.57	0.020	无	无	无	30.93	31.110	0.006	30.25	31.11	0.028	无	无	无	28.02	28.57	0.020

上述六组对比实验结果可以发现，模式一、模式三、模式四、模式五的模型计算结果与仿真结果非常相近，相对差异很小；而模式二的相对差异会比模式一、模式三、模式四、模式五稍大，但仍然在 0.15 以内。因此，本节提出的实时监测方法在刻画加油站繁忙情景与计算每种情景模式的消耗速率上的表现是可靠和稳定的。其中，模式一、模式三、模式四、模式五与模式二的结果存在差异的主要原因为：模式一、模式三、模式四、模式五中占用的加油位的数量是确定的，模型的不确定变量只是"油品消耗是否正在发生"；而模式二中占用的加油位的数量是不确定的，除上述不确定变量影响之外，还受不确定变量"车辆到达时间间隔"的影响。

由于在仿真系统中，客户的到达时间间隔分布是预先设定好的，而现实中客户到达的随机性更大，而且每个加油站均不同。本节提出的方法，可以通过记录和动态更新加油站的实时个性化数据获得更符合每个加油站的客户到达时间间隔，也可以动态更新概率取值以及情景模式的状态取值，使得调用模型计算的结果比用仿真的结果更贴近实际，更能描述每一个加油站的个性化特征。因此，该方法在实际应用中比仿真的方法更实用、更科学。

3.2.2　加油站成品油短期需求预测

加油站成品油的短期需求预测是指对一个配送周期内某种油品的需求进行预测。这种预测结果结合上面成品油实时消耗的情景模式，则可以进行库存消耗的趋势分析和预警。

由于加油站采集的每日销售数据量巨大，且具有高重叠性和强噪声性；此外，加油站成品油的需求受到多种因素的影响，导致销售数据呈现非高斯性和高变化性。因此，传统、单一的预测方法很难科学地刻画成品油短期（一个配送周期内）需求的高度复杂性、随机性和不确定性。为克服上述难题，本节提出了一种集成了聚类算法、非参数回归预测模型以及决策树模型三种方法的预测方法。在聚类算法方面,该方法采用经典分割聚类中的 K-means 聚类算法对加油站油品销售数据进行聚类分析。K-means 是一种简单但却有效的聚类算法,计算速度快,容易解释,聚类效果好,是一种具有广泛用途的有效聚类算法。该算法采用欧几里得距离进行相似性度量,可以很好地反映油品销售曲线之间的差异性,便于对油品销售数据进行聚类划分。然而,聚类的关键是准确地确定聚类簇数。目前普遍的做法是采用聚类有效性指标对聚类效果进行评价,从而确定最优的聚类簇数。而现有文献中的研究往往只采用单一的聚类有效性评价指标来确定最优的聚类数,但当数据具有高重合、强噪声等多种特征的时候,采用单一有效性指标并不总能获得最优的聚类簇数,因而不能进行稳定和有效的需求预测。为解决此问题,我们借鉴集成学习的思想,提出采用多个指标对聚类的有效性进行评价,最后采用投票方法获得聚类簇数。此外,由于加油站的油品销售模式曲线复杂多变,表现出高可变性和非高斯性,因此,我们构建的集成预测方法采用非参数回归方法对聚类后的油品销售模式进行建模,可以较准确地刻画每个时段的销售情况。本节中的数据来自大连市某加油站的油机监控系统。由于不同的加油站其数据的分布规律难以统一,因此,采用完全数据驱动的非参数回归的预测方法,可以不提前进行任何假设,从而得到更接近现实情况的结果。在进行短期预测时,本节提出的集成预测方法,通过决策树刻画聚类分析得到的油品销售模式与加油站油品需求影响因素的相关关系,并利用决策树确定预测日的油品销售模式类别,可以将未来的信息与历史数据特征很好地结合起来。此外,决策树简单易用且具有很好的解释能力。为了避免生成的决策树产生过拟合的问题,本节使用 C4.5 算法对构建的决策树模型进行训练。

综上所述,本节提出的预测方法在预测成品油短期需求时,首先采用 K-means 聚类算法,将历史数据聚类为多个销售模式;其次,为每一模式建立数据驱动的非参数回归预测模型;然后,构建决策树模型以确定需求影响因素与销售模式之间的关系;最后,利用预测日需求影响因素的取值,通过决策树获得与该日相符的销售模式,并调用相应的非参数回归模型进行油品需求的预测,从而可以获得各个时段的油品需求曲线。

1. 预测方法的框架及步骤

该方法如图 3.11 所示,主要包含的步骤有:①基于 K-means 聚类算法的销售数据聚类;②非参数回归预测模型的构建;③决策树模型的构建;④销售模式的识别及非参数回归预测模型的调用。

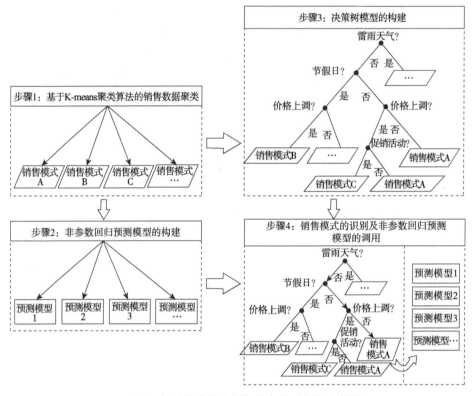

图 3.11　加油站成品油短期需求预测方法示意图

1）基于 K-means 聚类算法的销售数据聚类

这里提出的预测方法的第一步是对历史数据进行处理，并利用 K-means 聚类算法获得成品油日常销售的模式。因为加油站油品销售数据具有很大的随机性，为了便于进行相似性度量，首先需要进行数据的归一化处理。即把油品销售记录以 1h 为间隔，计算每小时的油品销售量，$y = [y_1, y_2, \cdots, y_n]$ 表示每小时的油品销售量，归一化后的销售数据见式（3.8）：

$$y_i^* = \frac{y_i - \min y}{\max y - \min y}, \quad \forall i \in \{1, 2, \cdots, N\} \tag{3.8}$$

式中，y_i^* 表示归一化之后的油品销售数据；$\min y$ 表示油品销售数据中的最小值；$\max y$ 表示油品销售数据中的最大值。

然后，通过 K-means 聚类算法将归一化处理后的数据中具有相似日销售曲线的油品销售数据划分到同一个簇中，每一个簇中心代表了一种销售模式。聚类分析需要对聚类的效果进行评价，以确定最优的聚类数。而加油站销售数据具有高重叠和强噪声的特点，例如，图 3.12 展示的某加油站 92 号油品日销售曲线明显呈现了该特征，这会严重影响聚类效果评价指标的性能。针对此问题，本节采用集成学习的思想确定最优的聚类数。首先，选取 7 个适合加油站销售数据聚类评价的聚类有效性指标对聚类效果进行评价，确定 7 个聚类有效性指标对应的最优聚类数，如图 3.13 所示；然后，采取投票法，得票最多的作为最终的最优聚类数。

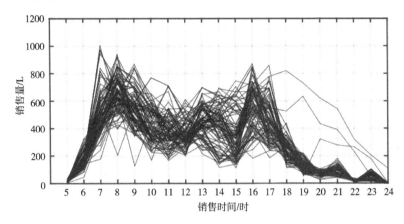

图 3.12　某加油站 92 号油品日销售曲线

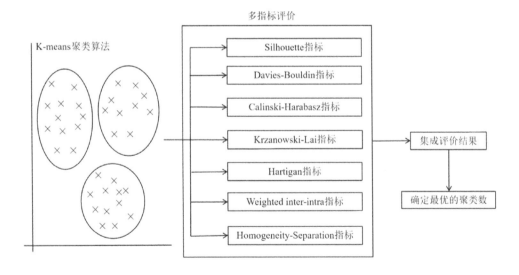

图 3.13　聚类效果多指标评价

2）非参数回归预测模型的构建

设 Y 为被解释变量，X 为解释变量。对给定的样本数据 $(X_i,\ Y_i)$（$i=1,2,\cdots,n$)，建立非参数回归模型如式（3.9）所示：

$$Y_i = m\left(X_i\right) + \varepsilon_i,\quad \forall i \in \{1,2,\cdots,N\} \tag{3.9}$$

式中，$m(\cdot)$ 表示未知回归函数；ε_i 表示独立同分布的随机误差项，$E(\varepsilon_i) = 0$，$E(\varepsilon_i^2) = \sigma^2$；$X_i$ 由序列 $\{Y_i\}$ 中的一些样本组成。当回归函数 $m(X_i)$ 的假设模型正确，模型中参数未知时，参数估计是最好的预测建模方法。但在实际情况中，回归函数 $m(X_i)$ 的正确模型的确定是很难的，而基于数据驱动的非参数估计方法可以仅从已知的大量观测数据出发，实现对回归函数 $m(X_i)$ 的估计。因此，本节采用核密度估计的方法实现对回归函数 $m(X_i)$ 的估计，见式（3.10）：

$$m_h(x) = \frac{1}{nh}\sum_{i=1}^{n}K\left(\frac{x-x_i}{h}\right) = \frac{1}{n}\sum_{i=1}^{n}K(x-x_i) \qquad （3.10）$$

式中，h 表示带宽；n 表示样本容量；$K(\cdot)$ 表示核函数。本节使用最常用的高斯核，即 $K(x) = (2\pi)^{-1/2}\exp(-x^2/2)$，作为建立 $m(X_i)$ 的非参数回归估计的核函数。

3）决策树模型的构建

决策树用于刻画油品需求的影响因素与油品销售模式之间的对应关系。因此，本节将影响因素作为决策树的候选属性节点，然后利用C4.5算法对决策树模型进行训练。

由于加油站油品的销售受多种因素的影响，经过大量的实地调研与数据分析，本节发现日期类型、天气、价格、促销是加油站油品销售的四个主要影响因素，原因分析如下：日期类型可以分为工作日与非工作日两种日期类型，其中，非工作日包含周末与节假日两种日期类型。因为人们在不同的日期类型具有不同的出行规律，这导致工作日与非工作日具有不同的油品日销售模式[1]。例如，在工作日，人们习惯在上下班的途中加油，因此城区加油站一般会在早晚交通流高峰时间段出现加油高峰期；周末与节假日加油的早高峰期会比正常工作日推迟，同时没有明显的加油晚高峰。天气类型主要分为雷雨天气与非雷雨天气两种类型。因为雷雨天气容易引发加油站火灾事故，甚至爆炸事故，出于安全的考虑，加油站在雷雨天气会停止加油服务，以免发生事故。油品价格分为价格上涨、下调、不变三种类型。国内的成品油价格是根据国际油价的变化情况动态调整的，因而油价的波动较为频繁。加油站油品销售量在油价上调的前一天会明显增加，在油价下调之后的前两天也会明显增加。此外，加油站是否举行促销活动也会影响油品的销量。例如，加油站采取消费送赠品、使用指定银行卡进行加油消费给予优惠等各种手段进行油品促销时，加油站的油品销售量会有明显的上升趋势。

因此，本节以天气、油品价格、促销活动、日期类型四种影响因素作为分类的属性，以C4.5算法对构建的决策树模型进行训练，即可得到油品日销售模式与影响因素之间的对应关系。

4）销售模式的识别及非参数回归预测模型的调用

当决策树构建完成后，即可利用决策树以及相关影响因素的取值对预测日的销售模式进行识别。销售模式识别完成后，则调用该模式对应的非参数回归模型进行计算，即可得到预测日的分时销售数据。

2. 预测方法的实例应用

本节以大连市某加油站 2017 年 4 个月共计 120 天的 92 号油品销售数据为例进行分析，并将这些数据分为训练数据和测试数据。其中，训练数据占全部数据的 80%，剩余的 20%用于对构建的需求预测模型进行测试。

1）销售数据聚类

本节提出的多指标投票法获得的聚类簇数，如图 3.14 所示。从该图中可以看出指标 Hartigan 确定的最优的聚类数是 1；Davies-Bouldin 和 Krzanowski-Lai 这两个指标确定的最优的聚类数是 2；Silhouette、Calinski-Harabasz 和 Weighted inter-intra 这三个指标确定的最优的聚类数是 3；指标 Homogeneity-Separation 确定的最优的聚类数是 4。因此，采用多数投票法的原则确定的最优聚类数为 3。去除雷雨天的销售数据，聚类结果显示的加油站油品销售的三种主要模式如图 3.15 所示。由该图可以看出，三种销售模式在 7:00～16:00 时间段具有明显的不同：销售模式 A 呈现明显的下降趋势，销售模式 B 每小时都保持较大的销售量，销售模式 C 呈现明显的双高峰特点。这说明除极个别异常销售曲线外，每一类销售模式中的销售曲线均具有高度的相似性，类与类之间具有明显的差异性。因此，把数据聚为三类能够很好地描述加油站油品的销售模式。

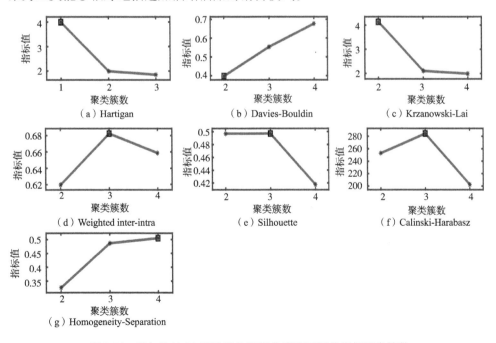

图 3.14　某加油站 92 号油品日销售曲线不同评价指标聚类簇数

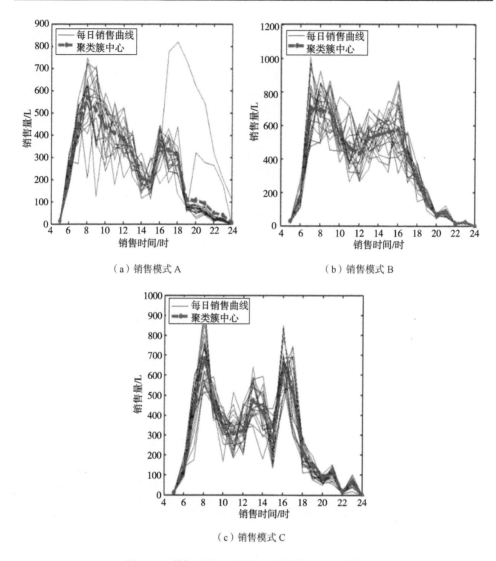

图 3.15　某加油站 92 号油品销售数据的聚类结果

2）销售模式识别

聚类完成后,本节构建决策树以用于后续对该加油站某预测日的销售模式的识别。该决策树包含 13 个节点,以天气、油品价格、促销活动、日期类型四种影响因素作为分类的属性,从根节点到达叶节点的平均距离为 3,如图 3.16 所示。本节采用 10 步交叉验证法对构建的决策树进行评估,得到的误差率为 7.14%。该决策树可以识别出预测日的销售模式。例如,若某加油站预测日是非雷雨天气、非工作日,价格会下降,则该加油站在该预测日的销售模式为 B(图 3.16 的加粗分支)。

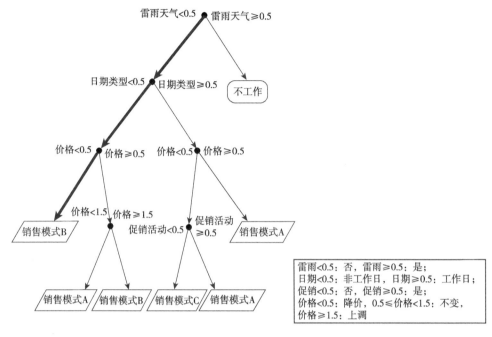

图 3.16　分类决策树

3）预测效果验证

为了验证所提预测方法的有效性,本节用剩余的 20%测试数据进行方法验证。首先,对比本节提出的基于聚类的条件核密度（conditional kernel density, CKD）方法与基于不聚类数据的非参数回归方法的预测结果；其次,对比本节提出的方法与基于聚类后使用差分自回归滑动平均（autoregressive integrated moving average, ARIMA）和基于聚类后使用指数平滑法（exponential smoothing, ES）两种经典的时间序列参数回归方法的预测结果。本节使用均方根误差（root mean square error, RMSE）、平均绝对百分比误差（mean absolute percentage error, MAPE）、平均绝对误差（mean absolute error, MAE）对预测结果进行分析,结果如表 3.19 所示。

表 3.19　预测结果比较

评价指标	基于聚类的 CKD	基于全部数据的 CKD	聚类后使用 ARIMA 方法	聚类后使用 ES 方法
平均绝对误差	83.382	96.160	132.352	95.522
平均绝对百分比误差	0.370	0.776	0.499	0.444
均方根误差	119.048	135.856	166.953	132.423

从表 3.19 中可以看出，在平均绝对误差、平均绝对百分比误差、均方根误差三个评价指标上，本节提出的基于聚类的 CKD 预测方法得到的预测误差值均小于基于全部数据的 CKD 预测方法得到的预测误差值，证明聚类后再进行预测的有效性。另外，与基于聚类以后建立的其他两个参数时间序列模型的对比结果显示，本节的方法在三个评价指标上的预测误差值都较小；尤其与 ARIMA 模型相比较，其在平均绝对误差和均方根误差两个指标上，预测误差降低 28%以上，充分说明基于聚类以后采用非参数回归方法建立预测模型的有效性。

为了验证基于聚类的 CKD 预测方法在每一种销售模式上的有效性，本节比较该方法与基于聚类的 ARIMA、基于聚类的 ES 预测方法对三种销售模式的预测结果，仍采用平均绝对误差、平均绝对百分比误差、均方根误差三个评价指标对预测效果进行评价，如表 3.20 所示。

表 3.20　三种方法在不同销售模式上的预测误差

预测方法	评价指标	销售模式 A	销售模式 B	销售模式 C
基于聚类的 CKD	平均绝对误差	90.252	77.540	82.355
	平均绝对百分比误差	0.256	0.469	0.383
	均方根误差	129.372	109.403	118.369
基于聚类的 ARIMA	平均绝对误差	159.045	130.444	107.566
	平均绝对百分比误差	0.573	0.502	0.423
	均方根误差	186.681	156.476	157.704
基于聚类的 ES	平均绝对误差	101.016	103.783	81.766
	平均绝对百分比误差	0.415	0.485	0.432
	均方根误差	148.407	149.106	99.755

从表 3.20 中可以看出，基于聚类的 CKD 预测方法在销售模式 A 和销售模式 B 上的预测误差均最小，基于聚类的 ARIMA 预测方法的误差最大，预测效果最差。在销售模式 C 中，基于聚类的 CKD 预测方法并不是最优的，在均方根误差和平均绝对误差上，基于聚类的 ES 预测方法的预测误差比基于聚类的 CKD 预测方法预测误差更小，预测效果更好。因此在实际使用中，数据聚类后可以考虑按照决策树分类后的销售模式类别调用不同的预测模型进行预测，将有望得到更好的结果。

4）预测结果的实例

随机选取测试数据集中的一天（如 4 月 15 日）进行该方法的应用分析。首先根据构建的分类决策树模型确定 4 月 15 日的油品销售模式类型为 A；然后调用销售模式 A 对应的非参数回归模型对该日的加油站油品销售量进行预测。销售预测曲线如图 3.17 中的虚线所示（实线为该日的真实销售曲线）。该销售曲线可以确定该日每一个时间点的累计油品销售量以及加油高峰的时间段（8:00 ~ 10:00）。该预测方法可以为趋势分析提供曲线的走向以及科学有据的数据参考点。

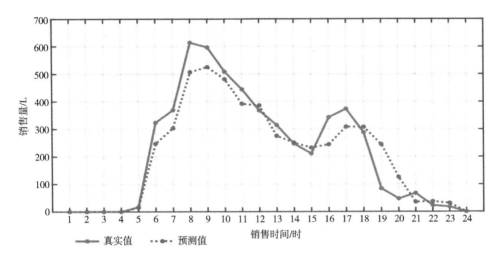

图 3.17　4 月 15 日的真实及预测的销售曲线

3.2.3　加油站成品油消耗的趋势分析过程

本节提出的趋势分析方法将 3.2.1 节和 3.2.2 节提出的加油站库存实时消耗状态的监测方法和加油站成品油短期需求预测方法相结合，充分结合了历史数据、当前情景状态以及未来所有情景状态发生的可能性。该趋势分析方法是实时在线进行的，每一次启动的分析结果都是一次性的，因此，本节提出的趋势分析方法的核心是改进的一次性决策理论。该分析方法的整体流程如图 3.18 所示，分为趋势提取和趋势匹配两阶段。

1. 趋势提取阶段的具体步骤

步骤 1：基于 3.2.1 节获得的库存消耗情景模式类别，将 3.2.2 节分析得到的库存消耗历史曲线进行模糊模式划分，得到库存消耗情景模式的类别与持续时间，并将其存储到模式数据库中。

步骤 2：分析模式数据库，得到每个模式的历史持续时间情况以及模式间历史转换概率情况。

（1）将模式 $i(i=1,2,3,4,5)$ 根据持续时间长度划分为持续时间短、中、长三大类，所对应时间窗分别为 TW_{i1}、TW_{i2}、TW_{i3}，$TW_{im}(m=1,2,3)$ 的具体取值见表3.21，

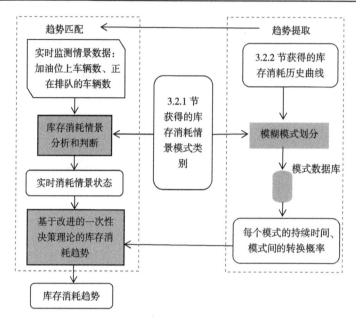

图 3.18 加油站成品油消耗的趋势分析流程图

其中，$T_{i\min}$ 表示模式 i 的最短持续时间，$T_{i\max}$ 表示模式 i 的最长持续时间。

表 3.21 模式持续时间类别及发生的可能性公式表

模式持续时间类别	发生的可能性公式
$\text{TW}_{im}(m=1,2,3)$	$\pi_{im}(m=1,2,3)$
$\text{TW}_{i1}=\left[T_{i\min},\ T_{i\min}+\dfrac{T_{i\max}-T_{i\min}}{3}\right)$	$\pi_{i1}=\dfrac{a_{i1}}{a_{i1}+a_{i2}+a_{i3}}$
$\text{TW}_{i2}=\left[T_{i\min}+\dfrac{T_{i\max}-T_{i\min}}{3},\ T_{i\min}+\dfrac{2(T_{i\max}-T_{i\min})}{3}\right)$	$\pi_{i2}=\dfrac{a_{i2}}{a_{i1}+a_{i2}+a_{i3}}$
$\text{TW}_{i3}=\left[T_{i\min}+\dfrac{2(T_{i\max}-T_{i\min})}{3},\ T_{i\max}\right]$	$\pi_{i3}=\dfrac{a_{i3}}{a_{i1}+a_{i2}+a_{i3}}$

（2）统计模式数据库中所有的模式持续时间长度，并计算模式 i 的持续时间落在时间窗 TW_{im} 内的次数 $a_{im}(m=1,2,3)$，则模式 i 每类持续时间发生的可能性大小 $\pi_{im}=\dfrac{a_{im}}{a_{i1}+a_{i2}+a_{i3}}(m=1,2,3)$。

2. 趋势匹配阶段的具体步骤

步骤 1：将实时监测到的加油位上车辆数、正在排队的车辆数等情景数据，与 3.2.1 节确定好的消耗情景模式进行分析比较，得到实时的消耗情景模式类别 i。

步骤 2：分析实时的消耗情景状态与历史数据（每个模式的持续时间、模式间转换概率），利用改进的一次性决策理论决策出库存消耗的短期发展趋势。

（1）获得所有可能的库存消耗情景状态及其发生的可能性。库存消耗情景状态是由当前模式类别及其持续时间类别与后续模式类别及其持续时间类别组合而成的。其中，每种模式的持续时间均为长、中、短三类。同时，由于模式之间的转换是连续的，所以后续库存消耗情景模式类别分为以下三种情况：当当前模式类别 i 为 2、3、4 时，其后续的模式类别 l 为 $i-1$ 与 $i+1$ 这两种情况；当当前模式类别 i 为 1 时，其后续的模式类别 l 为 $i+1$ 这一种情况；当当前模式类别 i 为 5 时，其后续的模式类别 l 为 $i-1$ 这一种情况。综上所述，所有可能的库存消耗情景状态组合情况如图 3.19 所示：设每种状态 S_{ij} 的组合为（s_{im}，s_{ln}），其中，m、n 分别取值为 1、2、3，表示当前模式与后续模式的持续时间为短、中、长，当当前模式类别 i 为 2、3、4 时，后续模式类别 l 有两种可能的取值，则有 18 种可能的状态 S_{ij}（$j=1,2,\cdots,18$ 表示状态类别）；当当前模式类别 i 为 1、5 时，后续模式类别 l 只有一种可能的取值，则有 9 种可能的状态 S_{ij}（$j=1,2,\cdots,9$ 表示状态类别）。由于状态 s_{im} 与 s_{ln} 相互独立，因此，状态 S_{ij} 发生的可能性大小 $\pi_{S_{ij}} = \pi_{s_{im}} \pi_{s_{ln}}$。

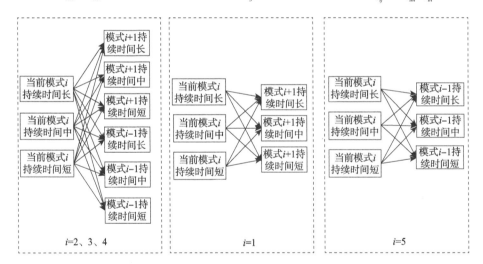

图 3.19　库存消耗情景状态图

（2）计算每种状态 $S_{ij} = （s_{im}，s_{ln}）$ 下的满意度 $u(S_{ij}) = S_{max} - \left(\overline{v_i} \left(\overline{T_{im}} - T_i \right) + \overline{v_l} \left(\overline{T_{ln}} \right) \right)$，其中最大可消耗库存 $S_{max} = S_c - S_s$，$\overline{v_i}$、$\overline{v_l}$ 分别表示模式 i、模式 l 的平均库存消耗速率，T_i 表示当前模式 i 已经发生的时间，$\overline{T_{im}}$ 表示持续时间类别为 m 的模式 i 的平均持续时间，$\overline{T_{ln}}$ 表示持续时间类别为 n 的模式 l 的平均持续时间。该满意度表示加油站当前库存维持状态 S_{ij} 后的剩余可消耗库存。

（3）选取 u 值最小的状态作为决策的焦点。

3.3　成品油消耗异常基于情景的在线监测预警系统

成品油消耗异常的在线感知方法感知到潜在的消耗异常时刻点之后，将以加油站库存实时消耗状态的监测方法、加油站成品油短期需求预测方法、基于情景的加油站成品油消耗的趋势分析为支撑，启动和完成在线监测的预警过程。成品油消耗异常的在线监测预警决策系统将实现上述所有的方法。

3.3.1　在线监测预警系统的决策流程及原理

该系统的决策流程如图 3.20 所示（该流程对 3.1 节以及 3.2 节的方法的集成模块关系图见图 3.21）。流程的关键步骤如下。

步骤 1：运行成品油消耗异常的在线感知方法，每获得一个潜在的消耗异常时刻点 t_a，则启动步骤 2。

步骤 2：启动成品油消耗的在线趋势分析，若分析出潜在的消耗异常将演变为真正的消耗异常，则启动步骤 3；否则返回步骤 1。

步骤 3：分析配送系统当前的情景状态并据此确定预警级别，然后发出相应的预警以及通知决策者当前的预警状态；之后继续步骤 1。

3.3.2　基于情景状态的预警级别的划分

由于预警级别是与当前救援的可用资源、库存的告急程度以及当前的配送计划密切相关的，因此，预警级别的划分需要根据消耗异常趋势分析得到的库存不足发生时刻点（记该时刻点为 t_r）以及趋势分析结束时刻的系统情景状态进行综合分析后判断。该种预警方法除了可以通知决策者预警的分级之外，也可以实时解释预警级别划分的依据，以辅助决策者进行快速的库存补货应急决策。此外，预警的前提是配送计划中正在执行该加油站该油品配送任务的车辆已经无法在预估的库存不足时刻点 t_r 之前到达该加油站了，因此，救援的时候只能利用其他的车辆资源。而预警的级别与其他资源的可获得性以及配送计划重新制订的复杂程度密切相关。

综上所述，综合日常的加油站应急补货考虑的因素，以及与调度专家进行访谈后，我们总结出的与预警级别的划分密切相关的情景要素如下。

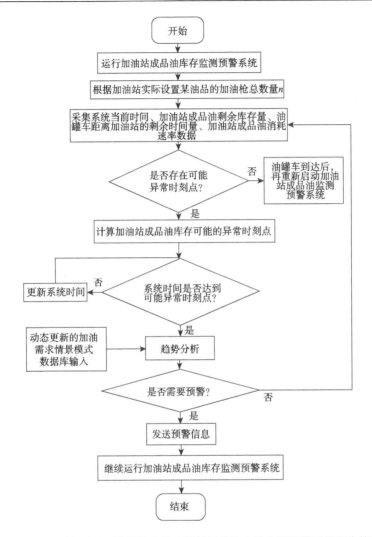

图 3.20　物联网环境下基于情景的成品油消耗异常的在线监测预警系统的决策流程图

（1）当前加油站是否有可用的执行紧急救援任务的配送车辆（用要素 1 表示）：若有，则要素 1 取值"是"；否则，取值"否"。

（2）当前正在执行的配送计划中，是否有在途车辆载有该种预警油品（用要素 2 表示）：若有，则要素 2 取值"是"；否则，取值"否"。

（3）预估从油库单独派车到达该加油站补货的时间 T_d 与预警时刻到库存不足时刻 t_r 之间的时间 T_i 的大小关系（用要素 3 表示）：若 $T_d \leqslant T_i$，则要素 3 取值"是"；否则取值"否"。

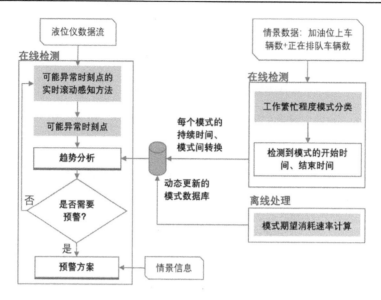

图 3.21　成品油消耗异常的在线监测预警系统的集成模块图

（4）载有该种油品的在途车辆从预警时刻所在的位置到预警加油站的预估行驶时间 T_s 与预警时刻到库存不足时刻 t_r 之间的时间 T_i 的大小关系（用要素 4 表示）：若 $T_s \leqslant T_i$，则要素 4 取值"是"；否则，取值"否"。

根据后续应急措施的难易程度以及资源的可用程度，通过与专家进行访谈，按照情景状态的综合分析后，划分出 1 级、2 级、3 级和 4 级预警。预警的级别及对应的情景状态组合见表 3.22。

表 3.22　基于情景的预警级别划分表

预警级别编号	预警级别	要素 1 的取值	要素 2 的取值	要素 3 的取值	要素 4 的取值
1.1	1 级（高级）	否	否	—	
1.2	1 级（高级）	否	是	—	否
2.1	2 级（次高级）	否	是	—	是
2.2	2 级（次高级）	是	否	否	—
2.3	2 级（次高级）	是	是	否	是
3.1	3 级（中级）	是	否	是	—
3.2	3 级（中级）	是	是	是	否
4	4 级（低级）	是	是	是	是

表 3.22 中的各个预警级别的含义解释如下。

预警级别 1.1 为高级别预警，表示配送系统当前无冗余资源可以用于救援，调度决策者要想办法扩展可用资源（例如，利用其他油库的车辆进行转运，或者紧急租赁系统外车辆）。预警级别 1.2 也为高级别预警，表示当前配送中心无可用的单独救援补货的车辆，并且，虽然路上有为其他加油站配送该种油品的车辆，但是这些车辆中的任何一辆从目前所在的位置行驶到该预警加油站所用的时间将超过库存不足时刻的到达时间，因此，同样需要调度决策者想办法扩展可用资源。预警级别 2.1 的次高级预警表示虽然配送中心无可用的单独救援补货的车辆，但是当前路上有为其他加油站配送该种油品的车辆，且其中有某辆该类型车辆能够在库存不足时刻点到达之前从预警时刻所在的位置行驶到预警的加油站。然而，由于该种车辆在当前的配送计划中原定是配送另外的加油站的，如果临时改为为预警的加油站补货，则将打乱后续的配送计划，需要调度决策者重新进行调度，这一过程比较复杂，所以属于次高级预警。预警级别 2.3 的情况和预警级别 2.1 类似，此处不再赘述。预警级别 2.2 的次高级预警表示当前加油站有可以专门用于救援补货的车辆，但是若按照以往的派车方法所花费的时间将超过库存不足时刻点的到达时间，因此，需要调度者根据剩余的时间按照紧急模式进行派车（例如，为了节省装油时间，可先装少量的油品而不一次装满车；先派车出发，后在系统中下单等应急派车方式）。由于该过程需要调度决策者自身具有丰富的经验，因此，属于次高级预警。预警级别 3.1 的中级预警与预警级别 2.2 的次高级预警相比，调度决策者只需要按照常规派车方式将应急救援车辆从配送中心派出即可，因此，该情景下的预警，其应对比较从容，基本不需要调度者具备丰富的应急经验。预警级别 3.2 的情况和预警级别 3.1 的处理一样，不再赘述。预警级别 4 为低级预警，即在该种预警情景下，配送系统中可利用的救援资源丰富，调度决策者可以根据实际情况和调度的难易程度来决定采用何种方式进行应急救援即可。

3.4　基于情景的成品油补货调度方法

成品油库存维持的合理性直接影响消耗异常发生的频率。而在成品油配送系统中，除了科学的库存补货策略之外，还需要有科学的补货调度方法作为库存补货方案生成的工具。只有具备了这两个工具，才能使得加油站成品油的日常补货和消耗维持在正常的状态下，从而减少异常和预警。万一发生消耗异常情况，预警后，调度决策者也能借助有效的补货调度方法，对当前的配送计划进行有效干预或者重调度，实现科学的应急补货过程。因此，本节将分析成品油配送系统的库存特征，并在此基础上提出成品油补货的调度方法。

3.4.1　成品油库存系统的特征及其补货策略

1. 成品油库存系统的特征

在我国独特的社会环境下，加油站大多密集分布，且一定区域内加油站的成品油通常由同一公司的同一油库供应，油库和其覆盖范围下的各个加油站共同构成了成品油两级补货系统（图 3.22）。实际运营中，该系统通常规模庞大，覆盖的社会需求面广、系统本身包含的功能节点多，系统整体运作的复杂度很高。目前，两级系统的补货机制以实现加油站库存不断档为目标，但是目前的补货机制存在诸多问题，不能切实保证满足率的要求。一方面，油库和加油站的补货控制虽然由调度中心统一调配，但加油站依然实施向调度中心申请补货数量的"要货制"，调度中心真正控制的只有油库的补货方案，因此造成油库和加油站补货的决策主体分离，直接决定了成品油两级供应系统难以实现两级协调补货。另一方面，调度中心和加油站通常基于人工经验制定补货方案，缺乏科学依据。特别地，加油站工作人员需要依据人工经验判断未来配送周期内的顾客需求，进而根据加油站当前的实际库存来决策油库为加油站补货的时间点和数量。该种补货模式对加油站工作人员提出了很高的要求，实际情况很难达到。同时，这种现象使成品油两级补货系统不能立足于市场需求，偏离了需求驱动原则，不能应对市场需求变化带来的挑战。例如：①当天气、油品价格、大型活动等因素导致局部地区需求突然改变时，加油站很难准确预测其需求；②各个加油站采取各自为政的要货方式，调度中心难以真正协调所有加油站的要求；③依据加油站的历史补货要求，调度中心为油库制订补货计划时难以合理预测加油站对油库的需求。

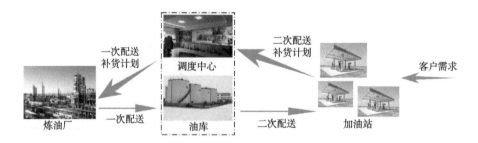

图 3.22　成品油两级补货系统示意图

为解决上述补货机制存在的问题，目前，油库和加油站通常设置较高的安全库存，使成品油供应链整体库存处于高位运行，这导致系统的成本过高，不利于石化企业的资金流转和正常经营活动。目前，油库和加油站均使用液位仪实时记录库存，且调度中心利用管理信息系统可轻松获取油库和各个加油站的库存信息，因此，我们在实现满足率的前提下，利用物联网的实时在线数据分析，获得需求特征，并基于需求特征以库存成本最小为决策目标进行两级联动的库存决策，以获得科学、可靠的补货策略，最终实现成品油配送系统的健康、平稳、有序运行。

2. 成品油库存系统补货策略的设计

本节制定的成品油补货控制策略是成品油补货实施之前的机制决策，目的是服务于最终的日常实施阶段，使一段时间内的库存能够支撑油库和加油站平稳运行，保证加油站不断油，并且在此基础上控制库存成本。策略制定和策略实施阶段的补货决策过程如下。

（1）在补货策略决策阶段，调度中心利用历史数据和加油站未来一段时间内的预测需求并结合系统运行的库存成本情况、满足率要求进行控制策略的制定。该策略需要符合日常补货逻辑（油库和加油站均采用 (R, nQ) 批量补货控制策略进行补货）。

（2）在日常实施中，调度中心每天根据提前决定好的库存补货策略进行日常补货安排。由于调度中心可以利用液位仪对油库和加油站的实时库存进行监控，加油站和油库不再需要根据自身库存对调度中心进行补货申请。根据实际调研，补货控制过程如下：每天固定时刻，调度中心进行补货决策，即对油库和加油站的实时库存进行库存盘点，判断每个加油站和油库是否需要补货。若当前库存不超过订货点，则调度中心安排补货，使补货后的库存超过订货点且不超过订货点与单位补货批量之和 $(R+Q)$；反之，则不安排补货。加油站和油库的具体补货过程如下：①对于加油站的补货需求，其最终实现的补货数量受油库库存限制，补货量不能超过油库的最大库存；在计划制订后，调度中心统一生成第二天的补货配送计划。②对于油库的需求，调度中心和上一级调运部门进行固定时间的沟通，由上一级调运部安排油库补货的调拨计划，一般情况下，炼油厂的供应无限制，能满足油库所有的补货需求；负责给油库补货的油罐车在 3~7 天内可将油品送达油库。

在上述两级联动的库存补货系统中，油库和加油站的补货过程相互影响、相互制约。加油站的补货策略取决于油库是否能及时准备足够的库存，而油库的补货策略取决于加油站的补货需求情况。因此，油库和加油站的补货策略的制定应基于两者的补货联动机制。由于系统为需求驱动型，补货过程从满足顾客需求的微观层面出发，基于油库和加油站的联动机制分为以下步骤（图 3.23）：顾客需求出现、某批次成品油到达加油站、某批次成品油从油库开始向加油站配送、某批次成品油到达油库、某批次成品油从炼油厂向油库配送。如果严格按照上述步骤的倒序步骤补货，则可以满足全部加油站的需求。然而，在实际背景下，由于加油站需求不确定并且补货需要一定的运输时间，因此需求到达的时间和油库及加油站准备该单位成品油的时间可能会交叉。故补货控制本质上是基于实际的顾客需求，协调加油站和油库备货的时间与数量，使补货控制过程基本按照上述顺序依次进行。例如，如果油库为加油站发货的时间过晚，则容易导致该批次成品油到达加油站之前，顾客需求已经发生。

图 3.23　需求驱动的补货过程示意图

　　油库和加油站补货决策时的直接关联表现为以下两方面：一方面，油库的当前库存能否全部满足加油站的补货需求，这种实体连接直接决定了油库对加油站补货需求的满足率，从而进一步决定了加油站的顾客需求满足率；另一方面，所有加油站对油库的补货需求其实是油库所面临的需求，调度中心需要基于此决策是否需要从炼油厂开始为油库安排补货。因此，油库的补货策略是使之能满足所有加油站的需求，而加油站的补货策略是使之能满足所有顾客的需求。

　　在上述补货过程中，加油站满足顾客的需求是实时发生的，而油库满足加油站的补货需求是加油站提前备货的过程。该提前备货的过程基于加油站面对的较高的市场需求不确定性，以及油库或加油站补货触发与油品实际到达之间存在的一定的时间差，即提前期。该提前期的存在以及提前期内需求的不确定性是设置订货点的直接原因，以免需求发生较大变化时没有充足的时间应对。如果油库补货不合理，可能造成油库库存不足而不能立刻响应加油站的需求，导致出现对加油站的补货时间延迟，此时就需要横向转运的补货策略（详见 3.4.2节）。总体上，油库和加油站在补货过程中通过油库对加油站补货需求的响应情况实现实体联系。

　　综上所述，系统中油库和加油站的补货控制过程通过信息流和实体流的传递实现联动补货决策。一方面，加油站通过在线的需求感知以及实时库存，实现从下到上的信息流传递，使油库获取市场需求，进一步指导油库补货；另一方面，油库在响应加油站的补货需求时，通过提前期的变化影响加油站的补货过程（图 3.24）。

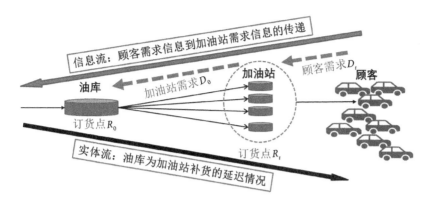

图 3.24　两级联动的成品油补货系统的信息流与实体流示意图

3.4.2　横向转运应急补货策略下的成品油配送方案优化

3.4.1 节提到，当油库库存不足而不能立刻响应加油站的需求时，就需要横向转运的补货策略。成品油横向转运的补货策略是指当前的加油站所属的油库不能提供所需的油品，而必须向其他的油库求助的情况。目前，在横向转运背景下的成品油补货过程中的配送包括分开配送、合并配送以及混合配送三种配送方式。分开配送方式是指由该加油站所属的中心油库自行供应的油品和求助的转运油库供应的油品分开配送。如图 3.25（a）所示，对于中心油库自行提供的油品，油罐车从中心油库装载后，依次配送至站点 1 和站点 2，并返回中心油库；对于转运油库提供的油品，从中心油库派空车到转运油库装载油品，依次配送至站点 2 和站点 1，并返回中心油库。合并配送方式是指中心油库自行供应的油品和转运油库供应的油品合并配送。如图 3.25（b）所示，油罐车先在中心油库装载油品，然后到转运油库装载油品，最后合并配送至站点 1 或站点 2。混合配送方式是综合考虑分开配送和合并配送两种配送方式，部分需求采用分开配送方式，部分需求采用合并配送方式。由于成品油调度系统不够健全，横向转运背景下的实际油品配送仍然依赖于人工调度，调度人员根据人工经验来选择油品配送的方式，这种调度方式科学性不足，难以根据不同的配送情景选择成本最优的配送方式，因此，有必要为配送方式的选择和配送方案的优化提供一种科学的决策方法。那么，三种配送方式在不同的配送情景下，是否都有可能成为成本最低的配送方式？如何为一个配送规划周期选择成本最低的配送方式，并生成相应的配送方案？这正是本节解决的关键问题。

该问题的难点和挑战在于：首先，成品油配送的多车舱车辆路径优化问题本身具有多油品、多车舱装载及路径规划的难点；其次，横向转运背景带来多油库

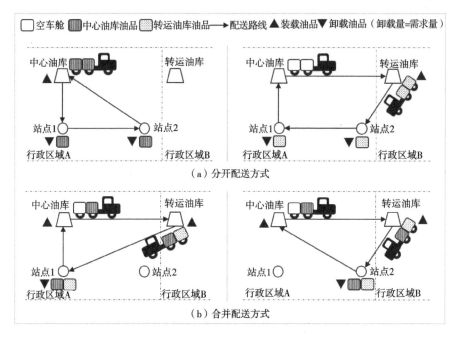

图 3.25　分开配送方式和合并配送方式示意图

供油的特点，这导致油品运输路线具有多样性，从而增加了为不同配送方式建模求解的难度；再次，如何对比三种配送方式，如何建模、设计算法才能同时表达和求解多种配送方式，并最终获得成本最低的配送方案也是问题的难点。针对问题的特点和难点，本节建立了混合整数规划模型以表达不同的配送方式，采用数学规划软件 CPLEX 求解模型，对比分开配送方式和合并配送方式，并得出了合并配送方式不可能成为成本最低的配送方式的结论，从而将配送方式比较的焦点转移到分开配送和混合配送方式的比较上；由于通过现成的求解器无法求解混合配送方式和大规模问题，本节基于 Clarke 和 Wrigh[2] 于 1964 年提出的 C-W 节约算法并引入 Exchange 和 Insertion 邻域搜索算子，设计了可同时求解分开配送和混合配送方案的启发式算法，通过数据实验验证了所提算法的有效性，对配送方式进行比较，并给出了相应的管理启示。

1. 模型构建

横向转运背景下的成品油配送网络用 $G=(N,\ D)=\big(\{0,1\}\bigcup N^*,\ D\big)$ 表示，其中，站点 0 表示中心油库，站点 1 表示转运油库，$N^*=\{2,3,\cdots,n\}$ 表示加油站点集合，$D=\big\{(i,\ j)|i,\ j\subset N,\ i\neq j\big\}$ 表示两个油库及加油站之间路径的集合，$d_{ij}(i\neq j)$ 表示路径 $(i,\ j)$ 的距离。$P=\{1,2,\cdots,p\}$ 表示两个油库供应的成品油种类

的集合，两个油库供应的油品种类不同，但是油品种类数之和与每辆油罐车的车舱数一致。$V = \{1,2,\cdots,v\}$ 表示属于同一车型且拥有 m 个车舱的油罐车集合，Q 表示每辆油罐车的额定载容。每个加油站对每种油品的已知需求为 q_{ip}。油罐车的固定派车成本为 f_v，平均油耗成本为 c_v。模型中的决策变量说明如下：$x_{vij} = 1$ 表示当且仅当油罐车 v 通过弧 $(i,\ j)$，否则 $x_{vij} = 0$；g_{vijp} 表示油罐车 v 通过弧 $(i,\ j)$ 时，车上装载的还未配送的油品 p 的总量。

结合成品油的配送实践和已有文献，本书的研究还有如下前提：①不同型号的油品不能混装，每个车舱只服务一个加油站，每个加油站对每种油品的需求量为最小车舱的整数倍且不超过一辆车的载重；②每个加油站对同一种油品的需求不能被拆开配送，对不同油品的需求可分开配送；③三种配送方式下，油罐车的起止点均为中心油库 0。

横向转运背景下成品油配送路线的特点可归纳为以下两类路径：中心油库 0 →加油站 i→⋯→加油站 j→中心油库 0；中心油库 0→转运油库 1→加油站 i→⋯ →加油站 j→中心油库 0。分开配送方式同时包括上述两类路径：由中心油库供应油品的加油站点，其配送路径是第一类路径；由转运油库供应油品的加油站点，其配送路径是第二类路径。合并配送方式只涉及第二类路径。混合配送方式则融合了分开配送和合并配送方式，其配送路径也将包括上述两类路径。因此，模型通过抽取横向转运背景下两类不同的路径集合的特点来表达三种配送方式。

针对第一类路径集合的特点，构建混合整数规划模型一如下：

$$\min \sum_{v \in V} \sum_{j \in N^*} f_v x_{v0j} + \sum_{v \in V} \sum_{j \in \{0\} \bigcup N^*} c_v d_{ij} x_{vij} \tag{3.11}$$

$$\sum_{v \in V} \sum_{j \in \{0\} \bigcup N^*} x_{vij} \geqslant 1, \ \ \forall i \in N^*, \ i \neq j \tag{3.12}$$

$$\sum_{j \in \{0\} \bigcup N^*} x_{vij} = \sum_{j \in \{0\} \bigcup N^*} x_{vij}, \ \ \forall i \in \{0\} \bigcup N^*, \ v \in V \tag{3.13}$$

$$\sum_{j \in \{0\} \bigcup N^*} x_{vi0} \leqslant 1, \ \ \forall v \in V \tag{3.14}$$

$$\sum_{v \in V} \sum_{j \in \{0\} \bigcup N^*} g_{vijp} - \sum_{v \in V} \sum_{j \in \{0\} \bigcup N^*} g_{vijp} = q_{ip}, \ \ \forall i \in N^*, \ p \in P, \ i \neq j \tag{3.15}$$

$$\sum_{p \in P} g_{vijp} \leqslant Q x_{vij}, \ \ \forall v \in V, \ i, \ j \in \{0\} \bigcup N^*, \ i \neq j \tag{3.16}$$

$$x_{vij} \in \{0,1\}, \ \ \forall v \in V, \ i, \ j \in \{0\} \bigcup N^*, \ i \neq j \tag{3.17}$$

$$g_{vijp} \geqslant 0, \ \ \forall v \in V, \ p \in P, \ i, \ j \in \{0\} \bigcup N^*, \ i \neq j \tag{3.18}$$

其中，目标函数（3.11）表示最小化总配送成本，包括固定派车成本和油耗成本；式（3.12）表示每个站点都被服务且至少被服务一次，这是因为每个加油站需要的油品种类可能不同,需要多种成品油的加油站可能被服务多次;式(3.13)表示每个站点的流量平衡约束,每个站点被同一辆油罐车服务一次;式(3.14)表示每辆油罐车最多执行一次配送任务;式(3.15)表示配送油品的流量约束,每个加油站的油品需求都被满足;式(3.16)保证在任何时刻油罐车的载油量都不超过车辆的额定载容;式(3.17)和式(3.18)表示两个决策变量的取值约束。

针对第二类路径集合的特点,构建混合整数规划模型二如下:

$$\min \sum_{v\in V}\sum_{j\in N^*}f_v x_{v1j} + \sum_{v\in V}\sum_{i,j\in N}c_v d_{ij} x_{vij} \tag{3.19}$$

$$\sum_{v\in V}\sum_{j\in\{0\}\cup N^*}x_{vij} \geq 1, \quad \forall i\in N^*, \ i\neq j \tag{3.20}$$

$$\sum_{j\in N}x_{vij} = \sum_{j\in N}x_{vji}, \quad \forall i\in N, \ v\in V \tag{3.21}$$

$$\sum_{v\in V}\sum_{j\in\{1\}\cup N^*}g_{vijp} - \sum_{v\in V}\sum_{j\in\{0\}\cup N^*}g_{vijp} = q_{ip}, \quad \forall i\in N^*, \ p\in P, \ i\neq j \tag{3.22}$$

$$\sum_{p\in P}g_{vijp} \leq Q x_{vij}, \quad \forall v\in V, \ i, j\in N, \ i\neq j \tag{3.23}$$

$$x_{v01} = \sum_{j\in N^*}x_{v1j}, \quad \forall v\in V \tag{3.24}$$

$$x_{v10} = 0, \quad \forall v\in V \tag{3.25}$$

$$x_{vi1} = 0, \quad \forall v\in V, \ i\in N^* \tag{3.26}$$

$$x_{vij} \in \{0,1\}, \quad \forall v\in V, \ i, j\in N, \ i\neq j \tag{3.27}$$

$$g_{vijp} \geq 0, \quad \forall v\in V, \ p\in P, \ i, j\in N, \ i\neq j \tag{3.28}$$

其中,式(3.19)~式(3.23)、式(3.27)、式(3.28)分别与模型一的式(3.11)~式(3.13)、式(3.15)~式(3.18)含义相同,但由于两类路径集合的油库数不同,所以两个模型中相同变量的取值有所不同;式(3.24)表示转运油库的流量平衡约束,油罐车经过转运油库前必须从中心油库出发,经过转运油库后必须送往加油站;式(3.25)保证油罐车不能从转运油库直接返回中心油库;式(3.26)保证油罐车不能从加油站返回转运油库。

分开配送方式将总的油品需求根据供油库的不同拆分为两部分,分别由模型一和模型二实现各部分的油品配送,因此,模型一和模型二的目标函数最终取值之和即分开配送的总成本。合并配送方式的油品总需求完全由模型二来完成配送,因此,通过求解模型二即可得到合并配送方式的成本。混合配送方式是总油品配送过程中兼有分开配送和合并配送方式,而哪些需求应该采用分开配送,哪些需求应该采用合并配送无法提前确定,因此,混合配送方式的最优配送成本并不能通过简单的模型求解后加和得到。

由于已建成的两个混合整数规划模型均可通过数学规划软件 CPLEX 进行求

解，通过上述对三种配送方式配送成本的分析，可先求解出分开配送成本和合并配送成本并进行比较分析。

2. 算法设计

在分开配送方案生成的过程中，由于初始方案生成的质量对后续优化结果有着重要影响，而 C-W 节约算法已被广泛应用于多车舱车辆路径问题（multi-compartment vehicle routing problem，MCVRP）初始解的生成[3-5]，并且能够简单快速地生成较好的初始解[6]。因此，本书基于 C-W 节约算法生成初始配送方案。该算法的核心思想是：依次将两条配送回路合并为一条配送回路，计算合并后的回路相对于原始回路的节约值并将节约值排序，选择节约值最大的配送回路作为合并的回路。以此类推，不断迭代，直到不能继续合并为止。初始方案优化至分开配送方案生成的过程主要是配送路径间的优化，这一优化过程采用 Exchange 算子[7]，即依次选取两个位于不同配送路径上的加油站点，并交换对应位置，如图 3.26（a）所示，可以方便快速地实现配送路径间的优化。另外，在分开配送方案的基础上继续优化得到混合配送方案的过程同样也是路径间的优化，除了基于 C-W 节约算法和采用 Exchange 算子外，尚有以下优化策略：由于分开配送方案可能存在不满载的车辆，本书同时借助 Insertion 算子[7]路径间改进的优势，即选取当前配送路径上的站点插至另一条配送路径上，如图 3.26（b）所示，从而将不满载路线上的站点合并送以减少用车数量。综上所述，本书主要基于 C-W 节约算法并引入 Exchange 和 Insertion 邻域搜索算子进行启发式算法的设计，算法流程如图 3.27 所示，具体算法步骤如下。

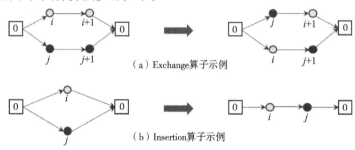

（a）Exchange算子示例

（b）Insertion算子示例

图 3.26　邻域搜索示意图

1）分开配送方案的生成

步骤 1：将所有加油站 N^* 的油品需求拆分为两类：一类是由中心油库自行供应的油品，另一类是由转运油库供应的油品。两类需求及对应的站点形成两个新的站点集合 N_1^* 和 N_2^* 供后续算法使用。

步骤 2：初始化车辆数和各条路径。两类需求对应的车辆数分别初始化为站

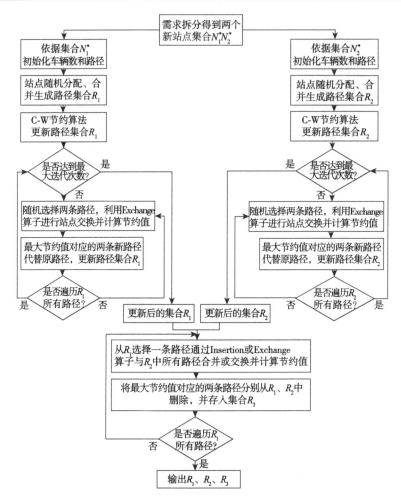

图 3.27　配送方案生成流程图

点总数，即站点集合 N_1^* 和 N_2^* 的元素个数，路径总数初始化为车辆数；油品配送路径首尾均初始化为中心油库，同时经过转运油库的配送路径的第二个站点均初始化为转运油库。

步骤 3：从站点集合 N_1^* 中随机选择一个站点，顺次插入当前路径，如果该路径配送的油品总量超过油罐车的装载量，则插入下一条路径，以此类推，将 N_1^* 中的所有站点分配完毕。在不超过油罐车容量约束的前提下，将非满载的路径继续合并成同一条路径，直至不能再合并，最终生成路径集合 R_1。站点集合 N_2^* 的做法同上，生成路径集合 R_2。

步骤 4：对路径集合 R_1 和 R_2 中的任一路径，根据 C-W 节约算法计算该路径上所有可链接站点的节约值并降序排列，根据最大节约值对应的站点序列调整该路径站点的配送顺序，从而得到配送成本最小的路径代替原路径，同时更新路径集合 R_1 和 R_2。

步骤 5：从路径集合 R_1 中随机选择两条路径，利用 Exchange 算子对路径间的站点依次进行交换。每次交换后，都要检验两条新路径是否满足车辆装载约束，如果满足，则计算节约值；如果不满足，则节约值为 0。路径集合 R_2 的操作相同。

步骤 6：比较两条路径间站点交换求得的所有节约值，最大节约值对应的两条新路径代替原路径，并更新路径集合 R_1，对 R_1 中所有路径都重复上述操作。路径集合 R_2 的操作相同。

步骤 7：重复步骤 5~步骤 6，直到达到最大迭代次数。

步骤 8：获得更新后的路径集合 R_1 和 R_2 作为分开配送方案。

2）混合配送方案的生成

步骤 1：从路径集合 R_1 中选择一条路径，调用 Insertion 和 Exchange 算子依次与 R_2 中的每条路径进行站点合并或交换（此操作对应实际油品配送中合并配送路径的生成过程）。检验新路径是否满足车辆装载约束，若满足，则调整路径上站点的顺序并计算节约值，从而得到配送成本最低的路径；若不满足，节约值为 0。

步骤 2：若步骤 1 存在大于 0 的节约值，则取最大节约值对应的新路径存入集合 R_3（生成了合并配送路径），并将新路径对应的原始路径从原集合 R_1、R_2 中删除（更新分开配送路径）；若不存在大于 0 的节约值，则顺次从集合 R_1 中选择下一条路径。

步骤 3：对集合 R_1、R_2 中的所有路径依次进行步骤 1~步骤 2。

步骤 4：由于混合配送方式融合了分开配送方式和合并配送方式，因此，混合配送方案中既包含分开配送路径，也包含合并配送路径。最终得到的集合 R_1、集合 R_2 是采用分开配送方式的路径，集合 R_3 是采用合并配送方式的路径，输出 R_1、R_2、R_3 即混合配送方案。

3. 数据实验

为了验证模型、算法的有效性并对三种配送方式进行对比分析，以揭示出有用的管理启示，本节分别设计了分开配送方式与合并配送方式的对比实验以及分开配送方式与混合配送方式的对比实验。数据实验使用的算例包括：①22 个改造的已有文献中的算例；②40 个根据实验需要构造的新算例。22 个改造的算例包括：代表 Solomon 算例[8]四种特定位置分布的 4 个算例 C101、C201、R101、RC101；13 个 Taillard 算例[9]（Tai75~Tai385）；Christofides 等[10]提出的 vrpnc 算例中与 Solomon 算例位置分布不重合的 5 个算例（vrpnc1~vrpnc11）。算例改造方式如下：选用以上算例的站点位置信息，并对各算例中的站点坐标形成的散点图进行复制，如图 3.28 所示，得到转运油库的位置坐标，各加油站对于两种油品的需求均为 5t。40 个新算例的构造方式如图 3.29 所示：在 100km × 100km 范围内分别

随机生成 10~100 个加油站，中心油库位于原点（0，0），转运油库的位置坐标
变化依次为（200，0）、（150，0）、（125，0）、（100，0），各加油站对于两种油
品的需求均为 5t。

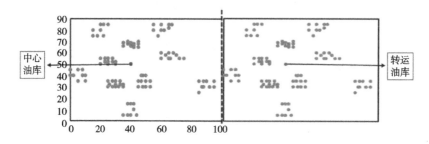

图 3.28　转运油库坐标生成方式

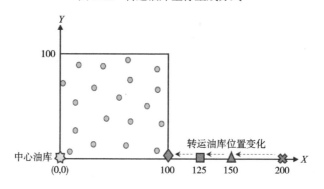

图 3.29　加油站及油库位置分布

　　通过初步的实验证明，CPLEX 求解器无法在有限时间内得到较大规模问题的
最优解，比如 75 个站点规模的算例在 2h 之内无法得到问题最优解。因此，在保
证实验效率和实验效果的基础上，使用 CPLEX 求解器进行的实验会从各个算例
中随机选取数量不等的小规模站点进行数据实验。其余参数根据调研到的成品油
实际运营信息设置如下：10t 两舱油罐车（5t/5t），每辆油罐车的固定派车成本为
213 元，油耗成本为 1.82 元/km，中心油库提供 92 号成品油，转运油库提供 98
号成品油。混合整数规划模型的求解均由 CPLEX12.6.3.0 实现。算法用 C++语言
编程实现，算例的测试环境为 Intel（R）Core（TM）i7-7500 处理器，8GB 内存
的 Windows10 平台。

　　1）分开配送方式与合并配送方式的对比实验
　　本部分选用第①组算例进行数据实验，实验结果如表 3.23 和表 3.24 所示。
表3.23 中加油站点为 6～12 个，表 3.24 中加油站点均为 12 个。表 3.23 和表 3.24
分别给出了在不同问题规模和不同位置分布下，分开配送方式和合并配送方式配

送成本的比较。两个表格中的成本数据均为 CPLEX 求解器求解出的最优解。在表 3.23 中，合并配送成本比分开配送成本高 16.52%~25.44%；在表 3.24 中，合并配送成本比分开配送成本高达 14.80%~42.26%。从两个表格的算例求解结果可以看出，合并配送方式的成本远远高于分开配送方式的成本，即合并配送方式不可能成为成本最低的配送方式。

表 3.23　具有不同规模的算例的实验结果

算例	加油站个数	分开配送总成本/元	合并配送总成本/元	合并配送成本增加的百分比
C101	6	2900.60	3587.65	23.69%
	8	3850.12	4753.01	23.45%
	10	4909.25	5950.97	21.22%
	12	5924.03	7196.19	21.47%
C201	6	2901.38	3521.70	21.38%
	8	3819.84	4765.91	24.77%
	10	4840.63	6072.16	25.44%
	12	5793.18	7252.19	25.18%
R101	6	2410.79	2813.32	16.70%
	8	3248.55	3785.26	16.52%
	10	4095.33	4827.09	17.87%
	12	4917.06	5786.76	17.69%
RC101	6	2831.18	3508.91	23.94%
	8	3921.96	4735.41	20.74%
	10	5063.37	6079.92	20.08%
	12	5927.58	7229.10	21.96%

注：合并配送成本增加的百分比=（合并配送总成本－分开配送总成本）/分开配送总成本×100%。

表 3.24　具有不同位置分布的算例的实验结果

算例	分开配送总成本/元	合并配送总成本/元	合并配送成本增加的百分比
Tai75a-12	8 225.61	10 400.91	26.45%
Tai75b-12	4 990.60	7 099.46	42.26%
Tai75c-12	8 102.78	10 590.22	30.70%
Tai75d-12	7 970.63	10 210.83	28.11%
Tai100a-12	9 418.38	12 191.39	29.44%
Tai100b-12	9 208.09	12 181.37	32.29%
Tai100c-12	6 823.22	8 539.84	25.16%
Tai100d-12	8 168.81	10 687.80	30.84%
Tai150a-12	9 956.85	13 033.45	30.90%
Tai150b-12	10 126.92	13 688.32	35.17%

算例	分开配送总成本/元	合并配送总成本/元	合并配送成本增加的百分比
Tai150c-12	10 899.82	14 622.01	34.15%
Tai150d-12	9 809.02	12 662.90	29.09%
Tai385-12	30 067.84	41 993.08	39.66%
vrpnc1-12	4 966.14	5 906.98	18.95%
vrpnc2-12	5 185.60	6 219.80	19.94%
vrpnc4-12	4 927.80	6 074.32	23.27%
vrpnc5-12	5 058.44	6 103.35	20.66%
vrpnc11-12	6 352.97	7 293.12	14.80%

注：合并配送成本增加的百分比=（合并配送总成本-分开配送总成本）/分开配送总成本×100%。

2）分开配送方式与混合配送方式的对比实验

（1）启发式算法的结果与 CPLEX 最优解的比较。

因为小规模问题的分开配送方案可以用 CPLEX 求得最优解，所以，为了比较启发式算法的求解结果与 CPLEX 求解出的最优解的差距，本部分实验从第①组 Solomon 算例中随机选取 6 ～ 12 个加油站进行两种算法分别求解的实验，实验结果如表 3.25 所示（混合配送方案无法用 CPLEX 求解）。为了更清楚地展示分开配送启发式算法的求解精度和混合配送启发式算法的成本变化，根据表 3.25 的实验结果，绘制折线图 3.30 和图 3.31。

表 3.25　启发式算法与 CPLEX 的求解结果

算例	加油站个数	分开配送					混合配送		
		CPLEX		启发式算法			启发式算法		
		成本/元	时间/s	成本/元	时间/s	求解精度	成本/元	时间/s	成本变化率
C101	6	2900.60	0.85	2954.91	0.48	98.13%	2954.91	0.70	1.87%
	7	3796.91	2.07	3930.72	0.35	96.48%	3697.23	0.62	-2.63%
	8	3850.12	2.46	3948.44	0.31	97.45%	3948.44	0.54	2.55%
	9	4791.75	2446.00	4885.51	0.39	98.04%	4662.70	0.60	-2.69%
	10	4909.25	15.73	4979.47	0.39	98.57%	4979.47	0.63	1.43%
	11	5858.00	37.53	5976.64	0.48	97.97%	5748.98	0.71	-1.86%
	12	5924.03	635.00	6127.06	0.40	96.57%	6127.06	0.60	3.43%
C201	6	2901.38	2.40	2916.29	0.34	99.49%	2916.29	0.52	0.51%
	7	3697.75	1.77	3730.84	0.40	99.11%	3516.74	0.61	-4.90%
	8	3819.84	2.90	3932.10	0.50	97.06%	3932.10	0.76	2.94%
	9	4679.98	22.17	4840.23	0.50	96.58%	4498.53	0.76	-3.88%
	10	4840.63	6.19	4942.61	0.53	97.89%	4942.61	0.80	2.11%
	11	5750.83	1933.00	5949.34	0.49	96.55%	5636.99	0.76	-1.98%
	12	5793.18	9.22	5960.84	0.42	97.11%	5960.84	0.64	2.89%

续表

| 算例 | 加油站个数 | 分开配送 | | | | | 混合配送 | | |
| | | CPLEX | | 启发式算法 | | | 启发式算法 | | |
		成本/元	时间/s	成本/元	时间/s	求解精度	成本/元	时间/s	成本变化率
R101	6	2410.79	0.91	2452.46	0.32	98.27%	2452.46	0.54	1.73%
	7	3189.36	2.21	3243.24	0.43	98.31%	2999.59	0.64	−5.95%
	8	3248.55	3.51	3296.12	0.41	98.54%	3296.12	0.60	1.46%
	9	3997.79	10.52	4055.22	0.42	98.56%	3830.04	0.64	−4.20%
	10	4095.33	133.87	4196.26	0.57	97.54%	4196.26	0.82	2.46%
	11	4814.07	3923.46	4958.63	0.46	97.00%	4730.04	0.69	−1.75%
	12	4917.06	548.00	4995.24	0.58	98.41%	4995.24	0.81	1.59%
RC101	6	2831.18	0.81	2875.12	0.32	98.45%	2875.12	0.52	1.55%
	7	3701.21	3494.94	3820.96	0.46	96.76%	3412.12	0.71	−7.81%
	8	3921.96	1.32	4054.53	0.32	96.62%	4054.53	0.54	3.38%
	9	4859.82	94.06	5039.74	0.49	96.30%	4815.06	0.72	−0.92%
	10	5063.37	25.29	5236.22	0.40	96.59%	5236.22	0.59	3.41%
	11	5887.92	94.45	6003.78	0.49	98.03%	5753.98	0.76	−2.27%
	12	5927.58	768.57	6154.52	0.42	96.17%	6154.52	0.66	3.83%
平均值			507.83		0.43	97.59%		0.66	

注：求解精度=1−（分开配送启发式算法成本−CPLEX 成本）/ CPLEX 成本×100%；
成本变化率=（混合配送启发式算法成本−CPLEX 成本）/ CPLEX 成本×100%。

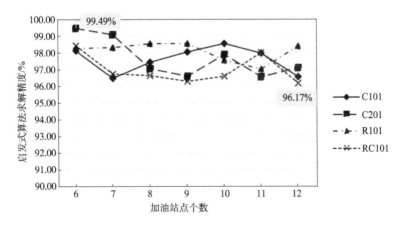

图 3.30　分开配送方式启发式算法的求解精度

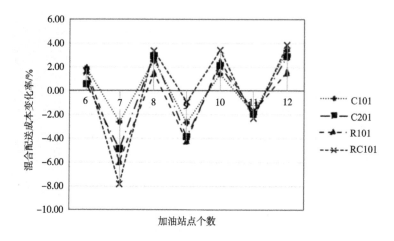

图 3.31　混合配送方式的成本变化率

　　结合表 3.25 和图 3.30，从分开配送方式的启发式算法求解结果和 CPLEX 最优解的对比中可以看出，启发式算法的求解精度保持为 96.17%~99.49%，平均求解精度为 97.59%；且启发式算法对于不同位置分布、不同问题规模的算例的求解时间均不超过 1s，平均求解时间为 0.43s，而 CPLEX 求解器求解相同算例的时间最长超过 1h（R101 算例 11 个加油站为 3923.46s），平均求解时间为 507.83s。这表明本书设计的分开配送方式下的启发式算法的求解速度非常快，并且能够达到较高的求解精度，以此验证了该算法的有效性。

　　结合表 3.25 和图 3.31，相对于分开配送方式下 CPLEX 求解出的最低配送成本，混合配送方式下启发式算法求解的成本的变化规律为：当加油站点数分别为 7 个、9 个、11 个时，混合配送成本均低于分开配送成本的最优解，成本下降的百分比为 0.92%~7.81%；当加油站点为 6 个、8 个、10 个、12 个时，混合配送成本均高于分开配送成本的最优解，成本增加的百分比为 0.51%~3.83%。这是因为就本实验的算例特点而言，由于车舱容量以及需求的匹配关系，当加油站点为奇数个时，分开配送方式存在车辆不满载的情况，这使得混合配送方式优化空间较大，可以通过以下三种方式进行成本优化：将不满载路线上的站点合并以减少用车数量；将不满载路线上的站点与满载路线上的站点交换合并以优化配送路线；将满载路线间的站点交换来优化路线。而当加油站点数为偶数时，分开配送方式的车辆均满载，混合配送方式只能通过上述第三种方式进行成本优化，优化空间较小，由于混合配送成本是基于分开配送方式启发式算法求解的结果得到的，所以由表 3.25 可以看出，这些情况下的混合配送成本均等于启发式算法求解出的分开配送成本，又因为分开配送启发式算法的求解精度未达到 100%，即分开配送启发式算法求解出的成本高于 CPLEX 求解出的成本，所以混合配送成本也会高于

CPLEX 求解的分开配送最低成本。综上所述，分开配送方式和混合配送方式都有可能成为配送成本最低的配送方案。当车辆不满载时，混合配送方式成本更低；当车辆满载时，混合配送方式优化空间不大，在小规模问题下，可通过 CPLEX 求解器获取分开配送方案作为成本最低的配送方案。

（2）大规模问题分开配送方式与混合配送方式启发式算法结果的比较。

本部分使用第①组的完整算例对启发式算法求解的分开配送方式与混合配送方式的结果进行比较。由于启发式算法可以求解大规模问题，因此本实验完整选用了每个算例中的所有站点，实验结果如表 3.26 所示。在 22 个不同位置分布、不同问题规模的算例的求解结果中，启发式算法的平均求解时间为 7s 左右，最长求解时间不超过 35s，这表明本书所提出的启发式算法对于较大规模问题的求解速度很快。此外，启发式算法求解的混合配送成本下降的百分比均等于或大于 0，等于 0 意味着混合配送方式没有优化空间，分开配送方案即成本最低的配送方案；大于 0 意味着混合配送成本低于分开配送成本，混合配送方案为成本最低的配送方案。由于两种配送方式的求解时间相差不大，因此，在用启发式算法求解大规模问题时，可同时求解出两种配送方案以从中选取成本最低的配送方案。

表 3.26　分开配送方式和混合配送方式启发式算法的结果

加油站个数	算例	分开配送启发式算法的结果		混合配送启发式算法的结果		混合配送成本下降百分比
		成本/元	时间/s	成本/元	时间/s	
50	vrpnc1	11 562.5	1.44	11 526.2	1.65	0.31%
75	vrpnc2	17 537.8	3.94	17 249.9	4.15	1.64%
75	Tai75a	42 998	3.67	42 505.9	3.93	1.14%
75	Tai75b	30 799.7	3.86	30 435.9	4.07	1.18%
75	Tai75c	36 968.1	3.60	36 596.1	3.87	1.01%
75	Tai75d	37 249.8	3.83	36 818.1	4.10	1.16%
100	Tai100a	59 179.5	5.10	59 093.8	5.34	0.14%
100	Tai100b	59 318.4	4.84	59 315.3	5.06	0.01%
100	Tai100c	41 034.3	5.18	40 954	5.43	0.20%
100	Tai100d	49 602.1	6.14	49 602.1	6.36	0.00%
100	C101	28 699.3	4.98	28 637.2	5.23	0.22%
100	C201	29 404.7	5.00	29 347.6	5.28	0.19%
100	R101	22 563.3	5.25	22 532.3	5.47	0.14%
100	RC101	30 726.6	4.87	30 712.1	5.12	0.05%
120	vrpnc11	40 179.5	5.94	39 727.9	6.14	1.12%

续表

加油站个数	算例	分开配送启发式算法的结果		混合配送启发式算法的结果		混合配送成本下降百分比
		成本/元	时间/s	成本/元	时间/s	
150	vrpnc4	34 080.6	8.31	34 045.6	8.55	0.10%
150	Tai150b	101 591	8.70	101 384	8.90	0.20%
150	Tai150c	102 753	8.32	102 684	8.59	0.07%
150	Tai150d	97 149.1	8.55	96 925.1	8.77	0.23%
199	vrpnc5	44 416.8	12.30	44 111.6	12.56	0.69%
385	Tai385	889 237	34.29	887 301	34.57	0.22%
平均时间			7.05		7.29	

注：混合配送成本下降百分比=（分开配送成本−混合配送成本）/分开配送成本×100%。

（3）配送成本影响因素探究。

由于加油站和油库的位置分布是影响配送成本的关键因素，且转运油库的位置对于结果的影响较为显著。因此，为进一步探究转运油库与配送区域的相对位置对混合配送方式优化结果的影响，本实验使用第②组算例进行实验，所有算例均通过启发式算法进行求解，实验结果汇总如表 3.27 所示。为了更清晰、直观地看出转运油库的位置对于配送成本变化的影响，将表 3.27 中的数据绘制成折线图 3.32。

表 3.27　不同转运油库位置下的混合配送成本下降比例

加油站个数	混合配送成本下降百分比			
	转运油库坐标（200, 0）	转运油库坐标（150, 0）	转运油库坐标（125, 0）	转运油库坐标（100, 0）
10	0%	0%	1.99%	4.05%
20	0%	1.01%	1.30%	2.08%
30	0%	0.86%	1.02%	1.57%
40	0%	0.11%	0.58%	1.71%
50	0%	0.29%	0.88%	1.36%
60	0%	0.19%	0.56%	0.89%
70	0%	0.34%	0.58%	0.81%
80	0%	0.31%	0.51%	1.19%
90	0%	0.10%	0.41%	0.71%
100	0%	0.35%	0.44%	0.74%

注：混合配送成本下降百分比=（分开配送成本−混合配送成本）/分开配送成本×100%。

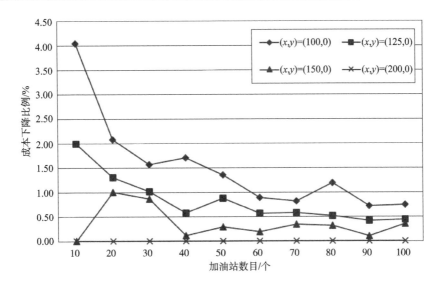

图 3.32　转运油库的位置对成本下降比例的影响

根据四条折线的位置关系可明显看出，在相同问题规模下，随着转运油库与配送区域距离的趋近，相比于分开配送方式，混合配送成本下降百分比呈增大趋势，即混合配送的成本优势越来越明显；当转运油库距当前配送区域过远时，分开配送和混合配送成本相差不大，混合配送方式的成本优化空间较小。

4. 管理启示

综合上述实验结论可得出如下管理启示：①单一的合并配送方式不可能成为成本最低的配送方式，而分开配送方式和混合配送方式都有可能成为成本最低的配送方式，因此，当以配送成本最小化为目标制定油品配送方案时，可考虑采用分开配送方式或混合配送方式；②当车辆不满载时，混合配送方式的优化空间比车辆满载时的优化空间更大；③随着转运油库与配送区域距离的趋近，混合配送相对于分开配送的成本优势会越来越明显；④本书设计的启发式算法能够同时求解分开配送方式和混合配送方式，求解精度高，求解速度非常快，且求解分开配送和混合配送的时间差极小，因此，在制订油品配送计划时，可同时生成分开配送方式和混合配送方式，择优选用。

3.5　成品油二次配送的在线调度优化算法

3.4 节已经提到，我国成品油配送采取分级配送的模式，即首先将成品油从炼油厂配送至城区的中心油库,该过程称为一次配送(该过程往往由输油管道或者油罐车完成),再从城区的中心油库配送至各个加油站点,称为二次配送(该过程由油罐车完成)。城区成品油二次配送是成品油供应网络的核心环节。2015 年,全国有 276 000 000 t 成品油被配送至约 98 400 个加油站。在整个的配送过程中,城区成品油配送的成本占了总配送成本的 60%~70%。造成城区成品油二次配送成本高的原因有多个。例如,城区人口密度大、机动车辆多、成品油需求量大;城区对危险品运输管制严格,对车型、道路以及配送时间等都有相应限制,使得配送企业不得不选择小型车辆和非最短路径进行油品配送。

因此,成品油二次配送需要综合考虑多车型车辆指派、多车舱车辆装载以及路径安排等决策,其难度远远大于早已被认为是 NP-hard 问题的一般车辆路径问题(vehicle routing problem,VRP)。在成品油二次配送方面,国内学者主要研究单舱车辆的调度问题,国外学者虽然对多车舱车辆的调度问题研究得较多,但是其配送车辆多为超重型配送车辆,具有 4 ~ 8 个车舱,一辆车就可以满足多个加油站点多种成品油的需求,其装载配送策略简单。然而,国内的成品油二次配送受限于路况、交通管制等问题,无法在城区配送过程中使用像国外那种超重型大车,比较常见的是 1 ~ 3 个车舱的油罐车辆。因此,每个加油站可能需要多辆车配送,每辆车也可能需要配送多个加油站,以满足其部分成品油的需求,这就导致其装载配送策略的复杂度非常大。而在 MCVRP 方面,由于货物类型与车舱类型一般是固定搭配的,因此路线规划时只需考虑各个车舱的容量约束即可[11];但成品油配送问题必须按照各种油品的需求量及车舱的容量,在规划路线的同时,对车舱所装油品的种类进行指派,因此该问题远远比一般的 MCVRP 复杂。

此外,成品油作为一种危险品,执行配送的油罐车司机需要通过十分严苛的技能考核和资质认证,油罐车司机已成为一种稀缺资源。而成品油与国民日常生产生活息息相关,司机即使加班工作也必须完成每日的配送任务以保证基本需求。这不仅加剧了日益繁重的成品油配送任务与油罐车司机稀缺之间的矛盾,而且增加了司机超负荷工作和疲劳驾驶的风险。与此同时,工作量分配与薪酬分配的不对等进一步造成了司机的离职率高、心理失衡、情绪不佳等问题。司机不良的生理和心理状态不但影响配送任务完成的效率,而且直接威胁到社会公共安全,甚至引发车毁人亡的惨剧。近年来发生的多起油罐车重大交通事故,究其原因大部分是司机出现疲劳驾驶和情绪不佳等问题。因此,考虑成品油配送中司机工作量的均衡是当前中国成品油配送实践中亟待解决的现实问题。考虑均衡司机工作量的成品油配送问题可抽象为一类特殊的车辆路径规划问题,其与已有研究中考虑路线均衡的车辆路径规划问题(vehicle routing problem with route balancing,VRPRB)十分相似,此外,该问题还兼具传统成品油配送问题(the petrol station replenishment problem)和多路径车辆路径规划问题(multi-trip vehicle routing problem，MTVRP）的特点。这就给问题的求解提出了许多新的挑战，均衡司机工作量的首要难点就是如何科学客观地衡量司机的工作量，考虑到司机具有主观认知和个性化需求，司机间工作量的比较更是难上加难。

综上所述，考虑到成品油城区二次配送的多车型、多车舱，又需要兼顾司机工作量均衡等关键问题，本节开发了求解成品油配送方案的两类在线实时算法：一类是可以专门用于只考虑运输成本的成品油二次配送方案的生成，以解决多车型车辆的指派、多车舱车辆的装载及路径安排为突破口，基于经济距离进行车型指派并设计基于 C-W 节约算法的"需求拆分→合并装载"的车舱装载策略，能够在线实时实现派车计划（3.5.1 节）；另一类是用于在派车过程中除了考虑运输成本，还需要考虑如何均衡司机工作量的成品油二次配送方案的生成，以科学客观地度量司机的工作量作为突破口，引入公平理论中的社会比较思想，构建了工作量均衡系数，并且构造了新的 Split_Assign 算法对第二代非支配快速排序遗传算法（non-dominated sorting genetic algorithm-Ⅱ，NSGA-Ⅱ）进行改进，能够实时在线获得既考虑工作量均衡，又考虑配送成本的成品油二次配送方案（3.5.2 节）。图 3.33 为本节研究内容的构成图。

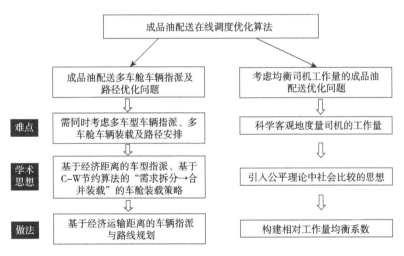

图 3.33　本节研究内容的构成图

3.5.1　多车舱车辆指派及路径优化算法

本节主要研究多车型、多车舱的成品油二次配送的车辆优化调度难题。本节建立了以派车成本与油耗成本之和的总成本最小为目标的车辆优化调度模型，构造了启发式算法对模型进行求解，该算法基于 C-W 节约算法生成车辆装载策略，利用 Relocate 算子和 Exchange 算子进行并行邻域搜索改进，获得了优化的成品油配送方案。最后，根据成品油二次配送的实际情况构造了算例，验证了算法的有效性和时效性，并利用该算法获得了科学派车的决策建议。

1. 问题描述与模型建立

本节研究的是成品油配送中对多种成品油、多车型、多车舱车辆的优化调度问题。成品油配送网络可以用 $G=(V, A)=(V^* \cup \{0\}, A)$ 表示，其中，$V^*=\{i \mid 1,2,\cdots,n\}$ 表示加油站点的集合，顶点 0 表示成品油配送中心，$A=\{(i, j): i, j \in V, i \neq j\}$ 表示各加油站点及配送中心之间路径的集合，$d_{ij}(i \neq j)$ 表示路径 (i, j) 之间的距离，其中 $d_{ij}=d_{ji}$。$M=\{m \mid 1,2,\cdots,w\}$ 表示成品油的集合，加油站点 i 对于成品油 m 的需求量为 $q_{im} \geq 0$。K 表示所有车辆的集合，H 表示配送中心车辆车型的集合，F_h 表示车型 $h(h \in H)$ 的固定派车成本，C_h 表示平均油耗成本，A_h 表示车型的车舱集合，其中车舱 $a(a \in A_h)$ 的容量为 Q_{ha}。每辆车只考虑配送一次，车辆的每个车舱可以装任意一种成品油，但是多种成品油不能装进同一个车舱。

决策变量符号说明如下：

$r_{kh}=1$，表示车辆 $k \in K$ 属于车型 h，否则 $r_{kh}=0$；

$y_{kaim}=1$，表示车辆 k 的车舱 a 装载加油站点 i 需要的成品油 m，否则 $y_{kaim}=0$；

$q_{kaim} \geq 0$，表示车辆 k 的车舱 a 在加油站点 i 卸载成品油 m 的重量；

$x_{kij}=1$，表示车辆 k 从加油站点 i 到加油站点 j，否则 $x_{kij}=0$。

该多车型多车舱车辆成品油配送问题的模型如下：

$$\min \sum_{k \in K} \sum_{h \in H} \sum_{i \in V} \sum_{j \in V} C_h \cdot r_{kh} \cdot d_{ij} \cdot x_{kij} + \sum_{k \in K} \sum_{h \in H} F_h \cdot r_{kh} \tag{3.29}$$

s.t.

$$\sum_{j \in V^*} x_{k0j}=1, \quad \forall k \in K \tag{3.30}$$

$$\sum_{j \in V} x_{kij} = \sum_{j \in V} x_{kji}, \quad j \neq i, \quad \forall j \in V, \quad k \in K \tag{3.31}$$

$$\sum_{j \in V} x_{kij} \leq 1, \quad j \neq i, \quad \forall j \in V, \quad k \in K \tag{3.32}$$

$$\sum_{a \in A_h} q_{kaim} \leq \sum_{j \in V} x_{kij} \cdot q_{im}, \quad \forall i \in V^*, \quad k \in K, \quad m \in M \tag{3.33}$$

$$q_{kaim} \leq \sum_{h \in H} y_{kaim} \cdot Q_{ha}, \quad \forall k \in K, \quad a \in A_h, \quad i \in V^*, \quad m \in M \tag{3.34}$$

$$\sum_{i \in V^*} \sum_{m \in M} q_{kaim} \leq r_{kh} \cdot Q_{ha}, \quad \forall k \in K, \quad a \in A_h \tag{3.35}$$

·

$$\sum_{k\in K}\sum_{a\in A_h}q_{kaim}\leqslant q_{mi}, \quad \forall i\in V^*, \ m\in M \tag{3.36}$$

$$\sum_{i,\ j\in S}x_{kij}\leqslant |S|-1, \quad \forall S\in V^*, |S|\geqslant 2 \tag{3.37}$$

$$\sum_{i\in V^*}\sum_{m\in M}y_{kaim}\leqslant 1, \quad \forall a\in A_h, \ k\in K \tag{3.38}$$

$$\sum_{h\in H}r_{kh}=1, \quad \forall k\in K \tag{3.39}$$

$$r_{kh}=\{0,1\}, \quad \forall k\in K, \ h\in H \tag{3.40}$$

$$x_{kij}=\{0,1\}, \quad j\neq i, \ \forall i, \ j\in V, \ k\in K \tag{3.41}$$

$$y_{kaim}=\{0,1\}, \quad \forall k\in K, \ a\in A_h, \ i\in V, \ m\in M \tag{3.42}$$

$$q_{kaim}\geqslant 0, \quad \forall k\in K, \ a\in A_h, \ i\in V, \ m\in M \tag{3.43}$$

其中，式（3.29）表示最小化总的配送成本，包括油耗成本和固定派车成本；式（3.30）表示配送车辆均从配送中心出发；式（3.31）表示配送车辆到达站点后必须要离开去配送下一个站点，或者返回配送中心；式（3.32）表示每个站点最多只能被每辆车访问一次；式（3.33）表示车辆只能为经过的站点进行配送；式（3.34）表示车辆可以配送的站点与车辆装载成品油的约束关系；式（3.35）表示配送车辆的每个车舱配送到所有站点的总量不超过该车舱的容量限制；式（3.36）表示每个站点每种成品油的配送量都要满足该站点对于该成品油的需求量；式（3.37）表示子回路消除约束；式（3.38）表示每辆车的每个车舱只能装载一种成品油；式（3.39）表示每辆车只属于一种车型；式（3.40）~式（3.43）表示变量的取值范围。

一般的 VRP 就是 NP-hard 问题，其模型已经很难在短时间内利用精确算法进行有效求解。而本节建立的模型在一般 VRP 模型的基础上增加了多车型、多车舱等条件，这使得其求解空间急剧增大，求解难度进一步加大，因此有必要探索有效的启发式算法进行求解。

2. 算法求解

针对成品油配送多车型多车舱车辆优化调度问题，本节设计了启发式算法进行求解。该启发式算法基于 C-W 节约算法，结合"需求拆分→合并装载"的车辆装载策略，并综合利用 Relocate 和 Exchange 局部搜索算子进行并行邻域搜索改进。在"需求拆分→合并装载"的策略中，通过需求拆分能够有效降低成品油配送多车舱车辆装载的复杂性，同时，通过改进车辆合并装载的规则，能够有效地将车辆装载与车辆路径结合起来，生成车辆装载配送方案。基于 Relocate 和 Exchange 算子的并行邻域搜索，能够进一步对已生成的车辆装载配送方案进行改进优化。

1）基于 C-W 节约算法的"需求拆分→合并装载"的车辆装载方案生成

（1）需求拆分。

需求拆分即将需要多种成品油的站点 i 看作多个距离为 0 的需要单种成品油的站点 i_m 的集合，同时，该集合要将对成品油 m 的需求量 q_{im} 为 0 的站点 i_m 删除，最终得到站点 i_m 的集合 S，供后续算法使用。

（2）合并路径节省的总成本。

为了更加精确地刻画节约的总成本，结合本节中以油耗成本和派车成本的总成本最小的优化目标，节约算法中合并路径节省的总成本修改为"节省的固定派车成本+节省的油耗成本"，即

$$\text{saving cost}(\text{route}\_p\&q) = \Delta\text{fix cost}(\text{route}\_p, \text{route}\_q, \text{route}\_p\&q)$$
$$+\Delta\text{petrol cost}(\text{route}\_p, \text{route}\_q, \text{route}\_p\&q) \qquad (3.44)$$

式中，route_p 和 route_q 表示合并前的两条路径；$\text{route}\_p\&q$ 表示合并后的路径；saving cost 表示合并路径节省的总成本；Δfix cost 表示通过合并路径节省的固定派车成本；Δpetrol cost 表示通过合并路径节省的油耗成本。

（3）车辆合并装载的规则。

利用 C-W 节约算法求解成品油多车舱车辆装载配送难题，不仅需要对路径进行合并，还要对车辆的装载方案进行合并。由于成品油配送车辆装载具有每辆车有多个车舱，每个车舱只能装载一种成品油等特点，这给车辆的合并装载带来了很大的难度，因此，本节设计了一种适用于成品油配送多车舱车辆的合并装载规则。假设 loading$\_p$ 和 loading$\_q$ 分别为将要合并的两条路径 route$\_p$ 和 route$\_q$ 所对应的车辆装载方案。车辆装载方案指的是车舱装载方案的集合，而每个车舱装载方案 v 包含车舱装载的成品油种类 petrol、车舱总容量 total、车舱已装载量 loaded、车舱剩余容量 unloaded、车舱负责的加油站节点集合 stationset。具体合并装载规则如下。

①将未装载车舱数较多的车辆装载方案（假设为 loading$\_p$）合并到另一个车辆装载方案中（假设为 loading$\_q$）。

②对于 loading$\_p$ 中的每个已装载成品油的车舱 v，在 loading$\_q$ 中搜索装载同种成品油的车舱 v_2，判断两个车舱能否合并装载，即判断以下不等式能否满足 loading$\_p\_v(\text{loaded}) < \text{loading}\_q\_v_2(\text{unloaded})$，如果能满足，则合并装载成功，否则，判断车舱 v 中的成品油能否合并装载到 loading$\_q$ 的未装载车舱中，如果 loading$\_q$ 的剩余未装载车舱数目为 0，则合并装载失败，否则，合并装载成功。

具体算法步骤如下。

步骤 1：对于 S 中每一个站点，随机选择一个车型，将该站点需要的成品油按照车舱的前后顺序顺次装载到该车辆，如果车辆装载不下，则再生成一辆车。将该站点与配送中心节点首尾连接形成一条配送路径，添加到配送路径的集合 R

中，计算该配送路径的总成本，将对应的装载方案添加到集合 L 中。

步骤 2：初始化迭代次数：iter ← 1。

步骤 3：任意选择 R 中两条路径 route_p 和 route_q，对应的装载方案为 loading_p 和 loading_q，根据车辆合并装载的规则，检测是否可以合并装载到同一辆车中，如果是，转到步骤 4，否则，saving cost ← 0，重新选择两条路径。

步骤 4：合并 route_p 和 route_q 形成 route_p&q，去除其中重复的站点，计算车辆在该路径每个站点的成品油装载量，调整该路径中加油站的顺序，形成多条路径，对于每条路径，根据 $\sum_{h\in H}\sum_{k\in K}\sum_{i\in V}\sum_{j\in V}C_h r_{kh}d_{ij}x_{kij}$ 得出油耗成本，将其中油耗成本最小的路径作为 route_p&q，对应的装载方案为 loading_p&q，根据式（3.44）计算其节约成本。

步骤 5：如果 R 中任意两条路径均已经得到 saving cost，则取其中 saving cost 最大的路径 route_p&q 添加到集合 R 中，并在集合中去除原路径 route_p 和 route_q，更新集合 R，将对应的 loading_p&q 添加到集合 L 中，并去除 loading_p 和 loading_q，更新 L，iter ← iter+1，转到下一步，否则，转到步骤 3。

步骤 6：如果 iter > iterMax（设置的最大迭代次数），转到下一步，否则，转到步骤 3。

步骤 7：输出所有配送方案 R 和装载方案 L，结束。

2）方案优化

基于生成的初始方案，本节利用 Relocate 和 Exchange 两种算子进行邻域搜索改进。邻域搜索改进主要分为路径内（intra-route）改进和路径间（inter-route）改进两种。由于在方案生成的时候，对每条路径中站点的配送顺序进行了枚举，所以利用路径内改进的算子进行邻域搜索，改进效果不明显，因此，本节将选择路径间改进算子进行邻域搜索改进。虽然路径间改进算子有 2-Opt*、Relocate、Exchange、Cross-Exchange、GENI-Exchange 等[12]多种，但由于本问题中每条成品油配送路线中配送的站点较少，所以 Relocate 算子和 Exchange 算子比 2-Opt*、Cross-Exchange、GENI-Exchange 等其他复杂算子更适合于该问题。因此，本节采用并行调用 Relocate 算子和 Exchange 算子的算法对已有方案做进一步优化。

具体算法步骤如下。

步骤 1：初始化迭代次数 iter ← 1。

步骤 2：任意选择两条路径（route_p，route_q ∈ R，p ≠ q），对应的装载方案为 loading_p 和 loading_q，根据 Relocate 算子、Exchange 算子分别进行路径交换，检测交换后的两条路径是否都满足车辆的装载要求，如果是，计算 saving cost，取其中较大的 saving cost，记录交换后的两条路径 inter route_p 和 inter route_q，令 preroute_p ← route_p，preroute_q ← route_q，否则，

saving cost ← 0 。

步骤 3：如果 R 中任意一对路径都计算出 saving cost，将 saving cost 最大的路径 inter route_p 和 inter route_q 添加到 R 中，并在 R 中去除原路径 preroute_p 和 preroute_q，更新 R 和相应的装载集合 L，否则，转到步骤 2。

步骤 4：重复步骤 2~步骤 3，直到 saving cost ≤ 0 或 iter > iterMax2（设置的最大迭代次数）。

步骤 5：输出车辆配送方案 R 和装载方案 L，结束。

3. 算例分析

由于目前还没有多车型多车舱成品油配送标准算例，因此本节通过访谈成品油配送调度运营人员，获得成品油配送实际运营中的一些特征，例如，配送中心共有三种常用成品油（0 号柴油、93 号汽油、97 号汽油），共有五种常用车型，不同车型的载重、车舱数、固定派车成本等参数如表 3.28 所示，车辆燃油单价约 7 元/L，每个加油站每次需求 1~3 种成品油，单品种的需求量大多为 5t/10t。但由于商业信息保密因素，我们无法获得与客户相关的数据，因此根据上述特征，本节构造名为 KR50-001~KR50-010 的 10 个算例，用于验证算法及后续的数据实验，构造方式如下：在100km×100km 范围内随机生成 50 个加油站，成品油配送中心位于(50km,50km)。本节的算法利用 C#实现，算例测试环境为 Intel Core2 双核 2.1GHz 处理器，内存为 4GB 的 Window7 平台。通过三组数据实验，验证模型算法的有效性并揭示出有用的管理启示。

表 3.28 不同车型的参数

车型	载重/t	车舱数	车舱容量/t	固定派车成本/元	单位距离油耗/（L/百公里）
车型 1	5	1	（5）	98	16
车型 2	10	2	（5；5）	213	26
车型 3	15	2	（10；5）	332	32
车型 4	25	3	（10；10；5）	600	39
车型 5	30	3	（10；10；10）	760	41

1）算例测试结果及不同规模下的测试

各算例计算得到的派车成本、油耗成本、总成本如表 3.29 所示，运行时间均不超过 2min。由于篇幅限制，本节以 KR50-001 为例来说明生成的车辆装载配送方案，如表 3.30 所示。从表 3.30 中可以看出，共派了 43 辆车，车型 1 ~ 车型 5 分别派车 12 辆、12 辆、8 辆、5 辆、6 辆。其中，车型列（1~5）表示车型 1 ~ 车型 5；路径列中 0 表示配送中心，其他数字表示加油站的编号；油耗成本列是

根据所使用车型的单位距离油耗与行驶的距离计算得来的；装载方案列中用分号
分隔开不同的车舱：车舱内第一个数字分别用 0 代表 0 号柴油、用 1 代表 93 号汽
油、用 2 代表 97 号汽油，第二个数字表示加油站编号及其配送顺序，如序号 23
表示的是利用 2 号车型（即（5t；5t）车型，参见表 3.28）配送第 17 加油站点，
油耗成本为 178.36 元，该车辆第一、二个车舱分别装载第 17 加油站点的 93 号汽
油 5t、97 号汽油 5t。

表 3.29　50 个加油站的算例测试结果

算例	派车成本/元	油耗成本/元	总成本/元
KR50-001	13 948	7 147.97	21 095.97
KR50-002	16 608	9 270.32	25 878.32
KR50-003	13 770	7 225.56	20 995.56
KR50-004	13 332	7 158.82	20 490.82
KR50-005	13 511	7 101.89	20 612.89
KR50-006	12 506	6 569.58	19 075.58
KR50-007	14 223	6 636.53	20 859.53
KR50-008	15 383	8 483.17	23 866.17
KR50-009	14 499	7 182.71	21 681.71
KR50-010	14 973	8 095.08	23 068.08

表 3.30　算例 KR50-001 生成的车辆装载配送方案

序号	车型	路径	油耗成本/元	装载方案	序号	车型	路径	油耗成本/元	装载方案
1	1	0-46-0	107.70	（0,46）	14	2	0-24-0	108.22	（1,24）；（1,24）
2	1	0-39-0	72.24	（0,39）	15	2	0-31-0	46.63	（2,31）；（2,31）
3	1	0-44-0	44.80	（0,44）	16	2	0-38-0	99.34	（1,38）；（1,38）
4	1	0-21-0	102.17	（2,21）	17	2	0-44-0	72.80	（1,44）；（1,44）
5	1	0-18-0	70.34	（0,18）	18	2	0-50-0	91.29	（1,50）；（1,50）
6	1	0-36-0	144.21	（0,36）	19	2	0-11-0	92.82	（2,11）；（2,11）
7	1	0-34-0	63.08	（0,34）	20	2	0-23-0	123.18	（1,23）；（1,23）
8	1	0-36-0	144.21	（0,36）	21	2	0-13-0	156.56	（2,13）；（2,13）
9	1	0-34-0	63.08	（0,34）	22	2	0-48-0	155.50	（2,48）；（2,48）
10	1	0-43-0	134.71	（0,43）	23	2	0-17-0	178.36	（1,17）；（2,17）
11	1	0-9-0	98.78	（0,9）	24	2	0-42-0	146.00	（1,42）；（1,42）
12	1	0-43-0	134.71	（0,43）	25	3	0-8-37-0	302.24	（2,37）；（1,8）
13	2	0-15-0	60.02	（1,15）；（1,15）	26	3	0-32-0	72.40	（1,32）；（0,32）

续表

序号	车型	路径	油耗成本/元	装载方案	序号	车型	路径	油耗成本/元	装载方案
27	3	0-27-30-42-0	240.62	(2,42); (1,27-30)	36	4	0-1-35-2-38-0	189.30	(0,1-35); (2,38);(2,2)
28	3	0-30-31-0	159.87	(0,31); (2,30)	37	4	0-7-25-12-0	174.88	(0,25);(1,12); (2,7)
29	3	0-4-48-0	201.42	(2,4); (0,4-48)	38	5	0-40-47-0	264.50	(0,40-47); (1,40);(2,47)
30	3	0-15-0	73.88	(0,15); (2,15)	39	5	0-26-47-22-0	281.40	(1,26);(1,47); (2,22)
31	3	0-10-0	202.14	(0,10); (1,10)	40	5	0-49-36-19-0	374.54	(0,49); (1,49-19); (1,36)
32	3	0-28-9-0	203.80	(1,9); (1,28)	41	5	0-6-27-20-0	365.98	(2,27);(2,20); (0,6)
33	4	0-41-46-0	321.24	(0,46); (2,46); (0,41)	42	5	0-33-29-45-0	280.46	(0,33);(1,33); (2,29-45)
34	4	0-5-8-0	330.30	(1,5); (0,8-5); (2,8)	43	5	0-3-13-14-0	274.49	(1,13); (2,14-3); (1,3-14)
35	4	0-16-41-0	323.78	(1,41); (1,16-41); (0,16)					

　　为了验证算法的精度，我们调用 CPLEX（利用 C#接口调用 ILOG CPLEX 12.6.2）对模型进行求解，但是由于该问题涉及的决策变量较多，约束条件复杂，很容易出现内存溢出或计算时间过长而导致得不到结果。因此，我们缩小问题规模，将加油站个数减少到 6 个（当规模达到 7 个时，CPLEX 计算时间已经超过 10min），对应算例为 KR6-001~KR6-005。本节对比本节算法（用 C-W 表示）求得的结果与利用 CPLEX 得到的结果，如表 3.31 所示。从表 3.31 可以看出，本节所提算法能够在非常短的时间内达到超过 93.82%的精度。

表 3.31　CPLEX 与本节算法的计算结果对比

算例	总成本/元			CPU/s	
	CPLEX	C-W	精度	CPLEX	C-W
KR6-001	3016.31	3195.54	94.06%	125.63	0.09
KR6-002	1957.03	2052.17	95.14%	15.25	0.02
KR6-003	1736.67	1843.91	93.82%	26.41	0.03
KR6-004	1931.16	2048.47	93.93%	42.66	0.05
KR6-005	2723.86	2723.86	100.00%	37.17	0.06

注：精度=1−(C-W − CPLEX)/ CPLEX×100% 。CPU：中央处理器（central processing unit）。

大规模成品油配送问题，即使在短时间内得到一种可行的方案（包括车辆指派、车辆装载、路径安排等决策）也是非常困难的。而通过对成品油配送调度运营人员访谈调研发现，企业实际运营调度迫切需求的是能够在较短的时间内得到一种较优的方案。接下来，通过增大算例规模，即增加加油站的数量，来验证算法对于求解大规模成品油配送优化调度问题的有效性。加油站的个数从 50 增加到100（单个成品油配送中心的最大配送能力），算例命名为 KR100-001~KR100-005。具体测试的结果如表 3.32 所示，各算例的运行时间均不超过 10min，可见算法的效率是比较高的。

表 3.32　100 个加油站的算例测试结果

算例	派车成本/元	油耗成本/元	总成本/元
KR100-001	28 976	14 893.62	43 869.62
KR100-002	29 535	15 138.48	44 673.48
KR100-003	25 962	14 033.85	39 995.85
KR100-004	25 588	13 034.95	38 622.95
KR100-005	27 664	12 554.78	40 218.78

2）同载重量、不同车舱数的车型运营的成本比较

为了更好地验证车舱数对于成品油配送成本的影响，为成品油配送中心购置多车舱车型提供决策依据，本节对同一载重量、不同车舱数的车型进行比较。现有载重 10t 的车型，有（10t）和（5t；5t）两种车舱配置。它们的固定派车成本均为 213 元/趟次，每百公里油耗均为 26L。从计算结果表 3.33 中可以看出，所有算例中，2 个车舱（5t；5t）均比 1 个车舱（10t）的油耗成本和总成本低，前者比后者减少的最高油耗成本达到了 6.31%，对应减少的最高总成本达到了 3.67%；而从平均数上来说，（5t；5t）车比（10t）车节省油耗 3.9%，节省总成本 2.09%；对于派车数量，两者相差不大。由此可以看出，在派车数量差异不大的情况下，多舱车比单舱车具有运营成本的优越性。究其原因，主要是每个加油站需求 1~3 种成品油，通过多车舱车辆配送，可以有效减少每个加油站点的多次配送，从而降低油耗成本。

表 3.33　（10t）和（5t；5t）两种车型的计算结果对比

算例	1 个车舱（10t）			2 个车舱（5t；5t）			减少的派车数量/辆	减少的油耗成本百分比	减少的总成本百分比
	派车成本/元	油耗成本/元	总成本/元	派车成本/元	油耗成本/元	总成本/元			
KR50-001	12 993	9 134.11	22 127.11	12 993	8 683.38	21 676.38	0	4.93%	2.04%
KR50-002	15 762	11 201.97	26 963.97	15 549	10 886.4	26 435.37	1	2.82%	1.96%
KR50-003	12 780	8 777.64	21 557.64	12 780	8 727.92	21 507.92	0	0.57%	0.23%
KR50-004	12 567	8 738.68	21 305.68	12 354	8 402.90	20 756.90	1	3.84%	2.58%
KR50-005	12 567	8 998.57	21 565.57	12 354	8 527.65	20 881.65	1	5.23%	3.17%
KR50-006	11 715	8 210.58	19 925.58	11 502	7 692.18	19 194.18	1	6.31%	3.67%
KR50-007	13 206	8 693.72	21 899.72	13 206	8 268.75	21 474.75	0	4.89%	1.94%
KR50-008	14 271	10 661.60	24 932.60	14 271	10 311.56	24 582.56	0	3.28%	1.40%
KR50-009	13 419	9 517.71	22 936.71	13 206	9 140.59	22 346.59	1	3.96%	2.57%
KR50-010	13 845	10 018.95	23 863.95	13 845	9 698.98	23 543.98	0	3.19%	1.34%
平均							0.5	3.90%	2.09%

注：减少的油耗成本百分比＝((10t)油耗成本−(5t;5t)油耗成本)/10t油耗成本×100%；减少的总成本百分比＝((10t)总成本−(5t;5t)总成本)/(10t)总成本×100%。

3）单车型独立运营与多车型混合运营的成本比较

为了更好地验证多车型混合运营对于成品油配送成本的影响，为成品油配送中心配置多车型车队提供决策依据，本节测试每种车型单独运营和多车型混合运营的情况，测试结果如表 3.34~表 3.37 所示。表 3.34 为各类车型单独派车与所有车型混合派车的派车成本比较，从中可以看出：使用单车型（5t）车辆，派车数量较多，但是每辆车的固定派车成本较低，因而其总的派车成本是最低的。表 3.35 为各类车型单独派车与所有车型混合派车的油耗成本比较，从中可以看出：使用单车型（10t；10t；10t）车辆，其油耗成本是最低的。表 3.36 为各类车型单独派车与所有车型混合派车的总成本比较，从中可以看出：尽管所有车型混合派车方案的派车成本和油耗成本并不是最低的，但是该种派车方案的总成本是最低的。究其原因，主要是使用多车型进行调度时，能够充分利用大车型、小车型的不同优点，实现车辆装载和路径安排的协调，从而达到总成本最低，这一点也可以从表 3.37 中车辆的满载率得到验证（其中，车辆的满载率=车辆的装载容量/车辆的总容量）。从表 3.37 中可以看出所有车型混合派车的车辆满载率为 100%，说明在该种派车方案下，大小车型的容量都得到了充分的利用。

表 3.34　各类车型单独派车与所有车型混合派车的派车成本比较

算例	派车数量（辆）/派车成本（元）					
	（5t）	（5t；5t）	（5t；10t）	（5t；10t；10t）	（10t；10t；10t）	所有车型
KR50-001	121/11 858	61/12 993	49/16 268	28/16 800	23/17 480	43/13 948
KR50-002	146/14 308	73/15 549	55/18 260	38/22 800	27/20 520	58/16 608
KR50-003	119/11 662	60/12 780	48/15 936	31/18 600	21/15 960	38/13 770
KR50-004	116/11 368	58/12 354	48/15 936	26/15 600	22/16 720	41/13 332
KR50-005	116/11 368	58/12 354	46/15 272	26/15 600	22/16 720	40/13 511
KR50-006	108/10 584	54/11 502	40/13 280	25/15 000	20/15 200	37/12 506
KR50-007	123/12 054	62/13 206	51/16 932	29/17 400	24/18 240	40/14 223
KR50-008	133/13 034	67/14 271	56/18 592	30/18 000	25/19 000	50/15 383
KR50-009	124/12 152	62/13 206	48/15 936	30/18 000	22/16 720	40/14 499
KR50-010	129/12 642	65/13 845	52/17 264	28/16 800	24/18 240	44/14 973

表 3.35　各类车型单独派车与所有车型混合派车的油耗成本比较

算例	油耗成本/元					
	（5t）	（5t；5t）	（5t；10t）	（5t；10t；10t）	（10t；10t；10t）	所有车型
KR50-001	10 295.38	8 683.38	8 674.11	6 549.95	6 193.17	7 147.97
KR50-002	13 013.10	10 886.37	10 138.08	8 952.71	6 962.19	9 270.32
KR50-003	10 262.54	8 727.92	8 539.17	7 125.68	6 015.69	7 225.56
KR50-004	10 000.93	8 402.90	8 795.56	6 483.31	6 182.58	7 158.82
KR50-005	10 078.84	8 527.65	8 374.22	6 680.77	6 070.11	7 101.89
KR50-006	9 052.85	7 692.18	7 127.10	5 907.58	5 671.98	6 569.58
KR50-007	9 834.23	8 268.75	8 229.76	6 364.45	5 662.22	6 636.53
KR50-008	12 257.21	10 311.56	10 461.36	7 469.66	6 914.81	8 483.17
KR50-009	10 838.87	9 140.59	8 587.00	6 857.73	6 207.75	7 182.71
KR50-010	11 520.88	9 698.98	9 487.50	6 882.49	6 497.11	8 095.08

表 3.36　各类车型单独派车与所有车型混合派车的总成本比较

算例	总成本/元					
	（5t）	（5t；5t）	（5t；10t）	（5t；10t；10t）	（10t；10t；10t）	所有车型
KR50-001	22 153.38	21 676.38	24 942.11	23 349.95	23 673.17	21 095.97
KR50-002	27 321.10	26 435.37	28 398.08	31 752.71	27 482.19	25 878.32
KR50-003	21 924.54	21 507.92	24 475.17	25 725.68	21 975.69	20 995.56
KR50-004	21 368.93	20 756.90	24 731.56	22 083.31	22 902.58	20 490.82
KR50-005	21 446.84	20 881.65	23 646.22	22 280.77	22 790.11	20 612.89
KR50-006	19 636.85	19 194.18	20 075.10	20 907.58	20 871.98	19 075.58
KR50-007	21 888.23	21 474.75	25 161.76	23 764.45	23 902.22	20 859.53
KR50-008	25 291.21	24 582.56	29 053.36	25 469.66	25 914.81	23 866.17
KR50-009	22 990.87	22 346.59	24 523.00	24 857.73	22 927.75	21 681.71
KR50-010	24 162.88	23 543.98	26 751.50	23 682.49	24 737.11	23 068.08

表 3.37　各类车型单独派车与所有车型混合派车的满载率比较

算例	满载率					
	（5t）	（5t；5t）	（5t；10t）	（5t；10t；10t）	（10t；10t；10t）	所有车型
KR50-001	100.00%	99.18%	82.31%	86.43%	87.68%	100.00%
KR50-002	100.00%	100.00%	88.48%	76.84%	90.12%	100.00%
KR50-003	100.00%	99.17%	82.64%	76.77%	94.44%	100.00%
KR50-004	100.00%	100.00%	80.56%	89.23%	87.88%	100.00%
KR50-005	100.00%	100.00%	84.06%	89.23%	87.88%	100.00%
KR50-006	100.00%	100.00%	92.31%	86.40%	90.00%	100.00%
KR50-007	100.00%	99.19%	80.39%	84.83%	85.42%	100.00%
KR50-008	100.00%	99.25%	79.17%	88.67%	88.67%	100.00%
KR50-009	100.00%	100.00%	86.11%	82.67%	93.94%	100.00%
KR50-010	100.00%	99.23%	82.69%	92.14%	89.58%	100.00%

另外，从表 3.34~表 3.36 的数据中可以看出，小车型派车成本低，但其单独派车时完成一定量配送任务的油耗成本高，由于车辆的油耗成本与其配送距离正

相关，所以小车型适用于近距离配送；大车型派车成本高，但其单独派车时完成一定配送任务的油耗成本低，说明其比较适合远距离配送。

4. 派车决策建议

上述算例除了验证了本节提出的模型与算法可以在很短的时间内有效地求解大规模的成品油二次配送问题，满足在线实时应用的需要之外，还揭示了以下规律：①同种配置条件下，多车舱车辆相对于单舱车辆，在多种成品油配送中的运营成本具有优越性；②小车型车辆派车成本低，但油耗成本高，适用于近距离成品油配送；大车型派车成本高，但油耗成本低，适合远距离成品油配送；③多车型车辆混合运营相对于单车型车辆独立运营，能够综合运用大车型远距离配送油耗成本低、小车型近距离配送派车成本低的优点，使得最终的总运营成本最低。上述规律可为成品油配送中心车队的车辆配置提供决策依据。

3.5.2　考虑均衡司机工作量的成品油配送优化算法

传统成品油配送相关研究只关注于配送中总成本的优化，而不考虑配送过程中司机的需求和影响；而考虑路线均衡的车辆路径规划问题虽然开始考虑路径间的均衡，但是与成品油配送实际相去甚远，因为几乎每个司机每个工作周期内都会接受多个配送任务并行驶多条路径，考虑司机的工作量均衡更具现实意义。本节研究的考虑均衡司机工作量的成品油配送优化问题兼有上述两类问题的特点和难点，但二者的融合又带来了许多新的困难。例如，由于主观认知和个性化需求造成司机工作量度量十分困难；该问题在以 NP-hard 问题著称的 VRP 的基础上，又具有多车舱、多油品、多路径、多目标等许多更难解的特点。为克服上述困难，本节引入公平理论中社会比较的思想，实现了对司机工作量的合理度量，进而构建了考虑均衡司机工作量的成品油配送的多目标优化模型。同时基于求解多目标问题较为有效的 NSGA-Ⅱ，针对问题的新特征对算法进行了改进，进而提出了多目标求解算法，实现了对配送方案中总成本和司机工作量均衡两个目标的同时优化。最后基于实例分析验证了模型和算法的有效性与实用性。

1. 多目标优化模型

1）问题描述与假设

在中国，一座中型城市的成品油供应网络往往由一个中心油库和遍布各处的加油站点组成。本节研究的成品油配送过程即油罐车从中心油库出发，沿有效路径（可行驶道路）到达指定加油站点的过程。成品油配送网络可以由

$G = (N, R) = (N^* \bigcup \{0\}, R)$ 表示，其中，$N^* = \{i \mid 1,2,\cdots,n\}$ 表示加油站点的集合，顶点 $N = 0$ 表示中心油库，$R = \{(i, j): i, j \in N, i \neq j\}$ 表示各加油站点及中心油库之间有效路径的集合，$D_{ij}(i \neq j)$ 表示路径 (i, j) 之间的距离，并有 $D_{ij} = D_{ji}$。$M = \{m \mid 1,2,\cdots,w\}$ 表示成品油种类的集合，加油站点 i 对于成品油 m 的需求量为 $q_{mi} \geq 0$。$K = \{1,2,\cdots,v\}$ 表示车辆集合（单车型），A 为其车舱集合，其中车舱 $a(a \in A)$ 的容量为 q_a。车辆的每个车舱可以装载任意一种成品油，但是不同油品不能混装进同一个车舱。

结合实践中的要求和已有研究，本问题还有以下前提：

（1）每个加油站对每种油品的需求量已知，且需求量为最小车舱容量的整数倍；

（2）车辆是匀速行驶的，即行驶时间和行驶距离成正比；

（3）车辆的工作时间应尽量不超过正常配送周期，超过配送周期的工作量将迅速增加；

（4）车辆可以从中心油库多次往返，但每次要从中心油库出发且最后要回到中心油库。

2）司机工作量相对均衡系数

要均衡司机工作量，首先要将司机工作量科学客观地表示出来。然而，油罐车司机与传统制造业中的工人不同，其属于服务性行业，工作量较难测定。加之，人具有主观认知，单纯对单个司机的工作量进行优化无法达到激励效果，而应让司机认为自己在工作量分配过程中得到了公平对待。为此，本节引入美国心理学家 Adams 于 1965 年提出的公平理论[13]中社会比较的思想，以实现对司机工作量的合理度量。该理论是研究人的动机和知觉关系的一种激励理论，认为员工激励程度来源于对自己和参照对象的报酬与投入比例的主观比较感觉。公平理论可以用公平关系式来表示。即设有当事人 A 和被比较对象 B，当 A 感觉到公平时，有下式成立：$O_A / I_A = O_B / I_B$。其中 O_A、O_B 分别代表 A、B 的产出，I_A、I_B 分别代表 A、B 的投入。本节采用工作时间来表示司机工作量的投入，并将工作时间分为三类：行驶时间（只与配送距离相关）、泊车时间（只与配送站点数相关）、装卸油时间（只与配送量相关）。综上，建立司机工作量相对均衡系数 BAL_k 模型如下（一辆车对应一位司机）：

$$\mathrm{BAL}_k = \frac{f\left(\sum D_{ij} \mid \sum x_{ijk} \mid \sum q_{im}\right)}{T_a \sum\limits_{i \in N} \sum\limits_{j \in N} D_{ij} x_{ijk} + T_b \sum x_{ijk} + T_c \sum\limits_{m \in M} \sum\limits_{i \in N} q_{im} + \varphi(\Delta D_k,\ \Delta X_k,\ \Delta Q_k)},\quad \forall k \in K$$

式中，T_a 表示一辆车单位公里的行驶时间；T_b 表示每个加油站点的泊车时间；T_c 表示每吨成品油需要的装卸时间。

模型形式为 $\mathrm{BAL}_k =$ 车辆 k 对应司机的报酬／车辆 k 对应司机的投入，分子表示车辆 k 对应司机的报酬，实际意义指企业用于计算司机工作绩效的模型。分母表示车辆 k 对应司机的投入，实际意义指车辆 k 三类工作时间和加班时间的总和，其中，$\varphi(\Delta D_k, \Delta X_k, \Delta Q_k)$ 表示加班投入函数，ΔD_k、ΔX_k、ΔQ_k 分别代表车辆 k 在超出正常工作周期内行驶的距离、配送站点数及配送量。

3）多目标优化模型

综上所述，考虑均衡司机工作量的成品油配送多目标优化模型可抽象如下：

$$\min F(X) = \left(f_1(x), f_2(x) \right) \tag{3.45}$$

$$f_1(x) = f\left(\sum D_{ij} | \sum x_{ijk} | \sum q_{im} \right) \tag{3.46}$$

$$f_2(x) = (v-1)\mathrm{BAL}_v - \left(\sum_{k \in K} \mathrm{BAL}_k \right) \tag{3.47}$$

s.t.

$$\mathrm{BAL}_k = \frac{f\left(\sum D_{ij} | \sum x_{ijk} | \sum q_{im} \right)}{T_a \sum_{i \in N} \sum_{j \in N} D_{ij} x_{ijk} + T_b \sum x_{ijk} + T_c \sum_{m \in M} \sum_{i \in N} q_{im} + \varphi(\Delta D_k, \Delta X_k, \Delta Q_k)}, \quad \forall k \in K$$

$$\tag{3.48}$$

$$\mathrm{BAL}_v \geqslant \mathrm{BAL}_k, \quad \forall k \in K \tag{3.49}$$

$$\sum_{i \in N} \sum_{j \in N} \sum_{m \in M} q_{imak} x_{ijk} \leqslant c_k, \quad \forall k \in K \tag{3.50}$$

$$T_a \sum_{i \in N} \sum_{j \in N} D_{ij} x_{ijk} + T_b \sum x_{ijk} + T_c \sum_{m \in M} \sum_{i \in N} q_{im} = T_k, \quad \forall k \in K \tag{3.51}$$

$$\sum_{k \in K} x_{ijk} - \sum_{k \in K} x_{jik} = 0, \quad \forall i \in N, \ j \in N \tag{3.52}$$

$$\sum_{i \in B} \sum_{j \in B} \sum_{k \in K} x_{ijk} \leqslant |B| - 1, \ \text{对于任意非空子集} B \subseteq \{2,3,\cdots,n\} \tag{3.53}$$

$$\sum_{k \in K} \sum_{m \in M} q_{imak} \leqslant q_a, \ \forall i \in N, \ a \in A \tag{3.54}$$

$$\sum_{a \in A} \sum_{i \in N \setminus \{1\}} q_{imak} = q_{km}, \ \forall k \in K, \ m \in M \tag{3.55}$$

$$x_{ijk} \in \{0,1\}, \ \forall k \in K, \ i \in N, \ j \in N \text{且} i \neq j \tag{3.56}$$

模型中的决策变量如下：

$q_{im} \geqslant 0$，表示加油站点 i 需要成品油 m 的重量；

$q_{km} \geqslant 0$，表示车辆 k 配送的成品油 m 的重量；

$q_{imak} \geqslant 0$，表示车辆 k 的车舱 a 配送至加油站点 i 的成品油 m 的重量；

$x_{kij} = 1$，表示车辆 k 从加油站点 i 到加油站点 j；否则 $x_{kij} = 0$。

其中，式（3.45）表示最小化两个目标——总配送成本以及车辆间工作量的差距；式（3.46）表示工作总时间；式（3.47）表示各车辆 BAL_k 与具有最大 BAL_k 值车辆 v 间的差值之和；式（3.48）表示车辆 k 的工作量相对均衡系数 BAL_k；式（3.49）表示选出车辆 BAL_k 中取值最大的车辆 v；式（3.50）表示车辆 k 在所有配送点配送的所有成品油的量不能超过其最大负载量 c_k；式（3.51）表示车辆 k 的总工作时间 T_k；式（3.52）确保车辆路线安排是连续的（车辆到达一个节点后必须离开该节点）；式（3.53）避免每个非空子集中两节点间产生亚路径；式（3.54）确保配送车辆的每个车舱配送到所有站点的总量不超过该车舱的容量限制；式（3.55）保证每个加油站点的需求量都得到满足；式（3.56）表示决策变量 x_{ijk} 只取 0 和 1。

2. 改进的 NSGA-Ⅱ 算法

1）问题复杂性分析

本节研究的考虑均衡司机工作量的成品油配送优化问题在 VRP 的基础上又具有许多更难解的特点：首先，它具有成品油配送车辆路径规划问题的特点和难点，都需要考虑油品装载、车舱指派、路径规划等方面的问题；其次，本问题还具有多目标车辆路径规划问题的特点和难点，Jozefowiez 等[14]在定义了考虑路线均衡的车辆路径规划问题的同时，指出须采用启发式算法对此类问题进行求解；最后，本问题和考虑路线均衡的车辆路径规划问题相比还具有多路径的特点，考虑的并非单一路径间而是车辆路径集间的均衡问题。因而，必须针对问题的这些新特征带来的难题进行分析，提出改进的启发式算法。

非支配排序遗传算法（non-dominated sorting algorithm）是首批采用进化思想来求解多目标问题的算法之一，在其基础上完善得到的 NSGA-Ⅱ[15, 16]更是其中具有代表性的算法。NSGA-Ⅱ采用的快速非支配排序方法、精英保留机制、密度值估计策略在很大程度上改善了 NSGA 的缺点，在多个领域的实验已经证明 NSGA-Ⅱ在求解多目标问题时优于其他几种有代表性的算法[17]。本节基于 NSGA-Ⅱ算法，针对问题的新特征对该算法进行了改进。改进后，算法的创新之处在于：①在使用相对均衡系数度量司机工作量的前提下，采用差和的方式表示均衡司机工作量的优化目标，进而提出遗传算法的适应度函数；②对遗传算法中解决传统 VRP 常用的 Split 方法进行改进，采用补偿思想提出适用于本问题的 Split_Assign_procedure 方法，实现了对配送方案中总时间成本和司机工作量均衡两个目标的同时优化。

2）改进的 Split_Assign 算法

（1）Split 方法。

Prins 于 2004 年提出了一种不带路径分割符的车辆路径生成方法 Split[18]，这种方法将所需配送的站点全部放到一条巨大的初始路径中，然后通过调用 Split 函数根据车辆负载、路径成本等约束对初始路径进行分割，得到可行路径集合，其原理如图 3.34 所示。这种方法的优势在于无须车辆分割符即可对一组固定的站点序列进行分割并得到唯一可行路径集，并且可以在分割过程中对生成路径进行优化，提升遗传算法的搜索效率和解的质量，因而得到了诸多学者的引用和推崇[14, 18-25]。

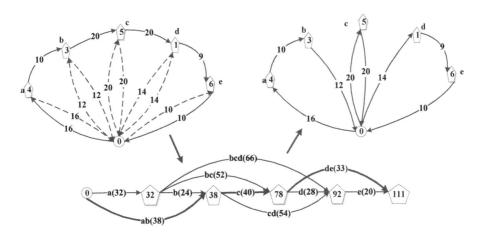

图 3.34　Split 方法的实现过程

本节在原 Split 方法的基础上，针对成品油配送的特征进行了相应的改进，提出了 Split_Assign 方法：首先，对于一个站点需求多种成品油的情况，通过需求分割将该站点拆分为多个需要一种成品油的虚拟站点，由需求不为 0 的所有虚拟站点生成初始大路径；其次，调用 Split 程序对初始大路径进行分割，得到可行路径集合；最后，按照 Assign 算法将各条路径指派给各个车辆。

（2）Assign 算法与补偿思想。

在 Assign 算法中，我们采用了一种补偿思想对路径分配方案进行了优化，原理如图 3.35 所示。该图中示意了两辆车，8 条可行路径的情况。首先，计算 8 条路径（单车型下每辆车行驶同一条路径的工作量相同）的工作量，进行降序排列；其次，依次将工作量最大的 T_1、T_2 分配给车辆 V_1、V_2；然后，从 T_3 开始，每次都将当前路径分配给工作量较小的那辆车（注意要考虑加班成本）；最后，重复前一操作，直到所有路径都被分配完毕。

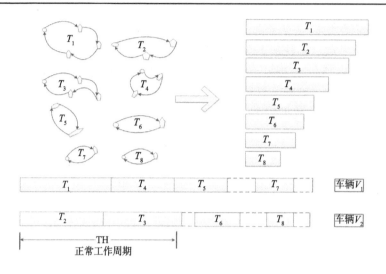

图 3.35　路径分配的补偿思想原理

　　然而在使用相对均衡系数来度量司机工作量时，我们遗憾地发现在比值情况下，不能简单地使用上述原理进行路径分配，因为当一条新的路径分配给某辆车的时候，该辆车新的 BAL_k 值并不是原 BAL_k 值和新获得路径 BAL_r 值的简单相加。但我们发现下述规律：当 $(O_1+O_2)/(I_1+I_2)O_1+O_2/I_1+I_2>O_1/I_1$ 时，有 $O_2/I_2>O_1/I_1$，即一辆车获得一条 BAL_r 值比自身当前 BAL_k 值大的路径，它的 BAL_k 会增大，反之则会减小。因此，可以在分配路径时对当前待分配路径的 BAL_r 值和当前车辆最小的 BAL_k 值进行比较：如果 $BAL_k < BAL_r$，那么将这条路径分配给这辆车可以使最小的 BAL_k 增大；如果 $BAL_k > BAL_r$，那么继续将当前路径分配给当前最小 BAL_k 值的车辆只会使其继续变小并与其他车辆差距更大，达不到优化的目标。因此，这时应找到当前具有 BAL_k 最大值的那辆车，并将这条路径分配给这辆车。基于以上思想，可以得出 Assign 算法的具体步骤如下。

　　步骤 1：计算每条可行路径对应于车辆的 BAL_r，并降序排列。

　　步骤 2：将当前具有最小 BAL_r 值的 k 条路径依次分配给 k 辆车。

　　步骤 3：对剩余的每条路径，我们选择当前具有 BAL_k 最小值的那辆车和当前具有最小 BAL_r 值的那条路径并做以下判断：①如果 $BAL_k < BAL_r$，那么将这条路径分配给这辆车；②如果 $BAL_k > BAL_r$，那么找到当前具有 BAL_k 最大值的那辆车并将这条路径分配给这辆车。

　　步骤 4：重复步骤 3 直到所有的路线都被分配完毕。

　　步骤 5：将最终的分配方案输出，结束。

　　3）改进的多目标求解算法

　　综上，我们通过改进的 Split_Assign 算法成功实现了路径的生成和分配。这种算法可以应用于 NSGA-Ⅱ中染色体的表示与评价，并且 Split_Assign 算法在进行路径生成和分配的同时考虑了路由成本和车辆间的工作量均衡，从而实现了对配送方案中总成本和司机工作量均衡两个目标的同时优化，极大提高了 NSGA-Ⅱ算法种群中解的质量和搜索效率。结合 NSGA-Ⅱ算法的框架，本节设计了多目标求解算法的流程，如图 3.36 所示。

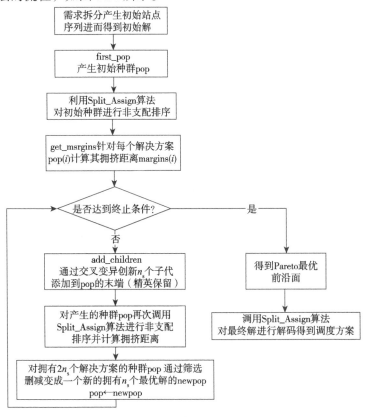

图 3.36　改进的多目标求解算法的流程图

3. 实例分析

本节研究通过调研获得成品油配送实际运营中的一些特征，如加油站需求量较大的三种常用成品油为 92 号汽油、95 号汽油、98 号汽油，常用配送油罐车的车型为 20t 三舱油罐车（10t/5t/5t）。本节的算法基于 MATLAB 2014a 实现，测试环境为 Intel Core 双核 2.93GHz 处理器，内存为 4GB 的 Window7 平台。实例来源于大连某油品配送公司的部分历史调度数据，所有配送站点及有效路径集通过百度应用程序接口（application programming interface，API）抓取获得。经过不同规模的数据实验，所有的 Pareto 前沿面都呈现出非常类似的特征，如图 3.37 所示（横坐标代表成本目标，纵坐标代表工作量均衡目标）：各点比较分散并会有多个非支配解重合，图中实际上有 30 个非支配解（种群规模 × 前沿率），造成这种情况的原因是每次数据实验中站点是固定的（配送任务是一定的），可行的调度方案是有限集合（虽然可能规模极大），并且自变量（配送方案）和因变量（两个目标）之间的关系是非线性的，因此前沿面很难连续。另外，使用比值形式表示司机工作量消除了量级，使得纵坐标数值较小，但其极小的变动将会对工作量均衡度造成很大影响。下面将进行具体分析和比较。

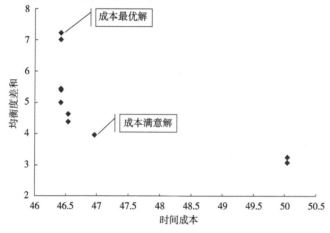

图 3.37　10 辆车、60 个站点下的 Pareto 前沿面

　　1）不同站点规模下的测试结果（种群规模为 50，进化代数为 100，前沿率为 30%）

　　表 3.38 列出了 15 组规模不同的数据实验的结果。该表中给出了每组实验中车辆和站点的规模，这里选取两个特殊的非支配解进行比较：成本最优解和成本满意解。成本最优解即不考虑均衡性情况下选择的成本最低的方案，成本满意解指在小幅度增加成本的情况下均衡性最好的方案。表 3.38 分别给出了两个特殊非支配解各自的总成本及相对应的均衡度值，同时计算了成本满意解相对于成本最优解增加的成本比率和提升的均衡度比率，最后一列为进化代数为 100 的情况下程序运行所用的时间。如序号 1 中 2 辆车、8 个站点的情况下，成本最优解对应的总时间成本和均衡度值分别为 5.81h 和 0.107 311 03，而成本满意解对应的总时间成本和均衡度值分别为 6.41h 和 0.000 599 49，成本满意解相对于成本最优解在成本增加比率为 10.22% 的情况下提升了 99.44% 的均衡度比率。表 3.38 显示：如果选择成本最优解，其均衡度往往都较其余解差很多，反之，当牺牲 15% 以下的成本选择成本满意解时，绝大部分情况都可以获得 50% 以上甚至约 99% 的均衡度的提升。

表 3.38　15 组数据实验结果比较

序号	车辆数/个	站点数/个	成本最优解对应的总时间成本/h	成本最优解对应的均衡度	成本满意解对应的总时间成本/h	成本满意解对应的均衡度	成本满意解增加的成本比率	成本满意解减少的均衡差距比率	运行时间/s
1	2	8	5.81	0.107 311 03	6.41	0.000 599 49	10.22%	99.44%	15.57
2	2	10	6.35	3.192 042 72	6.42	0.082 631 98	1.18%	97.41%	19.57
3	5	15	10.16	8.850 687 83	10.73	1.074 542 49	5.61%	87.86%	31.99
4	5	20	13.04	5.632 665 12	14.21	0.696 417 92	8.97%	87.64%	50.93
5	5	25	18.63	2.095 903 99	20.20	0.152 495 63	8.44%	92.72%	82.57
6	5	30	22.54	1.677 509 73	24.28	0.185 999 02	7.68%	88.91%	129.76
7	5	35	27.46	0.445 085 58	31.41	0.209 117 66	14.39%	53.02%	173.76
8	10	40	31.98	6.471 784 91	35.63	2.083 254 33	11.41%	67.81%	198.02
9	10	45	36.27	5.395 470 46	38.02	2.421 839 07	4.81%	55.11%	253.06
10	10	50	38.53	7.733 826 27	39.54	1.679 625 66	2.60%	78.28%	298.48
11	10	60	46.42	7.228 454 89	50.06	3.067 201 23	7.83%	57.57%	450.40
12	10	70	54.01	5.063 610 51	55.92	2.136 845 26	3.55%	57.80%	681.31
13	10	80	60.90	6.001 361 33	66.81	1.620 621 04	9.70%	73.00%	934.94
14	10	90	69.09	4.434 135 35	75.24	1.359 294 41	8.90%	69.34%	1 373.24
15	10	100	75.84	11.375 536 90	78.16	1.710 966 89	3.06%	84.96%	1 905.26

2）10 辆车、50 个站点下的测试结果及举例分析（种群规模为 50，进化代数为 100，前沿率为 30%）

对 10 辆车、50 个站点下的调度方案进行具体分析，其 Pareto 前沿面如图 3.38 所示。成本最优解和成本满意解及其相应的车辆调度方案如表 3.39 所示。该表中第十行第一列表示车辆 7 在选择成本最优解方案的情况下分配到两条配送路线：第一条为从油库出发为 34 号加油站配送 95 号汽油，然后直接返回油库；第二条路线为从油库出发，依次为 3 号加油站配送 95 号汽油，然后为 4 号加油站配送 92 号汽油、95 号汽油，最后回到油库。表 3.39 显示：如果选择成本最优方案，那么就会造成均衡度极差的情况，如表中第 3 行所示，均衡度差和甚至超过满意解 4 倍以上；而通过调整获得的成本满意方案，相比之下则均衡性显著提升，且成本代价极低，成本满意解在增加 2.6% 的成本的情况下提升了 77.28% 的均衡度。

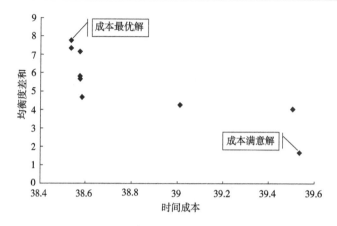

图 3.38　10 辆车、50 个站点下的 Pareto 前沿面

表 3.39　10 辆车、50 个站点下的配送方案

车辆	成本最优解		成本满意解	
	成本	均衡度差和	成本	均衡度差和
	38.53	7.733 826 27	39.54	1.679 625 66
车辆 1	0-25_1-0;0-19_1-19_3-0;0-10_1-0		0-42_3-25_3-26_3-0;0-19_1-19_3-0;0-50_1-0; 0-11_1-6_3-36_3-0;0-37_1-37_2-0;0-22_2-0	
车辆 2	0-6_2-25_3-26_3-0;0-24_1-24_2-0; 0-12_1-12_2-0;0-37_1-37_2-0;0-11_1-6_3-0		0-25_1-0;0-24_1-24_2-0;0-30_1-0;0-48_2-48_3-0	
车辆 3	0-45_1-0;0-23_2-0;0-15_2-15_3-0;0-14_1-35_3-0		0-45_1-0;0-23_2-4_1-4_2-0;0-10_1-0	
车辆 4	0-25_2-8_3-0;0-38_2-38_3-0;0-15_1-0		0-7_2-0;0-38_2-38_3-0	
车辆 5	0-21_3-24_3-30_3-0;0-16_1-16_3-0; 0-30_1-0;0-48_2-48_3-0		0-25_2-8_3-0;0-16_1-16_3-0;0-14_1-35_3-0	
车辆 6	0-34_3-0;0-5_1-0		0-21_3-24_3-30_3-0;0-5_1-0; 0-47_1-47_2-0;0-6_2-23_3-0	
车辆 7	0-34_2-0;0-3_2-4_1-4_2-0		0-34_2-0;0-14_3-0;0-15_1-0; 0-13_3-7_1-0;0-17_2-18_2-33_2-0	
车辆 8	0-44_1-45_3-0;0-14_3-0;0-39_3-40_3-41_3-0		0-34_3-0;0-15_2-15_3-0;0-40_1-0	
车辆 9	0-27_2-28_2-0;0-50_1-0;0-22_2-0		0-44_1-45_3-0;0-12_1-12_2-0;0-3_3-0; 0-42_1-42_2-0;0-35_1-0;0-39_2-17_1-0; 0-7_3-8_2-0;0-29_1-22_1-0; 0-32_1-43_2-0;0-9_1-1_3-0;0-20_1-0	
车辆 10	0-20_1-0;0-47_1-47_2-0;0-13_3-7_1-0; 0-17_2-18_2-33_2-0;0-3_3-0;0-42_1-42_2-0; 0-35_1-0;0-39_2-17_1-0;0-36_3-7_3-8_2-0; 0-2_1-3_1-0;0-20_2-23_3-0;0-29_1-22_1-0; 0-32_1-43_2-0;0-9_1-1_3-0;0-40_1-0		0-27_2-28_2-0;0-3_1-3_2-0;0-39_3-40_3-41_3-0	

注：站点由序列号及所需油品种类表示，如车辆 1 的成本最优解中的第一条路线中的 25_1 代表向 25 号加油站配送 92 号汽油（2 代表 95 号汽油，3 代表 98 号汽油），以此类推，0 表示中心油库。

4. 管理启示

上述研究结果为成品油配送企业提供了以下两方面的管理启示：首先，虽然成品油配送总成本和司机工作量均衡度显示二律背反性，提高司机工作量均衡度须以牺牲成本为代价，但是，通过本节提出的方法对配送方案进行优化和调整，可以在成本代价十分低的情况下，大幅度提高司机工作量的均衡度，进而提高司机满意度并达到激励的效果；其次，Pareto 前沿面给出了包括成本最优解的一系列非支配方案，企业可以根据实际需求进行灵活选择，具有很好的可扩展性以及应用上的灵活性。本章可以为实际成品油配送方案的制定提供决策支持和参考，对于类似物流配送问题或其他有较高工作量均衡性要求的实际问题都具有一定的启发意义。研究成果丰富了多学科交叉下的车辆路径优化理论，对如何在调度系统中考虑人的行为因素等有一定的启发意义。

3.6　本 章 小 结

本章基于物联网的环境，提出并实现了基于实时情景的成品油配送的在线监测及运营优化调度的相关理论和方法，包括成品油消耗异常的在线感知方法、成品油消耗的在线趋势分析方法、成品油消耗异常的在线监测预警、成品油补货调度方法以及成品油二次配送的在线调度优化。这些理论方法将能够实现成品油供应链从油库到加油站的在线实时油品补货过程，有助于未来全自动补货系统的开发和实现。

本章相关的理论方法最终要推广应用到具有相似特征的供应链系统中，在未来的研究中尚需包括：①物联网设备数据的云端处理与分析；②在线实时决策的人-机分工；③人机交互系统的设计与开发。

参 考 文 献

[1] Zhang F，Yuan N J，Wilkie D，et al. Sensing the pulse of urban refueling behavior：a perspective from taxi mobility[J]. ACM Transactions on Intelligent Systems & Technology，2015，6（3）：37.

[2] Clarke G，Wright J W. Scheduling of vehicles from a central depot to a number of delivery points[J]. Operations Research，1964，12（4）：568.

[3] Muyldermans L，Pang G. A guided local search procedure for the multi-compartment capacitated arc routing problem[J]. Computers & Operations Research，2010，37（9）：1662-1673.

[4] Fallahi A E，Prins C，Calvo R W. A memetic algorithm and a tabu search for the multi-compartment vehicle routing problem[J]. Computers & Operations Research，2008，35（5）：1725-1741.

[5] Ostermeier M, Huebner A. Vehicle selection for a multi-compartment vehicle routing problem[J]. European Journal of Operational Research, 2018, 269（2）: 682-694.

[6] Corominas A, Garcia-Villoria A, Pastor R. Fine-tuning a parametric Clarke and Wright heuristic by means of EAGH（empirically adjusted greedy heuristics）[J]. Journal of the Operational Research Society, 2010, 61（8）: 1309-1314.

[7] Derigs U, Gottlieb J, Kalkoff J, et al. Vehicle routing with compartments: applications, modelling and heuristics[J]. OR Spectrum, 2011, 33（4）: 885-914.

[8] Solomon. VRPTW benchmark problems[EB/OL]. [2005-03-24]. http://web.cba.neu.edu/~msolomon/problems.htm.

[9] Taillard E. Parallel iterative search methods for vehicle-routing problems[J]. Networks, 1993, 23（8）: 661-673.

[10] Christofides N, Mingozzi A, Toth P, et al. Combinatorial Optimization[M]. Chicester: Wiley, 1979: 315-338.

[11] Lahyani R, Coelho L C, Khemakhem M, et al. A multi-compartment vehicle routing problem arising in the collection of olive oil in Tunisia[J]. Omega-International Journal of Management Science, 2015, 51: 1-10.

[12] Braysy O, Gendreau M. Vehicle routing problem with time windows, part I: route construction and local search algorithms[J]. Transportation Science, 2005, 39（1）: 104-118.

[13] Adams J S. Inequity in social-exchange[J]. Advances in Experimental Social Psychology, 1965, 2（4）: 267-299.

[14] Jozefowiez N, Semet F, Talbi E. Enhancements of NSGA Ⅱ and Its Application to the Vehicle Routing Problem with Route Balancing[M]//Talbi E G, Liardet P, Collet P, et al. Lecture Notes in Computer Science. Berlin: Springer-Verlag, 2006: 131-142.

[15] Deb K. Multi-objective genetic algorithms: problem difficulties and construction of test problems[J]. Evolutionary Computation, 1999, 7（3）: 205-230.

[16] Deb K, Pratap A, Agarwal S, et al. A fast and elitist multiobjective genetic algorithm: NSGA-Ⅱ[J]. IEEE Transactions on Evolutionary Computation, 2002, 6（PII S 1089-778X（02）04101-22）: 182-197.

[17] Sung C S, Jin H W. A tabu-search-based heuristic for clustering[J]. Pattern Recognition, 2000, 33（5）: 849-858.

[18] Prins C. A simple and effective evolutionary algorithm for the vehicle routing problem[J]. Computers & Operations Research, 2004, 31（12）: 1985-2002.

[19] Lacomme P, Prins C, Sevaux M. A genetic algorithm for a bi-objective capacitated arc routing problem[J]. Computers & Operations Research, 2006, 33（12）: 3473-3493.

[20] Lacomme P, Prins C, Ramdane-Cherif W. Competitive memetic algorithms for arc routing problems[J]. Annals of Operations Research, 2004, 131（1/4）: 159-185.

[21] Lacomme P, Prins C, Ramdane-Cherif W. A Genetic Algorithm for the Capacitated Arc Routing Problem and Its Extensions[M]//Boers E. Lecture Notes in Computer Science. Berlin: Springer-Verlag, 2001: 473-483.

[22] Duhamel C，Lacomme P，Prodhon C. Efficient frameworks for greedy split and new depth first search split procedures for routing problems[J]. Computers & Operations Research，2011，38（4）：723-739.

[23] Duhamel C，Lacomme P，Quilliot A，et al. A multi-start evolutionary local search for the two-dimensional loading capacitated vehicle routing problem[J]. Computers & Operations Research，2011，38（3）：617-640.

[24] Lacomme P，Prodhon C，Prins C，et al. A Split based Approach for the Vehicle Routing Problem with Route Balancing[M]. Setubal：Insticc Press，2014：159-166.

[25] Lacomme P，Prins C，Prodhon C，et al. A multi-start split based path relinking（MSSPR）approach for the vehicle routing problem with route balancing[J]. Engineering Applications of Artificial Intelligence，2015，38：237-251.

第4章 基于物联网的温室农作物生长要素在线监测与智能调度研究

4.1 基于物联网的温室光照监测与智能补光调度

4.1.1 基于物联网的温室光照监测系统

近年来，温室大棚作物补光问题成为许多种植户关心的热点问题。在温室大棚补光问题中，首先要解决的问题是如何监测温室光照，识别异常情景，进而才能进行温室智能补光调度。因此，温室光照的监测是解决温室补光问题的重要基础。本章将详细介绍温室光照监测系统的构建及其主要设备，依据光照和作物生长的关系，基于光照异常识别情景，给出调整建议，最后以西安现代果业展示中心智慧果园推广集成示范项目为例，对温室光照监测系统进行应用分析。

1. 温室光照监测系统构建

光是光合作用的必要元素之一，光的质量直接影响作物的产量和品质。温室为作物提供适宜温度环境的同时，减弱了室内的光照。一般而言，室内的光照约为室外光照的 30%～70%。因此，人工增光成为可控温室的必然选择。与传统的光补充技术相比，装备了 IoT 的温室能够以最低的成本达到最高质量的补充。

图 4.1 给出了装备 IoT 的温室植物光照监测和补充系统。温室中的传感器将采集的温度、二氧化碳和光照强度等相关数据发送到数据处理服务器。数据处理服务器通过比较当前光照情景和作物所需的最佳光照条件确定是否下达补充命令。这些补充命令被发送到现场控制人员或农民的远程电话上。然后，温室内的发光二极管（light emitting diode，LED）补光灯被激活以进行适当补光。

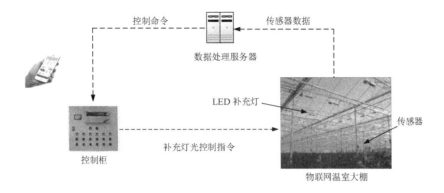

图 4.1　装备 IoT 的温室植物光照监测和补充系统

2. 温室光照监测系统设备简介

温室环境监测系统也可以称为温室智能控制系统。该监测系统利用户外的环境数据与温室内的作物生长环境信息，通过智能设备指导用户进行正确的栽培管理。温室环境监测系统可在线实时采集和记录监测点的温度、湿度、土壤酸碱度、二氧化碳浓度、光照强度等各项参数信息，以数字、图形和图像等多种方式进行实时显示和记录存储，监测点可扩充多达几千个。温室环境监测系统的主要设备包括户外环境监测设备、温室内环境监测设备、光照调节设备和智能控制设备等。下面将给出温室光照监测系统中各种设备的详细介绍。

（1）户外环境监测设备。户外环境监测设备指的是室外自动气象站。室外自动气象站是一款测量精度高，可以监测多项气象要素的系统设备。具体而言，气象站可以实时采集温度、湿度、风向、风速、太阳辐射、光照强度、土壤温度、土壤湿度等多项信息。气象站通过监测户外光照信息，及时发现异常情景，例如，太阳光照强度较弱的阴雨天，光照过强的炎炎烈日。系统可以根据户外环境的异常情况和温室内的作物生长状况，对温室内的光照进行实时的智能化的调整。

（2）温室内光照监测设备。温室内光照监测设备主要是光照度传感器。光照度传感器对弱光也有较高灵敏度。光照度传感器具有测量范围宽、线性度好、防水性能好、使用方便、便于安装、传输距离远等特点，适用于各种场所，尤其适用于农业大棚。光照度传感器还可以设定各监控点的参数报警限值，当出现被监控点位数据异常时，可自动发出报警信号。其中，报警方式包括现场多媒体声光报警、网络客户端报警、电话语音报警、手机短信息报警等。通过上传报警信息进行本地及远程监测，系统可在不同时刻通知不同值班人员，方便种植户及时处理光照异常情况，使作物处于较适宜的生长环境。

（3）光照调节设备。在监测设备识别出光照异常情况后，需要利用光照调节设备及时进行光照调控。光照调节设备主要包括LED植物补光灯和卷帘机两种。前者应用于光照不足的异常情景，并通过调节LED植物补光灯的光照强度进行补光。后者应用于光照强度过大的异常情景，并通过调节自动卷帘机的高度减弱户外强烈的太阳光，达到降低光照强度的目的。

（4）LED植物补光灯。LED植物补光灯主要是采用半导体照明原理辅助植物生长。一般室内植物花卉会随着时间而长势变差，其主要原因就是缺少光的照射。适合植物所需光谱的LED灯照射不仅可以促进其生长，而且还可以延长花期，提高品质。把这种高效光源系统应用到大棚、温室等设施上，一方面可以解决日照不足导致作物口感下降的弊端，另一方面还可以使冬季大棚作物提前到春节前后上市，从而达到反季节培植的目的。

（5）卷帘机。卷帘机是用于温室大棚草帘以及棉被自动卷放的农业机械设备，可以根据作物生长和光照情况控制卷帘的升降。卷帘机根据安放位置分为地爬式滚杠卷帘机和后拉式的上卷帘。动力源分为电动和手动，常用的是两种动力源结合的卷帘机。这种卷帘机通常带有遥控装置，可以有效避免违规操作产生的人身伤害及停电对温室大棚的影响。卷帘机还可以搭配保温被、保温毡使用，从而起到保温作用。自动卷帘机的出现极大地推动了温室大棚的机械化发展，同时减少了种植户的劳动负担。

（6）智能控制设备。智能控制设备通过监测的数据判断是否属于光照异常情况。根据具体的光照异常情形，可以对温室大棚生产区域内LED植物补光灯的运行条件进行设定。当传感器采集的实时数据结果超出设定的阈值时，智能控制设备会自动通过继电器控制设备或模拟输出模块对温室大棚自动化设备进行控制操作，确保温室内为作物生长最适宜的环境。当光照较弱时，LED植物补光灯可以通过信号线进行控制，服务器发送的指令被转化成控制信号后，即可实现远程调节LED的运转。当光照较强时，可以通过智能控制设备调节自动卷帘机的升降，减弱光照强度。

由以上设备可以智能识别出温室中作物光照强度等信息。依据这些信息和作物所需要的最佳光照信息可以使作物处于适宜的生长环境，而作物所需要的最佳光照与作物的生长状态息息相关，下面将详细介绍光照和作物生长的关系。

3. 光照与作物生长的关系

作物的生长离不开光照，太阳的照射和植物的光合作用息息相关。光就像水、二氧化碳和营养物质一样，是作物生长必不可少的条件。光照的质量和强度是影响植物生长的最重要因素之一。近年来，随着人造光源和灯具价格的下降，高功率、高效率的光源问世，人造光源在帮助植物生长方面的使用频率越来越高，其主要运用于以下三种情况。

（1）在光照较弱的地区，全年提供植物生长所需要的光。

（2）在冬季日照时间短且强度低的情况下，为植物的生长补足所需光照。

（3）为促进特定生长或开花时期的到来，在天黑后延长光照时间，促进植物生长，缩短培养周期。

在考虑光照强度的同时，不能忽略光照质量对于植物的影响。光照对作物而言，就像人的饮食一样，需要合理搭配。即用于促进光合作用的各种波长的辐射强度的选择和搭配，对于植物的健康生长至关重要。

植物对于光谱中波长范围在 400~700nm 的区域就像人眼一样非常敏感，该波长范围内的光称为促进光合作用的辐射（photosynthetically active radiation, PAR）。在其他环境条件（如温度、水等）相同的情况下，植被冠层的光合作用一般随着有效光辐射的增加而增强，但由于两个叶片获取适当的光比一个叶片获取强光而另一个叶片在阴影中时的光合作用更强，因此有效光辐射在冠层中的均匀分布很重要。

有效光辐射在冠层中的分布分为两种情况，即晴天情况下的有效光辐射分布和阴天情况下的有效光辐射分布。晴天情况下，强光直射的冠层部分容易出现光饱和现象，光能利用率降低，而在阴影中的冠层部分虽然光能利用率较高，但得到的有效光辐射较少，从而导致整个冠层光合作用减弱；阴天情况下，来自天空各个方向的散射有效光辐射增加，其在冠层内能够穿透得更深，从而降低整个冠层的光合饱和点，增强冠层光能利用率。所以需要根据不同的情景对植物的光照进行调整，从而使作物处于最佳的生长状态。

4. 光照异常情景的识别与调整

根据作物的光合作用规律和专家知识经验，考虑作物类型、生长阶段等，构建作物补光的典型情景，结合实时采集的光照数据，识别光照异常情况并进行及时处理。通过对历史数据的分析，可以找出光照的合理区间和异常值，然后判断新收集的数据是否在作物生长所需要的光照合理数据区间之内。如果数据处于合理区间之外，就说明出现了异常情况。判断异常值的条件是判断实时数据是否小于历史大数据下四分位数-1.5×四分位间距，或者实时数据大于历史大数据上四分位数+1.5×四分位间距。当光照高于合理区间时，调整补光设备，减小光照强度。当光照低于合理区间时，调整补光设备，增强光照强度。

5. 案例分析

以西安市果业技术推广中心的西安现代果业展示中心智慧果园推广集成示范项目为例,对基于物联网的温室光照监测系统进行应用分析。

1)项目背景

西安现代果业展示中心智慧果园是西安市农业委员会 2010 年重点建设的三个现代农业展示中心之一。园区位于 107 省道长安段鸭池口村,占地 180 亩①,是秦岭北麓生态旅游板块。该板块以沿山旅游公路为连线,以野生动物园、南五台、翠华山等风景区为依托,生态环境优越,地势平坦,土壤肥沃。展示中心的目标是建成水电、道路、绿化等基础设施完备,科研、示范、推广、培训功能齐全,集果树资源收集保护、良种良法试验示范区和新优品种苗木繁育、果业文化展示等于一体的现代果业示范园区。2017 年,西安市果业技术推广中心通过了西安现代果业展示中心智慧果园推广集成示范项目的审批,2018 年完成了项目实施。

西安现代果业展示中心智慧果园采用物联网、遥感、信息通信、无人机、智能装备、云服务、专家建模等先进技术与理念,对设施果业智能管控系统进行分析与设计。在园区内部署环境监测、实景监控、虫情监测、物联网远程控制、LED集中展示屏等技术装备,并开发了智慧果园物联网服务平台及智能手机 APP(Application,应用程序)等软件系统。通过系统集成、数据融合、专家模型、智能决策等技术手段,全力打造出全国领先、引领西安市的现代果业展示样板与通用复杂管理应用方案。

该项目以创新、协调、绿色、开放、共享五大发展理念为引领,以推进信息化与农业现代化融合发展为方向,主动顺应创新驱动以及未来智慧驱动的新常态,积极探索"互联网+"现代农业的实现路径,推动信息化加速渗透应用农业现代化建设的全领域、全方位、全过程,为加快陕西省果业发展添加生机和活力。

2)智慧果园温室智能监测系统设备介绍

(1)温室环境感知设备。在智慧果园园区内有两个日光温室和玻璃温室。日光温室各安装一套环境监测设备,玻璃温室安装两套环境监测设备,且都配备光照强度传感器,实现温室内光照环境的精准感知。图 4.2 展示了园区内的部分温室环境感知设备。

(2)温室设施控制设备。针对园区内塑料避雨棚、日光温室、玻璃温室和大田灌溉设施,分别部署安装了温室远程控制终端、日光温室远程控制终端、玻璃温室远程控制终端和大田灌溉远程控制终端。

---

① 1 亩 ≈ 666.7m²。

图 4.2　温室环境感知设备

3）智慧果园的光照监测与补光分析

对从西安现代果业展示中心收集到的 66 634 条记录数据进行描述性统计分析，结果如表 4.1 所示。

表 4.1　环境监测数据分析表

参数	有效光照强度/ ($\mu mol \cdot m^{-2} \cdot s^{-1}$)	二氧化碳浓度/ （mg/L）	空气温度/℃	空气湿度	土壤温度/℃	土壤湿度
最大值	838	654	46.1	99%	120.8	99%
最小值	0	54	-9.8	10%	-15.9	0%
平均值	35.32	423.79	15.62	72.4%	15.5	45.13%
标准差	71.89	50.41	10.52	22.25%	7.25	4.77%
偏度	3.8	-0.26	-0.13	-0.58%	-0.34	-3.34%
峰度	21.28	3.16	-0.62	-0.74%	0.44	34.49%

从表 4.1 中可以看出，有效光照强度最大值为 $838\mu mol \cdot m^{-2} \cdot s^{-1}$，最小值为 $0\mu mol \cdot m^{-2} \cdot s^{-1}$，平均值为 $35.32\mu mol \cdot m^{-2} \cdot s^{-1}$。由此可见，一年中的光照辐射差异较大，而作物的生长和光照条件息息相关。因此，有必要识别出异常光照情形，实现光照资源的科学利用，促进植物生长。

4）温室光照异常情景的识别

（1）典型情景的构建。

由于不同的作物类型有不同的特点，不同季节的光照也有不同的特点，所以需要根据一年四季不同时间段的作物生长特点，构建出异常光照的典型情景。下面主要从数据分析的角度对异常情景进行识别。

首先，根据一年四季的变化，分别选择冬季的 1 月、春季的 4 月、夏季的 7

月和秋季的 10 月进行分析。由图 4.3 可知，7 月和 8 月离群值较多，说明需要严格监测这两个月的温室光照，进行及时的补光。

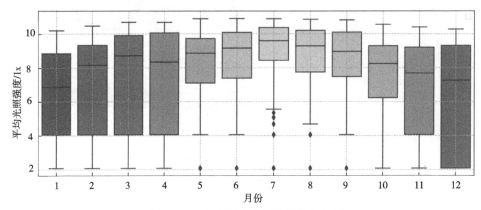

图 4.3　一年中温室光照异常值分布图

更进一步地，根据 1 月、4 月、7 月和 10 月中某一天的温室光照异常值分布情况，分析一年四季中不同情景下 24h 的光照异常值分布情况。

由图 4.4 可知，在 1 月时总体光照的异常值较少。一天中异常值最早出现在 8:00 和 9:00。13:00 左右和 17:00 左右的异常值较多，尤其 13:00 左右，温室光照异常值出现最多。按照植物生长规律，13:00 左右正是植物光合作用较为活跃的时期，但是由于冬季气温较低和光照不足，往往容易出现温室光照不足的情况。因而种植户要注意补充冬季中午和早晚的温室光照,保证作物进行充足的光合作用。

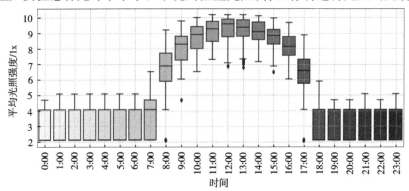

图 4.4　1 月温室光照异常分布图

由图 4.5 可知，在 4 月时光照的异常值较多。一天中的异常值主要分布在 7:00 ~ 11:00，13:00 ~ 18:00 和 20:00 ~ 21:00。4 月属于较为温暖的春季，上午的光照强度不强，常常会在上午出现一些光照不足的情况。这时种植户要注意春季 7:00 ~ 11:00 的补光。20:00 和 21:00 左右出现光照过强的异常情况。其主要原因是在 20:00 和 21:00，温室内的温度和二氧化碳浓度较低，植物光合作用较弱，不太适宜强度过强的光照，所以出现光照强度过强的异常情况。这时种植户要注意降低 20:00 和 21:00 左右的 LED 植物补光灯的光照强度。

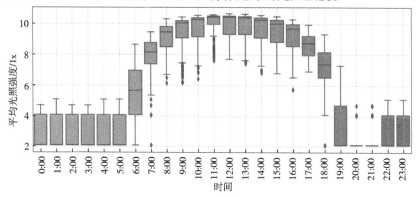

图 4.5　4 月温室光照异常分布图

由图 4.6 可知，在 7 月时光照的异常值较多。异常值的分布较为分散。9:00 ~ 12:00，15:00 ~ 18:00，光照辐射比较低，存在光照不足的异常情况。种植户要注意夏季 9:00 ~ 12:00 和 15:00 ~ 18:00 的光照异常情况。3:00 左右和 22:00 左右，温室内的温度和二氧化碳浓度较低，作物不适宜进行光合作用，不需要较强的光照，出现光照强度过强的异常情况，这时种植户需要降低温室内 LED 植物补光灯的光照强度。

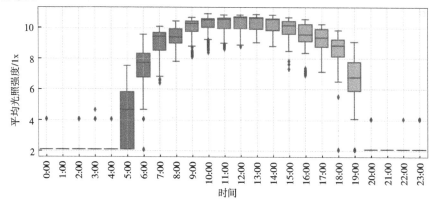

图 4.6　7 月温室光照异常分布图

由图 4.7 可知，在 10 月时，光照异常值主要分布在 8:00、16:00 和 17:00。一天内整体的光照辐射能够满足植物的生长。8:00、16:00 和 17:00 光照较弱，可能是因为秋天温度较低，光照不足，出现光照辐射异常的情况。种植户要注意在秋季 8:00 和 16:00 左右，对温室光照不足的作物进行补光。1:00 ~ 5:00 和 19:00 ~ 24:00

（0:00），温室内的温度和二氧化碳浓度较低，作物不适宜进行光合作用，出现光照强度过强的情况，这时种植户需要及时调整温室内的 LED 植物补光灯的光照，降低温室内的光照强度。

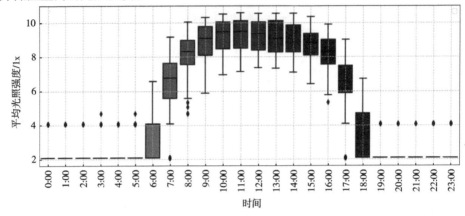

图 4.7　10 月温室光照异常分布图

基于数据分析的结果，考虑植物生长的幼苗期、成长期和成熟期三个不同的阶段及不同阶段各个小时的特点，将温室光照条件进一步划分成 72 种不同的情景进行分析，如图 4.8 所示。

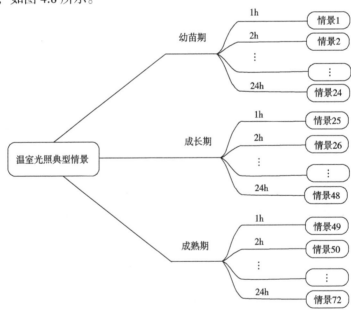

图 4.8　温室光照典型情景分析树

（2）光照异常情景比对与识别。

根据一年四季光照的分布情况，识别出光照异常的典型情景。如果实时监测的光照数值落到合理的数值区间之外，就说明存在光照异常的情况，需要对光照进行调度优化决策。因此，异常光照的识别问题转化为判断监测光照数据是否落入合理区间的问题。

4.1.2　基于物联网的温室智能补光调度模型与算法

光合作用是绿色植物（含藻类）吸收光能，将二氧化碳和水合成有机物并释放氧气的过程。通俗地讲，光合作用是作物进行养分积累、形体生长的过程。在17 世纪以前，人们普遍认为植物生长是靠土壤中的各种元素供给养分的。1771年，英国化学家 Priestley 将绿色植物与蜡烛、绿色植物与老鼠分别放置在两个密闭钟罩中，发现蜡烛不会熄灭，老鼠也不会窒息而亡，这标志着光合作用正式被发现。植物的光合作用被发现后迅速成为自然科学研究的热点问题。18～20 世纪，先后有三位科学家因在植物光合作用研究领域有突出贡献而被授予诺贝尔奖。光合作用的研究历史较短，但是经过几代科学家的努力，已经取得很多系统性的研究成果，对世界范围内的农业生产具有极高的指导意义[1]。

作为植物有机质积累的重要途径，光照条件的好坏对农产品的产量及品质有着重要影响。在露天环境中，作物的光照主要靠自然条件下的太阳光，而太阳光照受纬度、天气等条件影响，人们很难对光照强度、光照时间等条件进行人为干预。在温室环境下，受到结构与覆盖材料遮光的影响，尤其是遇到雨雪、阴天等天气时，室内光照严重不足，难以满足作物的正常生长需要，直接导致作物产量与品质的双重下降。温室内的光照状况虽然有时会面临不足的问题，但温室内的温度、湿度等内部气象条件可控，为光照条件的人为操作性创造了条件[2]。随着电灯技术的飞速发展与植物光合作用领域的研究不断深入，人工补光越来越受到重视。进行人工补光，可以在外部光环境低于作物光补偿点时，通过增加光照强度使得作物受光高于作物本身的光补偿点或者接近光饱和点，帮助作物正常生长或者高速生长，提高作物产量。人工补光也可以延长作物的受光照时间，加速光合作用，缩短作物生长周期。人工补光可以提高作物的产量与质量，在植物栽培领域有重要的应用价值。但是，正确的补光计划才可以发挥人工补光的预期效果。一方面，不同作物的光补偿点、光饱和点有较大差异，补光不足难以发挥预期作用；补光过度又会使得作物产生光抑制现象，使光合速率下降，造成资源的浪费，取得适得其反的效果。另一方面，补光计划受电压、灯具数量、预期成本以及劳动力等资源的限制，也会受各类作物的预期收益、产量等因素影响[3]。因此，如何使得补光资源得到高效利用是亟须研究的问题之一。

1. 人工补光技术研究概述

早在 19 世纪 60 年代，科学家便开始用电灯培育植物。在人工补光的早期，白炽灯和高压钠灯是人们最常使用的补光工具，而在 1990 年以后，LED 光源在植物补光领域得到广泛应用。在资源有限，环境各异，需求不一的背景下，如何正确且高效地利用有限光源，提高收入或者降低成本，是众多研究者深入探索的课题[4]。调节光源与植物顶层间的距离是调节光强的重要方式。吴乐天等[5]以单端金属卤化物灯（图 4.9）作为补光光源，该光源与 LED 光源（图 4.10）相比，在补光的同时可以散发热量，提升室内温度，其设计的依靠驱动器驱动调节光源与作物距离和光源照射时间的光强控制系统对作物生长情况产生了重要影响。试验发现，补光后的作物较未补光作物产量增加了 30%，产出周期缩短 15~20 天。赵静等[6]针对立体栽培技术下光照分布不均、调节困难的问题，研制了补光灯垂直距离自动调节系统，可依据环境数据为作物提供合适的光环境。马旭等[7]以水稻秧苗间距作为秧苗立体培育的光强调节变量，在试验中不断调节各层秧苗间距以观察生长状况。通过作物长势发现，过大和过小的间距都会对秧苗产生不利影响，间距过大使得光通量较少，而间距过小会阻碍光传播或导致热量过高，水稻秧苗的立体栽培各层间的最佳距离应为 45cm。王峰等[8]对 LED 光、荧光灯以及高压钠灯在作物中的补光性能进行了试验比较，发现 LED 灯源在应用性及节能性方面优于另外两种补光灯源，方形光斑效果最有利于 LED 补光灯在温室中的布置。LED 光源具有能耗低、寿命长的特点，而且其作为冷光源，能够对作物进行近距人工补光，实现光源精准施放，提高利用率[9]。随着互联网、物联网技术日趋成熟，补光技术与策略研究更加细化。张小波等[10]为解决传统补光过程中出现的能耗高、精准度差以及信息传递量少、不及时的问题，将 IoT 技术、互联网技术、云计算与补光技术等深度融合，研发了适用于温室中的自动化智能温室补光系统，发现经过智能补光的番茄单果重量比固定补光平均重 4.7g，亩均产量较固定补光高 13.1%，取得了非常好的效果。He 等[11]介绍了植物最佳光照强度专家系统技术数据库，结合提出的并行改进粒子群算法，以确定是否需要补光以及应打开的 LED 阵列分布，试验结果显示，并行的粒子群算法可以更快地识别各个粒子的位置，与荧光灯相比，节能约 82.6%，与白炽灯相比节能约 54.2%，说明将 LED 阵列与粒子群算法结合以优化种植户的光源强度决策问题具有可行性和优越的经济性。Olvera-Gonzalez 等[12]描述了一个应用于温室中的智能照明系统，使用包含蓝色和红色两种基色的 LED 灯源，通过编程设计十六种不同频率和十种不同的脉冲宽度以发射各种光谱，基于试验发现了不同脉冲下植物的光合效率，以便减少能量损失，提高光源的利用效率。Chang 等[13]基于模糊逻辑推理和专家数据库，提出了一种用于现代温室的人工补光和调节系统，系统根据实时的阳光光谱分布条件和植物生长阶段实施不同波长的辅助照明措施。仿真结果表明，系统可以解决温室环境下光照不足或光调节效率低下的问题，还可以在阳光充足时通过精准补光，解决阳光中某些波长范围内的光照不足问题，在改善植物生长环境的同时，减少了电力资源的浪费。

图 4.9　金属卤化物补光灯

图 4.10　LED 植物补光灯

在设施农业诞生之前，人们只能食用到适宜当季储存的蔬菜，例如，在冬季，我国北方的民众需要提前储存大量的白菜及萝卜。20 世纪 30 年代我国北方已经有了日光温室，中华人民共和国成立后，我国塑料工业取得了长足进步，使日光温室的发展有了一定的工业基础。改革开放后，国外许多先进的温室技术被引入国内，我国的温室技术得到较快发展。20 世纪 80 年代后期，我国已经形成了较大规模的温室产业雏形。日光温室技术发展与生活水平的提高使得人们在任何季节都能食用到大部分绿色新鲜蔬菜。在冬季，我国北方的平均光照强度为30 000lx，加上塑料以及墙体的阻挡，温室内的光照强度较露地光照低 30%~50%，而番茄与黄瓜等蔬菜的光饱和点大于 50 000lx。人工补光技术可以弥补补光照强度及光照时间上的不足，因此成为温室技术开发的一个热点。根据之前的文献分析可以发现，补光光源已经逐步转变为性能优异的 LED 光源，摆脱了白炽灯、荧光灯等传统光源存在的光效差、寿命短等问题。不同光质的生物学效应差距较大，叶绿素对波长在 430~450nm 范围内的蓝光以及波长在 640~660nm 范围内的红光吸收程度最高。但是，有研究表明，只进行红蓝光质补光的蔬菜与自然条件下生长的蔬菜在颜色及质地上有一定差异。随着人工补光技术的提高，LED 补光灯已由传统的红蓝组合向全色谱转变。

在人工补光应用的早期，核心技术被设施农业比较发达的荷兰、日本、美国及以色列等少数几个发达国家掌握。我国温室人工补光技术起步较晚，具有补光设备的温室面积也较少，直至 2009 年我国才拥有了第一个使用 LED 和荧光灯作为补光光源的智能植物工厂，以中国农业科学院和南京农业大学为首的科研院所及高等院校已经取得了长足进步。自 2011 年以来，科技部、农业部（现为农业农村部）、财政部以及地方政府在科研基金申请、奖励发放等方面给予人工补光技术及设施农业光环境调控领域很大的支持，但是我国在补光领域的前沿技术与国外尚有差距。我国温室补光存在的主要问题有：为节约即时成本而使得补光光强较弱，对作物早产丰产效果不显著；补光灯安装位置不合理，补光不均匀以及补光时间不合理；补光成本偏高。早在 2016 年，我国的温室种植面积已经达到 33.4万 hm^2，较十年前增加了三倍之多，而大棚面积更是达到了 98.1 万 hm^2，比十年前增加了一倍。一方面，设施农业面积不断增加，另一方面，我国北方地区冬季受雾霾天气影响严重，以上两方面的变化加剧了对人工补光技术需求的迫切性。与此同时，人工补光对作物的产量和品质有较大提升，还会缩短生长周期，使产品的上市时间提前而占据市场优势和价格优势，故针对补光灯安装数量及补光时间不合理问题，除了在技术层面考虑，更重要的是要考虑补光行为的经济性。总的来说，要使得人工补光技术在我国得到广泛推广，一是在技术上不断革新，推出易操作、低功耗、效果好的设备，降低投资成本；二是要创新管理模式，使每一单位的人工光源能够发挥最大的作用[14]。

传统意义上偏技术性的研究将重点放在单个温室内的补光系统，经过多年发展，确实促进了人工补光技术的发展，变革了温室种植方式。但是，农场主或种植户也往往会面临经济性问题。需要补光的温室内种植着不同种类的农作物并处在不同的区域内。农场主或种植户如何合理调配自己的补光资源？除去技术性的因素，作物的预期产量、补光后的产量提升幅度，预期价格也是非常重要的经济因素。当补光资源有限时，为了获得更高的收入，补光主体更愿意将资源投入价格更高、预期产量更高的温室中。补光调度问题并不是简单的依据产量、价格进行决策，还会受到资金、功率等约束的限制。补光资源的配置是一个复杂的决策问题，需要借助规划工具进行资源的有效调度。本章主要研究不同区域内种植不同作物的温室的补光调度决策问题。

2. 资源调度问题研究概述

对以上文献进行梳理发现，现阶段的补光技术与策略主要有三方面：一是光强调节技术，主要通过调节作物与补光灯之间的垂直距离以及改变发光强度进行；二是通过调节光质改进补光技术，有研究将光质与光强、湿度和二氧化碳浓度等内环境参数同时调控，有效提升了光能的使用效率；三是对补光效率进行评估与识别，例如，将顶部补光与冠层和底部补光相结合的补光方式，考虑天气状况、用电价格及自然光照条件的补光调度系统等。可以预见在未来的补光技术中，光源类型会越来越多样化，如有机发光二极管（organic light emission diode，OLED）会大量地应用到补光技术中。植物内部机理受光环境的影响机制理论研究会进一步深入，为光环境调控提供重要的理论支撑。当前植物补光领域的研究主要考虑光照单因素的影响，但是植物的光合作用还会受到二氧化碳浓度、温度以及湿度等因素的影响。如图 4.11 所示，考虑多因素影响下的光环境即时调控，可以更快、更准确地把握环境信息的变化，改善作物品质的同时，减少了能源消耗，提升了光能的利用效率。

图 4.11　在线监测光照和智能补光系统

大部分关于温室补光领域的研究都是从技术层面解决人工补光过程中的调控困难、能耗较高等问题。但是，人造光源作为一种有限的资源受灯具数量、功率载荷及劳动力数量等因素的限制，加之不同作物具有不同的光源需求特点、不同的产量及市场价格，因此补光计划可被视为资源调度优化问题进行研究。虽然在人工补光领域的光资源调度优化研究较少，但是其他领域的相关研究已经趋于成熟。京津冀地区水资源相对短缺，区域内水资源配置问题是必须要解决的现实问题。谭佳音和蒋大奎[15]提出了适用于京津冀区域内的三阶段水资源配置方案，第一阶段考虑水资源配置的公平性，第二阶段实现水资源配置效率的最大化，第三阶段采用模糊 Shapley 值法将联盟内部收益分配给各利益主体。经过算例分析发现，通过模糊联盟配置水资源所获得的收益高于个体单独利用水资源时所获收益。谢谢等[16]研究了多吊机调运仓库内钢卷的吊机分配问题，建立了多吊机优化调度的混合整数规划模型，并设计了基于分散搜索的启发式算法。案例分析证实模型对吊机资源配置具有较好的优化作用，提出的优化算法较普通求解工具拥有更好的求解效率和准确性。王耀宗和胡志华[17]针对自动化集中码头中的穿越式起重机工作过程中的干涉问题，建立了优化起重机调度的混合整数规划模型，并设计了改进的遗传算法，实验结果验证了模型在处理吊机调度问题时的有效性及算法优异的求解效率。突发公共事件发生后的处置具有时间上的紧迫性以及资源调度上的困难性，高志鹏等[18]针对突发公共事件中的应急资源调度问题，从管理的角度对影响其调度的因素进行分析，构建了多目标资源调度模型，目标是能够得到效用满意度最高的资源调度方案。仿真结果表明，模型可以在有限资源的前提下，在时间、成本以及需求满意度三方面找到最优的平衡点，提高资源配置效率。曹文颖等[19]提出了解决云制造企业间的信任度量化与综合信任度评价问题的途径，并基于此提出了最大化信用链平均信任度，最小化总成本和操作时间的混合整数规划模型，针对此 NP-hard 问题还提出了模型求解的自适应遗传退火算法，分别证明了信任度的评价方法的客观性，优化模型较传统模型在时间和成本占优的情况下，依然具有提升信任度的能力以及改进的遗传模拟混合算法在求解时间以及求解质量上的优越性。张照岳等[20]指出在进行工人作业调度时往往只考虑工人具备的一项技能，而忽视工人具有多技能的现象，考虑工人对某种技能的熟练程度，建立了目标函数为最小化人力成本以及最小化工期的人力资源调度模型，并提出了改进的非支配排序遗传算法用于模型求解。仿真实验表明考虑工人具备的多种技能后能够有效降低项目成本，缩短项目时间。

　　综上所述，随着对植物光合作用的认识越来越深，以及灯光照明技术的发展，人工补光技术已经愈发成熟。众多学者随后开始考虑人工补光过程中的决策问题，但大多是集中于单温室、控制系统等技术方面。因此，应选择哪一部分温室或哪些作物进行补光作业，安装的补光灯具数量应为多少，应该补光多长时间是决策者需要决策的复杂问题。资源调度领域的研究比补光技术起步更早，涉及领域更广，从区域水资源调度到应急资源调度，再到机械作业及工人作业调度，可见资源调度研究已经深入到方方面面。若将温室的补光决策视为资源调度问题进行研究，一方面有成熟的技术支持，另一方面也有资源调度领域的理论基础。在现实操作层面,技术方面的问题只是进行补光计划决策时需要考虑的一部分,因为决策者往往还会面临多种作物、多类温室、资源限制等问题。本章将考虑作物产品价格、预期产量以及可利用资金等约束,研究补光灯在补光作业时的分配决策问题。

3. 光抑制现象

光作为光合作用必需的资源,植物对其需求是有限的,当光能超过植物光合作用所能利用的数量时,就会发生光抑制现象。如图 4.12 所示,植物的光合作用量随光照强度的提高呈现先增后减的变化,因此,人工补光后应使得光照强度在光饱和点之下,在进行人工补光时应控制补光灯的功率以及单位面积的布灯量。此外,植物的光合作用还与植物的光周期现象相关,瓜果类蔬菜每日适宜光照时间为 12h 左右。在自然条件下,光照时间主要与季节、天气相关,在我国北方地区,夏天光照强度强、时间长、温度高,需要人工补光的次数较少,但在突遇连续阴雨天气时,就需要人工补光,加速植物生长。北方的冬季,气温低,日照时间短,应适度延长补光时间。现有研究普遍认为,在植物的光饱和点之内,人工补光和自然光的光照强度越大以及光周期内光照时间越长,越有利于植物的生长发育。我国科学家发现番茄在培育阶段适宜在光强为 83μmol·m^{-2}·s^{-1},光周期为 16~20h 下生长,此时对应的光照量为 4.8~6.0μmol·m^{-2}·s^{-1},而在栽培阶段适宜 30μmol·m^{-2}·s^{-1} 的光照量[21]。作物所获得的日补光量取决于光照强度及补光时长,而随着人工补光量的增加,补光成本也在上升。有研究发现,在加拿大魁北克的生长条件下,番茄用 100~150μmol·m^{-2}·s^{-1} 的光强进行补光,黄瓜用 120~150μmol·m^{-2}·s^{-1} 的光强进行补光,可以获得最大的经济效益。与此同时,也有研究在补光时长与补光强度之间进行调整以寻求经济性最佳的方案,最终研究表明,延长补光时间并适当降低光照强度,更加节能、更加经济[22]。

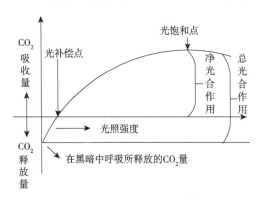

图 4.12　植物光抑制现象示意图

4. 光周期现象

光周期现象是指光照会作为环境诱导信息对植物的开花规律有直接影响，此外，光周期还会影响植物光合作用的进展过程，进而会对作物产量与品质产生影响。目前，利用光周期进行花期调控的主要方法是对短日照植物进行遮光处理，采用补光灯对长日照植物进行补光。当为加速光合作用而进行补光时，需要的光照强度比较强，为满足光周期而进行补光时，需要的光照强度较弱。如图 4.13 所示，经对番茄的光周期进行对照试验后，设置番茄的最佳光周期时间为 14h，当光周期超过 14h 后，番茄的产量和品质没有明显提升，进一步加长光周期后还会抑制其生长。

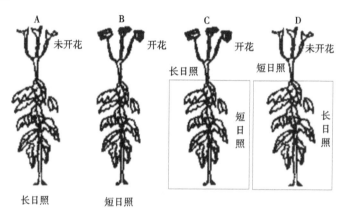

图 4.13　光周期现象的对照试验

5. 模型构建

通过文献梳理发现，人工补光在技术及管理层面都取得了长足进步，植物光合理论更加深入，补光方式越来越多样化，但是缺乏多植物补光需求时对于补光行为经济性的考量。与此同时，资源调度领域的研究已经深入生产和生活的方方面面，可以为人工补光领域的资源配置优化研究提供借鉴。本节主要研究人工补光过程中的补光灯调度问题，提出了补光灯调度的整数规划线性模型，在建模过程中考虑了需补光的各类作物在产量及价格等方面的差异。此外，模型还考虑了可利用资金和可容纳功率等限制性因素。

1）参数及符号表示

本节主要研究补光灯的购置以及在不同区域、不同温室中的调度问题，为便于分析，做出如下假设：同一温室的后序补光周期较前序补光周期所减少的补光灯数量统一集中到仓库后再分配；不同作物之间对于补光量的需求依赖当期的日照时间长短；作物严格按照需求量补光后，产量的增加幅度为30%；设 J 为温室所在区域的集合，j 表示第 j 个区域，$J=\{1,2,\cdots,r\}$，r 表示区域的个数。设 I 表示温室集合，$I=\{1,2,\cdots,h\}$，h 为温室的数量，i 表示第 i 个温室。设 K 为作物种类集合，k 表示第 k 种作物，$K=\{1,2,\cdots,n\}$，n 为作物种类。设 T 为补光周期的集合，$T=\{1,2,\cdots,m\}$，m 表示补光周期的数量，t 表示第 t 个补光周期。具体符号及含义如表 4.2 所示。

表 4.2　主要符号及含义

参数符号	含义	参数符号	含义
q_k	无人工补光时作物 k 的平均产量	lp	补光灯单价
fc	可利用资金数量	sp	单具补光灯功率
po	单区域内最大允许功率	sf	单具补光灯的安装费用
tc	补光灯跨区域运输费用	ef	电费
nf_t	t 时期需要补光时间	dc	补光灯使用 1h 的折旧成本
mql	单个温室补光灯最大安装量	p_k	作物 k 的单价
ql_{jikt}	j 区域内种植 k 作物的 i 温室在 t 时期布局的补光灯数量	cq_{jt}	j 区域在 t 时期需调入的补光灯数量
pql	购置的补光灯总量		

2）补光成本分析

在不同区域种植不同作物的温室之间布置补光灯数量的成本主要包括购置成本，不同区域间的运输及安装成本，以及用电成本和补光灯使用的折旧成本。

（1）购置成本为单个人工补光灯购置成本乘以补光灯的购置总量，补光灯的单价为 lp，决策变量补光灯的购置总量为 pql，因此，购置成本为 $pql \cdot lp$。

（2）不同区域间的运输成本为在不同区域间的运输数量乘以区域间的运输成本及单具补光灯的安装费用，故不同区域间的运输成本为 $\sum_{j=1}^{r}\sum_{t=1}^{m}cq_{jt}\cdot(sf+tc)$。

（3）总补光时数等于各期补光灯安装量乘以各期补光时数，补光灯工作 1h 产生的电费为 ef。补光灯具有一定的寿命，当使用补光灯进行人工补光作业时会造成产品折旧，补光灯使用 1h 的折旧成本为 dc，故用电及折旧成本为 $(ef+dc)\sum_{j=1}^{r}\sum_{i=1}^{h}\sum_{k=1}^{n}\sum_{t=1}^{m}ql_{jikt}nf_t$。

3）补光灯调度决策模型

作物生长期内补光灯调度下种植户总收入的目标函数及约束条件如下。

目标函数：

$$\max: \left\{ \begin{array}{l} \displaystyle\sum_{j=1}^{r}\sum_{i=1}^{h}\sum_{k=1}^{n}\left(1+0.3\times\frac{\displaystyle\sum_{t=1}^{m}ql_{jikt}nf_{t}}{mql\displaystyle\sum_{t=1}^{m}nf_{t}}\right)p_{k}q_{k}-pql\cdot lp-\sum_{j=1}^{r}\sum_{t=1}^{m}cq_{jt}\cdot(sf+tc) \\[4mm] -(ef+dc)\displaystyle\sum_{j=1}^{r}\sum_{i=1}^{h}\sum_{k=1}^{n}\sum_{t=1}^{m}ql_{jikt}nf_{t} \end{array} \right\} \quad (4.1)$$

约束条件:

$$pql\cdot lp+\sum_{j=1}^{r}\sum_{t=1}^{m}cq_{jt}\cdot(sf+tc)+(ef+dc)\sum_{j=1}^{r}\sum_{i=1}^{h}\sum_{k=1}^{n}\sum_{t=1}^{m}ql_{jikt}nf_{t}\leqslant fc \quad (4.2)$$

$$\sum_{i=1}^{h}\sum_{k=1}^{n}ql_{jikt}sp\leqslant po,\quad \forall j\in J,t\in T \quad (4.3)$$

$$ql_{jikt}\leqslant mql,\quad \forall j\in J,i\in I,k\in K,t\in T \quad (4.4)$$

$$cq_{jt}=\sum_{i=1}^{h}\sum_{k=1}^{n}ql_{jikt}-\sum_{i=1}^{h}\sum_{k=1}^{n}ql_{jik,t-1},\quad 2\leqslant t\leqslant m-1,\ \forall j\in J \quad (4.5)$$

$$cq_{jt}=0,\quad t=1,\quad \forall j\in J \quad (4.6)$$

$$cq_{jt}=0,\quad t=m,\quad \forall j\in J \quad (4.7)$$

$$\sum_{j=1}^{r}\sum_{i=1}^{h}\sum_{k=1}^{n}ql_{jikt}\leqslant pql,\quad \forall t\in T \quad (4.8)$$

$$ql_{jikt}\in Z^{+},\quad cq_{jt}\in Z^{+},\quad pql\in Z^{+},\quad \forall j\in J,i\in I,k\in K,t\in T \quad (4.9)$$

目标函数(4.1)表示最大化补光作业后的产品销售收入,人工补光对农产品品质及产量都有显著性影响,在本节中只考虑补光对作物产量的提升。经过文献梳理发现,补光对瓜果类蔬菜产量的提升在30%左右,模型中以每种作物生长期内的总补光时长占最大产量提升条件下温室可提供的最大补光时长的比例度量某种补光行为对作物产量提升的影响。品种不同的蔬菜在销售价格上有较大差异,在收入最大化背景下,产品的价格直接影响补光决策,模型考虑了各品种蔬菜在价格方面的差异。农产品的成本收益分析涉及各种生产资料的投入,如劳动、农资等,但是为了突出补光决策对销售收入的影响,本模型中的目标函数主要考虑了补光作业时发生的成本,包括灯具的购置成本、安装成本和跨区域运输成本、用电费用及使用过程中的折旧成本。

农产品生产与工业生产有非常大的不同,工业生产中的管理升级及技术提升可以较快看见收益,但是在农业生产中,农业技术的进步及管理的改善见效时间较长,这是由农产品生产的周期性较长决定的。农产品的生产周期长,收益见效慢,在整个生长阶段进行资金投入会受到可用资金的约束,约束条件(4.2)表示整个补光周期的资金消耗量要小于可利用资金数量。如图 4.14 所示，补光灯在温室内的安装比较密集，单个灯具的功率较高，因此，补光灯的使用对区域内的用电功率承受能力要求较高，尤其是在农村地区或者郊区，种植户的生产行为经常受到电力的影响。在物联网环境下，区域内包含众多耗电设备，如温湿度传感器。约束条件（4.3）表示各区域补光活动的功率要小于其最大限制功率。在单个温室中，补光灯的安装数量有一定的限制，约束条件（4.4）确保各补光期所使用的补光灯具之和不超过温室内布局的最优数量。温室若分散在不同区域，补光灯就需要在区域间调动或在补光开始后的补光期购置新的补光灯，为识别各期灯具在不同区域间的流动数量及新增灯具数量，用约束条件（4.5）~约束条件（4.7）表示各期区域间的灯具调动量及新增量的计算方式。出于经济性的考虑或者受到各种约束条件的影响，补光灯的购置总量不一定满足所有温室的补光需求，约束条件（4.8）表示各期所用的补光灯数量不超过其购置总量。约束条件（4.9）确保各决策变量为正整数。该模型的目标函数（4.1）以及约束条件（4.2）~约束条件（4.9）均为线性公式，故模型为整数规划线性模型，可直接利用 MATLAB、Gurobi 及 CPLEX 等商业软件进行求解。

图 4.14　物联网温室补光实景

6. 算例及结果分析

1）算例设计

如图 4.15 所示，假定季节在冬季的两个不同区域内的 6 个温室可以进行补光，区域 1 内包含三座温室，温室 1 种植茄子，温室 2 种植番茄，温室 3 种植青椒。区域 2 同样包含三座温室，温室 1 和温室 2 均种植番茄，温室 3 种植青椒。种植户需要对补光灯购置总量及 6 个温室的补光灯布置数量进行决策，为便于分析，假设两区域间距离较近，不考虑区域间的调动安装费用。本试验中将决策周期设定为 10 期，各期的补光时间主要受当期天气的影响，因此，模拟各期天气之间的差异设定差异化的补光时间，如图 4.16 所示。在模拟的需补光时间中，第 1 期、第 9 期模拟的是完全晴天，阳光明媚的情况，将需补光时间设定为 2h 或 1h。第 4

期、第 5 期以及第 10 期模拟的是冬季多云的天气状况，故将以上三期的需补光时间设定为 3h。第 2 期、第 3 期及第 8 期模拟的是多云转阴的天气，在这类天气下，还存在一定的自然光照量，但已经远远不能满足作物的正常需求，在此类情形下，将算例分析的需补光时间设定为 6h、5h 或 4h。在雨雪不停的天气下，植物得到的光照时间和光照强度均非常少，此时需要长时间的人工光照以满足作物的光合需求。同时，具有光合作用的植物也存在光周期现象，过量的补光会抑制作物的生长速度。因此，为了既能满足作物的正常生长的光需求，又不至于使其发生光抑制现象，将第 6 期的需补光时间设定为 10h，第 7 期的需补光时间设定为 8h。

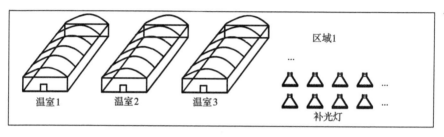

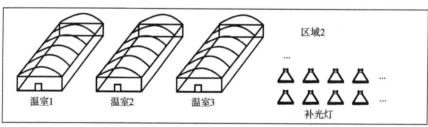

图 4.15　两区域下补光灯调度示意图

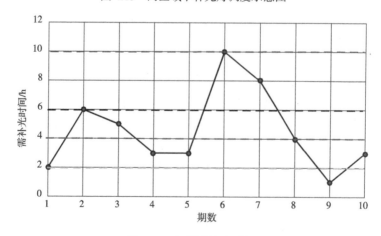

图 4.16　各期需补光时间

农产品价格的高低直接影响农产品销售收入的高低，获得更高的销售收入是种植户应用人工补光技术的初衷。现阶段，人工补光技术普及率较低主要有两方面的原因：一是补光成本较高，二是农产品价格较低。假定农场管理人员或普通种植户可以获取一部分人工光质资源，在人工光质资源有限的条件下，产品的价格是影响其补光行为的重要因素。农产品的价格波动较大，根本上是由于供需不均造成的。例如，夏季及秋季是多种蔬菜的自然成熟季节，此时蔬菜供给充足，菜价相对较低，而在冬季只能依靠设施蔬菜保障供给，供给量相对减少，而蔬菜作为生活必需品，需求弹性较小，价格相对较高。为了探究不同作物间的价格差异以及相关蔬菜的价格波动规律，根据商务部主办的全国农产品商务信息公共服务平台公布的陕西省泾阳县云阳蔬菜批发市场蔬菜价格数据，将青椒、番茄及茄子三种蔬菜在2016~2020年每年1月、2月的平均价格绘制在图4.17中。由图4.17可以看出，三种蔬菜的价格没有绝对高低之分。首先体现在同一季节中，2016年1月，三种蔬菜的价格由高到低排列为茄子、青椒、番茄，而且茄子的价格高于青椒和番茄的价格之和，但是到2016年2月番茄成为三种蔬菜中价格最高的，茄子的价格与青椒持平。蔬菜价格在不同年份中的差异更加明显，2018年2月，番茄的价格稳定在6元/kg左右，青椒和茄子的价格为4~5元/kg，而到了2019年2月茄子的价格较2018年同期每千克增长1元左右，番茄价格却降低了3元以上。综上，可以看出，不同种类蔬菜的价格有较大差异，没有某一种日常蔬菜可以一直保持价格领先优势。某一品种的蔬菜在不同时期的价格也有较大差异，甚至可能在同一季节不同月份之间出现较大的价格差。因此，农产品价格是进行人工补光资源调度决策研究需要重点考虑的因素。

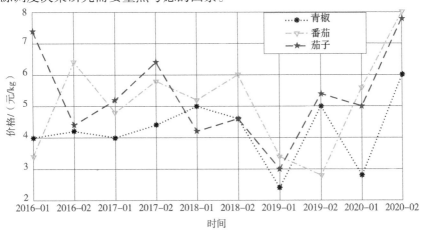

图4.17　三种蔬菜在2016~2020年，每年1月、2月的平均价格

为作物进行人工补光作业后，产品的销售收入取决于市场价格及产量，现阶段，针对人工补光对于作物产量提升效果的研究均以作物正常条件下的产量为基础，研究补光对正常产量的提升力度。表 4.3 显示的是《全国农产品成本收益资料汇编》公布的 2012～2018 年三种蔬菜的年均产量。数据显示，不同蔬菜的亩均产量有差异，番茄产量最大，其次是茄子，青椒的产量最小。三种蔬菜的产出水平未得到较大提升，但是各年份之间的产出量有差异，例如，青椒在 2014 年的平均产量达到 4154.09kg/亩，但是在 2017 年的平均产量只有 3572.58kg/亩，两者之间相差 581.51kg/亩。物联网补光设施条件下，三种蔬菜的年间差异说明设施环境依然受到外部条件的较大影响，原因在于我国大量的温室或大棚设施较为简易，升温、补光等控制内环境的手段普及力度较弱。在本次算例分析中，产量参数取三种蔬菜 2012～2018 年的年均产量。

表 4.3　2012～2018 年三种蔬菜的年均产量　　　　（单位：kg/亩）

年份	青椒	番茄	茄子
2012	2708.27	5119.59	4076.17
2013	4139.48	5105.97	4243.06
2014	4154.09	5318.41	4430.56
2015	4008.45	5407.46	4552.01
2016	3889.54	5054.3	4335.84
2017	3572.58	4970.33	3659.88
2018	3889.59	5160.3	4486.24

此外，模型求解过程中应用到的其他参数，主要依据参考文献及实地考察获得相关数据，如补光灯单价设置为 140 元/具，单具补光灯的功率为 40W，每亩的温室满载布置 110 具补光灯。三座温室构成的区域的功率限制为 15kW 或 10kW。

2）算例求解与分析

所有情景下的求解在配置为 Intel 2.40 GHz CPU 的计算机上进行，通过 YALMIP 语言编程，在 MATLAB 中调用 Gurobi 求解，求解时间为 0.02s，符合实际应用需求。

情景 1：未考虑作物之间的价格差异时，模型运行结果如表4.4 所示。

表 4.4　未考虑作物之间的价格差异时，模型运行结果

区域	温室	配置的补光灯数量/具										
		1	2	3	4	5	6	7	8	9	10	合计
区域 1	1	—	110	110	110	110	110	110	110	—	110	880
	2	—	110	110	110	110	110	110	110	—	110	880
	3	—	110	110	110	110	110	110	110	—	110	880
区域 2	1	—	110	110	110	54	110	110	110	—	—	714
	2	—	110	110	54	110	110	110	110	—	—	714
	3	—	76	76	110	110	76	76	76	—	110	710
合计		—	626	626	604	604	626	626	626	—	440	4 778
购置量/具		626										
收入/元		339 500										

由表 4.4 可知，当不考虑产品间价格差异且产品价格高于市场批发价格时，同区域内的补光灯配置差距较小。区域 1 内的三座温室补光灯配置相同，具体配置情况是，在第 2~8 期及第 10 期按照单个温室补光灯最大安装数量进行补光，而在第 1 期及第 9 期选择不补光。区域 1 在全周期内补光灯合计使用次数为 2640次，区域内的温室 1、温室 2 及温室 3 合计使用次数均为 880 次。区域 2 中的温室 1 及温室 2 补光优化结果类似，第 1 期、第 9 期和第 10 期均选择不补光，且两温室全周期内的补光灯使用次数均为 714 次，温室 3 与温室 1、温室 2 的结果有较大差异，其在第 1 期及第 9 期选择不补光，在中期和末期选择满载补光。若在每期都对温室进行满载补光，需要购置补光灯 660 具，而在以上条件下，补光灯的最佳购置量为 626 具。低于最大可装量的补光灯购置数量和各周期内差异化的使用数量是更经济的做法，说明即便在不考虑产品间价格差异的情况下，模型得出的结果依然可以起到很好的参考作用，可以有效避免补光资源的闲置浪费和补光不经济现象的发生。

本节在考虑补光时间时，选择模拟露天环境下的天气变化对室内光照条件的影响而提前设定需补光时间。经实验发现，各补光周期的需补光时间差异对周期内补光灯的总使用次数有显著影响。由图 4.18 可以看出，当需补光时间在 2h 以下时，各周期均选择不补光，需补光时间为 2~4h 时，应将补光灯使用次数控制在 400~600 次，当需补光时间在 4h 以上时，应将购买的全部补光灯都用于人工补光。补光时间与补光灯使用数量之间的关系，可以使得模型优化结果在基于物联网的温室环境中被广泛使用。如通过对监测站收集的数据进行预测，从而事先获得未来半月内的天气状况，之后结合作物种植经验、专家知识等给出作物每日的需补光时间，然后通过规划模型求得每天需准备的补光灯数量，极大方便了补光作业的科学性和操作性。上述分析是在将产品价格设置为固定值并消除产品间价格差异的前提下进行的，为了突出产品价格对补光灯调度决策的影响，之后将对其着重分析。

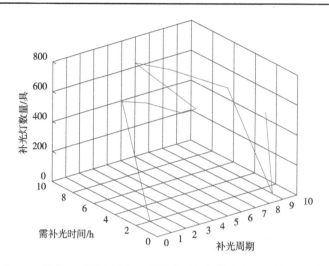

图 4.18　情景 1 下补光周期、需补光时间与补光灯配置数量的关系

情景 2：未考虑作物之间的产量差异时，模型运行结果如表 4.5 所示。

表 4.5　未考虑作物间产量差异时，模型运行结果

区域	温室	配置的补光灯数量/具										
		1	2	3	4	5	6	7	8	9	10	合计
区域 1	1	—	110	110	110	110	110	110	110	—	110	880
	2	—	110	110	110	110	110	110	110	—	110	880
	3	—	110	110	110	110	110	110	110	—	110	880
区域 2	1	—	110	110	68	47	110	110	110	—	47	712
	2	—	110	47	110	110	68	47	110	—	110	712
	3	—	47	110	89	110	89	110	47	—	110	712
合计		—	597	597	597	597	597	597	597	—	597	4 776
购置量/具		597										
收入/元		390 524										

由表 4.5 可知，不考虑作物间产量差异时（将产量最高的作物的平均产量作为其他作物的平均产量），除第 1 期和第 9 期所有温室没有补光活动外，其余周期均有补光活动。区域 1 在有补光的周期中均是满载补光。区域 2 内的温室 1、温室 2、温室 3 虽在各期中存在补光灯配置数量的差异，但是其在各期的补光灯总使用次数均为 712 次，所有温室全周期内的补光灯使用次数为 4776 次。虽然作物间产量的差异未被考虑，但作物间的价格差异已经被考虑了，在价格差异的作用下，补光灯具的购置量较未考虑价格差异时减少了 29 具。由于预期产量参考的是产量最高的作物，销售收入受产量的影响显著增加，比考虑产量差异时提高了约 15%。这说明作物间预期产量的差异对补光资源调度有显著的影响。

需补光时间和各期需使用的补光灯数量之间的关系较情景 1 有微小差异，情景 2 中除第 1 期及第 9 期外，各期的补光灯数量均为 597 具。情景 2 中三者间的关系见图 4.19。情景 1 未考虑作物之间的价格差异，情景 2 未考虑作物之间的产量差异，在情景 3 中将同时考虑价格差异与产量差异。

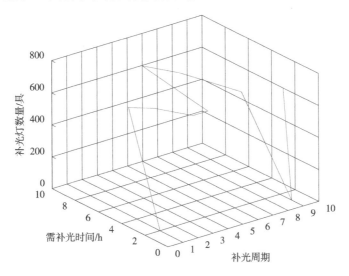

图 4.19　情景 2 下补光周期、需补光时间与补光灯配置数量的关系

情景 3：同时考虑作物价格差异与产量差异时，模型运行结果如表 4.6 所示。

表 4.6　同时考虑作物间价格差异与产量差异时，模型的运行结果

区域	温室	配置的补光灯数量/具										
		1	2	3	4	5	6	7	8	9	10	合计
区域 1	1	—	110	110	110	110	110	110	110	—	110	880
	2	—	110	110	109	109	110	110	110	—	110	878
	3	—	—	—	—	—	—	—	—	—	—	—
区域 2	1	—	110	68	69	69	110	110	68	—	68	672
	2	—	68	110	110	110	68	68	110	—	110	754
	3	—	—	—	—	—	—	—	—	—	—	—
合计		—	398	398	398	398	398	398	398	—	398	3 184
购置量/具		398										
收入/元		296 583										

同时考虑作物间价格差异与产量差异后，区域1及区域2的补光决策较情景1和情景2有较大变化。变化之一体现在区域1范围内的温室3和区域2范围内的温室3在全周期内均没有补光行为。经分析发现，两温室中种植的青椒平均产量低于番茄及茄子，价格与两者相比也没有绝对优势，因此，将有限的补光资源用到青椒生产中是不经济的。在多品种种植的植物工厂或合作社中，若要进行补光资源投放，筛选出补光效益好的作物是重要的一步。与前述两种情景的补光灯总使用次数相比，情景3的补光灯总使用次数减少量超过1500次，说明考虑作物间价格差异及产量差异后，模型可以很好地找到最优的补光灯使用频次。与此同时，与情景1、情景2相比，情景3的灯具购置量降低200具左右，可以大幅降低购置成本，避免资源闲置和浪费。

本节研究了考虑作物间价格差异及产量差异的温室补光资源调度决策问题。基于过往对补光技术与资源调度领域的研究，深入分析了补光过程中发生的各项成本与补光过程中的资源约束，在此基础上提出了补光灯调度决策的整数规划模型。该模型可用于解决补光灯的购置数量与各温室的补光灯安装量、补光作物筛选等补光过程中需要面对的决策问题。根据作物的价格与产量变化特点，假设价格统一但产量不统一、产量统一但价格不统一和两者均不统一三种决策环境，通过算例分析发现：

（1）模型对解决补光过程中的补光灯调度问题具有可行性；

（2）同时考虑产品的价格与产量两方面的差异可以获得最优的决策结果，单方面考虑价格差异次之，单方面考虑产量差异最差；

（3）通过结果分析发现，作物在价格与产量间的差异均对决策结果产生了显著影响，因此，市场因素是补光调度决策中需要考虑的因素，考虑了市场因素的影响才能使补光决策更具有经济性。

4.2　基于物联网的温室水肥监测与一体化调度

4.2.1　基于物联网的温室水肥监测系统

基于物联网的温室水肥监测系统综合运用了物联网、大数据、云计算和智能控制技术，通过自动化设备帮助农业生产者实现对作物按需灌溉，定量施肥。自动化灌溉和施肥不仅降低了生产原料与人工成本，还可以提高效率，达到高效高产、增加收益的目的。接下来，我们将对基于物联网的温室水肥监测系统的构建和设备组成进行说明，并简单介绍水肥环境对作物生长发育的影响，最后结合西安现代果业展示中心智慧果园推广集成示范项目这一实例，说明水肥监测的异常情景识别问题。

1. 温室水肥监测系统的构建

基于物联网的水肥监测系统是实现智能水肥一体化的关键，其依靠大数据、云计算等技术的支撑，结合作物需水规律、土壤墒情、设施条件和技术措施等因素制定相应的水肥灌溉制度。具体地，水肥监测系统实时采集作物生长过程中的土壤数据，如土壤湿度、pH、电导率（electric conductance，EC）等，并传输给物联网云平台进行数据的分析处理，识别当前温室的土壤含水量及土壤养分情况是否满足作物生长的需求。当水肥监测系统处于手动控制模式时，用户通过物联网云平台控制计算机或者手机 APP 就能远程手动控制浇灌系统开和关；当系统处于自动控制模式时，若系统监测到的土壤含水量及土壤养分数据异常，系统会自动采取应对措施。例如，当土壤湿度低于下限值时，系统会自动延时，开启浇灌系统，而用户可以通过登录云平台查看系统的自动化控制，对记录的数据进行分析，以便合理安排作物的种植结构，使温室获得最大的生产效益。

如图 4.20 所示，温室水肥监测系统主要包括土壤环境监测设备、云平台系统和水肥一体化设备三部分。系统的主要原理是，土壤中的传感器收集土壤环境信息传输到云平台，云平台根据实时数据分析当前作物生长状况，并结合水肥管控规则库判断作物是否处于适宜的土壤环境，若土壤环境异常，云平台实时生成水肥调度方案并控制水肥一体化设备进行相应的水肥补充，以调整土壤环境，确保作物健康生长。其中，自动化灌溉过程主要依赖于土壤墒情传感器对土壤湿度进行监测控制。用户可以根据种植需要，将土壤墒情传感器分别放置在不同深度下的土壤中，对土壤温度和湿度数据进行长时间连续采集，从而为监测区域内的自动化控制灌溉提供数据支撑。当系统监测到当前土壤湿度已经达到系统阈值时，云平台将相应的控制命令发送给比例-积分-微分（proportional integral differential，PID）控制器，后者开启电磁阀，为作物自动灌溉。当土壤湿度数据达到标准值后，系统会自动停止灌溉。自动化施肥过程则主要依赖于土壤电导率传感器、pH传感器等，通过对不同的土壤环境中的土壤电导率、pH 数据进行实时监测，实现温室肥料的精准补充。土壤环境监测系统可以真实反映被监测区域内土壤环境的变化，不仅为后续的农作物施肥灌溉提供决策依据，也便于监测土壤环境数据的变动情况，为农业生产中的减灾抗旱提供重要的基础信息。

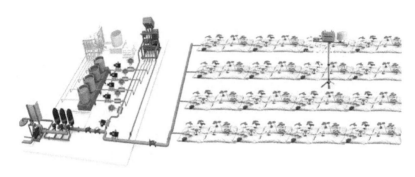

图 4.20　智能水肥一体化监测示意图

2. 温室水肥监测系统设备简介

1）土壤环境监测设备

温室种植是在一个半封闭的环境中进行的，因而温室中的土壤环境相比于自然界中的环境更易监测和控制。土壤环境监测是指通过对影响土壤环境质量因素的代表值的测定，确定土壤环境质量及其变化趋势的一整套持续监测系统。

在温室水肥监测系统中，土壤环境监测系统依靠各类土壤传感器实时监测获取不同点位的土壤参数信息，通过无线传感器将数据输送到云平台，为后续的自动化灌溉和施肥提供依据。

传统温室土壤参数监测依靠电缆来实现，然而在温室内大面积铺设地下电缆通常存在线缆安装复杂，维护困难等问题。近年来，基于物联网技术的温室土壤环境监测系统对传统温室土壤监测系统做出了改进，其主要由无线传感器网络和监测中心组成，实现温室环境内土壤参数的在线监测和无线传输。一方面，无线监测模式规避了传统温室土壤监测系统人力成本高、大面积铺设线路等难题；另一方面，无线传感网络可以快速、准确地获取土壤的多种属性信息，并将数据实时传输给云平台。

2）物联网农业云平台

物联网农业云平台以物联网及云计算技术（虚拟化、分布式存储和计算）为支撑，满足了大规模农业信息服务对计算、存储的可靠性、扩展性要求。物联网农业云平台一方面与各类土壤传感器和水肥一体化设备相互连通，实现温室作物水肥一体化的精准灌溉；另一方面，云平台也连接了温室终端与用户，面向农业相关人员提供数据查询、在线分析等应用服务，以便为作物制定更精准的水肥补充策略。

作为物联网云平台的主要技术支撑条件，各类无线传感技术已经较为成熟。常用的无线传感技术有：ZigBee 技术，其特点是近距离、低复杂度、自组织、低功耗、低数据速率，适合用于自动控制和远程控制领域；LoRa 技术，其特点是传输距离远、易于建设和部署、功耗成本低，适用于大范围环境的数据采集；蓝牙低能耗技术，具有低成本、适用于短距离、可互操作等特点。这些无线传感技术为各种传感设备的数据传输提供了重要支撑，弥补了传统农业生产中难以监测种植环境指标、监测手段落后等缺点，对智慧农业的建设具有重要意义。

3）水肥一体化设备

水肥一体化设备与农业云平台系统连接，获取针对特定作物的适宜的施水施肥量，从而为作物进行精准的灌溉和施肥。图 4.21 为智能控制柜和水肥一体化设备的示意图，水肥一体机由区域控制柜、混肥系统、灌溉系统等组成。智能控制柜通过连接农业云平台系统，获取作物所需的水肥数量，进而通过混肥系统将水肥充分混合后，由灌溉系统输送到作物的根部。混肥系统由肥料罐、混合罐和混合泵等组成，受智能控制柜的控制，可以调节水肥比例、混合时间和混合状态等。灌溉系统由输配水肥管网系统和灌溉器等组成，负责将混肥系统混合后的水肥液运输至作物根部。灌溉系统同样受智能控制柜控制，以便调节灌溉量、灌溉时间等。

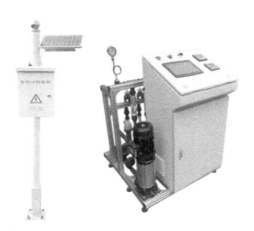

图 4.21　智能控制柜和水肥一体化设备

水肥一体化设备在一定程度上可以避免肥料的挥发损失，减少肥料在地里的残留，缓解水体污染，调节田间湿度，对土传病害（如茄科植物疫病、枯萎病等）也有很好的抑制作用。同时，水肥一体化设备可以大大节约人力、物力，尤其是肥料和灌溉水的使用量，从而降低生产成本。

3. 水肥与作物生长发育的关系

水分是影响作物生长发育的主要因素，也是作物的光合作用和蒸腾作用的重要原料。土壤含水量的多少直接影响作物根系的生长情况，在潮湿的土壤环境中，作物的根系不发达，生长缓慢，在干燥的土壤中，作物根系不断向下生长，寻求更多的水分。因而，只有适宜的土壤含水量才能使作物维持稳定的生长发育状态。作物的需水量通常用蒸腾系数来表示，具体指作物每形成 1g 干物质所消耗的水分克数，不同作物的需水量也有所差异。此外，土壤环境也会影响作物的需水量，通常，土壤环境中有机物质和元素的缺乏会增加作物的需水量。

除了从土壤中吸收水分外，作物还要吸收矿质元素和氮素以及有机物质等养分，以维持正常的生命活动。在栽培条件下，肥料的种类和使用量可调节土壤中养分的比例关系，为植物生长提供良好的养分环境，是作物生长不可缺少的原料。水肥作为影响作物生长情况的两个重要因素，共同影响作物的生长，且它们之间存在一定的交互效应。增加肥料会对作物吸收水分的效果产生影响，而增加灌溉也会影响作物对肥料的吸收，水肥间的这种相互作用称为水肥耦合。

水肥一体化首先要根据不同作物对水肥需求的差异，确定最佳水肥耦合作用，制订合适的灌溉计划。水肥耦合的作用对于不同的作物有所不同，最佳的水肥耦合方案可以有效提高作物的品质和产量。戴相林等[23]证实不同的土壤含水量对应着不同的土壤肥力，共同影响了春小麦农艺性状及产量。岳文俊等[24]通过实验证明了过量的灌溉与施肥会对甜瓜的生长产生不利的影响。邢英英等[25]发现当施肥量适中时，较高的灌水量有助于获得番茄的最高产量，而较低的灌水量更能使番茄具有最大的维生素 C、可溶性糖和番茄红素含量。因此，分析不同作物的需求，选择最佳的水肥补充方案，是实现水肥一体化精准控制的重要步骤。

4. 水肥异常的识别与调整

水肥一体化技术是指将灌溉与施肥融为一体的农业新技术，借助水的压力系统，将可溶性固体或液体肥料与灌溉水一起通过可控管道系统使水肥相融，再通过管道和滴头形成滴灌等多种灌溉方式，浸润作物根系发育生长区域，使主要根系土壤始终保持疏松和适宜的含水量与肥料量。水肥一体化技术一方面可以改变传统农业长期以来"大水大肥"的管理方式，为资源节约、环境友好发展提供了新的思路；另一方面，与常规的施肥方式相比，水肥一体化技术可以增加肥水利用率，增加作物产量，改善品质，进而提高经济效益。

基于物联网的温室水肥监测系统，通过对农业生产中的土壤温湿度、电导率及 pH 等参数进行实时监控、分析处理，结合作物的水肥管控规律及专家经验，对作物灌溉与施肥过程进行定时、定量控制，从而充分提高水肥利用率，实现智能、精准灌溉，提高作物产量与品质。如图 4.22 所示，依据历史土壤水肥数据、专家经验和领域知识，结合温室作物的种类、生长期和环境等情景要素，对作物的最优土壤环境进行训练，建立基于情景的土壤水肥条件规则库，并上传至农业云平台。在实际操作中，基于物联网的水肥监测系统根据作物的生长情况，分析出其所需的土壤环境，与土壤水肥监测系统采集的各类土壤环境指标对比，并进行趋势分析，判断是否重新调度。一旦达到重新调度的条件，依据已建立的作物土壤水肥管控规则进行实时建模，确定最优水肥比率、灌溉区域和灌溉时间等结果，并通过智能水肥一体机实施灌溉操作，调整土壤环境质量，保持土壤环境适宜作物生长。此外，根据作物的最终生长情况和实时水肥数据，可以不断调整基于已有情景的土壤水肥管控规则库，建立新的土壤水肥管控规则，达到系统内部优化，实现最优控制、提前控制。

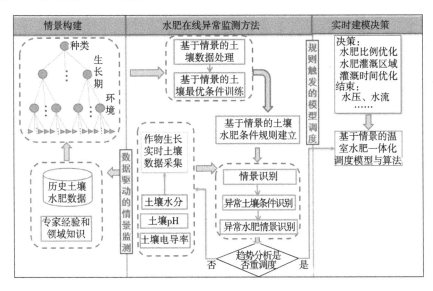

图 4.22　基于物联网的温室水肥异常情景识别

5. 案例分析

同样的，我们以西安市果业技术推广中心的西安现代果业展示中心智慧果园推广集成示范项目为例，对基于物联网的温室水肥监测系统进行应用分析。

西安现代果业展示中心智慧果园的温室水肥监测系统云平台管理主要包括作物管理和设备管理两部分。作物管理用于对所有生产作物进行详细管理，包括作物类别、生育期、生育期水肥环境需求等。设备管理则用于对温室的传感器进行控制和配置，设置报警信息等。其具体功能主要包括环境监控、设备控制、视频监控、数据储存等。环境监控主要监控作物生长状态信息、土壤墒情以及预警信息，并智能化预测作物水肥环境的变化趋势。设备控制主要是指通过控制水肥一体化设备调节作物水肥环境，实现作物水分及养分的适宜供给。视频监控可以提供各园区的实时视频监控及设备信息。数据储存是所有园区环境监测信息数据的储存备份，用户可以直接从平台获取园区的土壤墒情、作物生长参数等多种数据信息。

图 4.23 是园区内北侧日光温室在 2020 年 1 月 1 日~1 月 28 日的土壤温度监测数据。不难看出，每日的温度数据都处于变动之中。

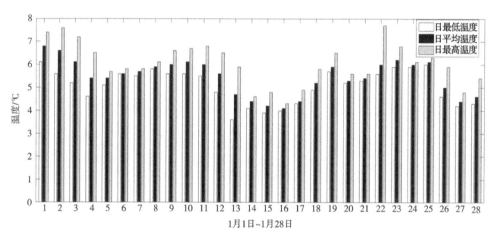

图 4.23　园区内北侧日光温室在 2020 年 1 月 1 日~1 月 28 日的土壤温度监测数据

表 4.7 显示了同一个温室在 2020 年 1 月 1 日~1 月 7 日的土壤湿度监测数据。不难看出，温室在这段时间内的土壤含水量变动不大，其中，七天内的土壤最高含水量为 35%，最低含水量为 24%。土壤含水量在大部分时间维持在 25%~26%。

表 4.7　园区土壤湿度监测数据

日期	最低值	平均值	最高值
1 月 1 日	29%	29%	35%
1 月 2 日	25%	25%	26%
1 月 3 日	24%	26%	26%
1 月 4 日	25%	25%	26%
1 月 5 日	25%	25%	26%
1 月 6 日	25%	25%	26%
1 月 7 日	26%	26%	26%

园区装有一个水肥一体主管道以及三个水肥一体施肥管道。通过对以上土壤墒情以及作物生长参数的实时监测，系统会智能判断作物是否需要灌溉，采用无线或有线技术，实现阀门的自动控制与智能灌溉。同时，系统通过视频监控以及水肥灌溉流量监测（图4.24），能够实时监测不同水肥管道的工作状态，及时发布缺水预警；通过水泵电流和电压监测、出水口压力和流量监测、管网分干管流量和压力监测，能够及时发现水肥一体化系统爆管、漏水、低压运行等不合理灌溉事件，及时通知系统维护人员，保障水肥一体化系统平稳运行。

图 4.24　园区水肥灌溉监测示例

总的来说，基于物联网的温室水肥一体化监测系统不仅可以监控农业中的环境因素变化，如土壤温度、湿度、土壤电导率以及 pH 等各项信息，而且具有远程控制、信息共享的作用，可以充分发挥现有节水设备的作用，优化调度，提高效益。通过物联网及自动控制等技术的应用，水肥一体化设施更加节水节能，降低灌溉成本，提高灌溉质量，使灌溉更加科学、方便。同时可以减少操作人员的工作量，提高管理水平，实现农作物从生长到收获过程的全自动水肥一体化监管。

4.2.2　基于物联网的温室水肥一体化调度模型与算法

本节在 4.2.1 节的基础上，重点研究基于物联网的温室水肥一体化调度模型与算法。首先综述了国内外温室水肥一体化控制技术的研究概况，进而从经济学、管理学视角，结合物联网技术、智能控制技术，考虑温室作物生长需求特性，以最大化种植利润为目标，建立了温室作物全生育期水肥一体化调度线性规划模型。其次，设计了适应于问题特点的遗传算法求解该调度模型。数值试验证明该模型和算法可以在最大化种植利润的同时，实现资源限制条件下作物各生育时期水肥资源的精准供给，为基于物联网的温室农业运营管理提供参考。

1. 国内外温室农业水肥一体化控制技术研究概况

水肥一体化技术来源于英文合成词 fertigation，即 fertilization（施肥）和 irrigation（灌溉）结合的技术，是当今世界公认的一项高效控水节肥的农业新技术。现代水肥一体化技术是指通过实时采集的作物生长环境参数和生育信息参数来构建模型，从而智能决策作物的水肥需求，通过配套的施肥系统实现水肥一体精准施入，有效提高水分和肥料的利用率，既保护环境，又提高产量、节省劳力、增加效益[26]。

温室农业的水肥作用过程以灌溉的形式实现水肥因子与土壤和作物的交互，因此水肥一体化调控不仅涉及自动控制本身，与植物营养学、土壤学、肥料学、水利学、灌排学、环境科学、农机学、信息科学、计算机科学等都有密切的关系，是一项学科交叉性很强的技术。本节从温室农业水肥一体化技术应用现状，水肥环境、土壤、作物关系研究，以及水肥一体化装备技术研究三方面介绍目前国内外该领域的主要研究进展。

1）温室农业水肥一体化技术应用现状

随着农业环境工程技术的突破，温室农业的内涵越来越丰富，技术含量越来越高，水肥一体化技术在温室中的应用也越来越广泛，并向自动化、信息化、智能化的方向发展，逐渐形成了有别于传统种植的全新技术体系。

水肥一体化技术的发展雏形开始于 18 世纪后期，当时英国有人把植物种植在植物培养液中，作物能够健康快速地生长，这便形成了水肥一体化栽培技术的雏形。到 20 世纪初期，美国率先对土壤滴灌技术进行探索，并进行了初具规模的实践应用，形成了世界上第一个农业滴灌工程。但是，水肥一体化技术得以真正使用始于 20 世纪中叶。20 世纪 60 年代初，以色列开始发展和普及水肥一体化灌溉施肥技术。1964 年，以色列建立了用于灌溉施肥的全国输水系统（national water carrier），并应用于果树、花卉、温室作物、大田蔬菜和作物。数十年来，以色列集中力量研究农业节水灌溉技术，经过多年研究和开发，探索出世界上最先进的喷灌、滴灌、微喷灌、微滴灌技术，特别是在干旱和沙漠地区取得了较大成功。以色列能够以"沙漠之国"创造"农业强国"的奇迹，其主要措施就是在节水农业的基础上全面发展高效的水肥一体化技术，从而将灌溉水利用率提高了 40%～60%，肥料利用率提高了 30%～50%[27,28]。

美国是目前世界上微灌面积最大的国家，在灌溉农业中，水肥一体化技术已应用于马铃薯、玉米、果树等的种植中。加利福尼亚已建立了完善的灌溉施肥设施及配套服务体系，果树种植全面采用喷灌、滴灌等技术，成为现代农业生产体系的典范，对世界上其他国家农产品的生产起到借鉴的作用。荷兰在水肥一体化技术方面已经拥有相对成熟的产品，通过自动化装备实现水肥科学有效混合，精准控制营养液的浓度以及酸碱度，从而实现高效的水肥一体化[29]。此外，水肥一体化技术发展较快的国家还有澳大利亚、德国、日本、印度等。随着灌溉施肥向智能化、信息化方向发展，发达国家逐渐将智能决策应用到灌溉施肥系统中。美国、日本、荷兰、以色列等国将物联网技术应用到水肥精准农业控制系统以及农业环境监测等方面，解决了劳动力不足、水资源短缺等问题，有效提高了生产效率[30]。

我国水肥一体化技术的研究始于 20 世纪 70 年代，该阶段以引进滴灌设备、滴灌器材为主，通过开展田间试验，不断消化吸收关键技术，掌握该技术在节水、省肥、增产方面的效益。1980 年，我国在引进国外先进工艺的基础上，自行研制生产出首台成套的滴灌设备。此后，我国自制灌溉设备开始实现大规模生产，并逐步由试验示范发展到大面积推广。20 世纪 90 年代中期，随着节水灌溉的推广，基于滴灌条件的施肥理论及技术应用研究逐步受到重视。2002 年，农业部组织开展水肥一体化试验示范与技术集成研究，建立多个核心示范区，涉及 20 多种农作物，促进了我国水肥一体化技术的大面积推广及应用[31]。2012 年，国务院印发的《国家农业节水纲要（2012—2020）》中强调要积极发展水肥一体化技术。此后，农业部先后下发《关于推进农田节水工作的意见》、《全国农田节水示范活动工作方案》和《水肥一体化技术指导意见》，将水肥一体化技术列为我国农田节水的主推技术，形成我国水肥一体化技术蓬勃发展的局面。

截止到 2014 年末，中国设施农业总种植面积已经达到 410.9 万 hm^2，占世界总种植面积的 85%以上，居世界之首[32]。大型设施产业已初具规模，温室环境配套设备也基本完善，但相比国外先进水平，还存在科技含量低、自动化程度低、机械化程度低、劳动强度大、运行管理水平低等问题，一些示范园区引进国外先进设备来提高管理水平，取得了一些成效，但国内自主研发的智能设备在性能上与国外先进设备还具有较大差距。

2）水肥环境、土壤、作物关系研究

在温室条件下，温室环境是影响作物产量和作物品质的决定性因素，因此环境的调控对温室作物的生长至关重要。水肥环境控制的主要对象是灌溉量、肥液浓度、肥液酸碱度等因子。水肥环境主要影响作物根系或叶面对水分和养分的吸收过程，直接决定了作物产量和作物品质。通过研究水肥环境与土壤环境、作物生理生态指标、作物产量之间的相互关系，探索温室作物在不同生育时期内的最佳水肥环境条件，指导温室农业种植过程。

（1）水肥环境与土壤环境关系研究。

目前，在温室农业中普遍采用滴灌施肥，因此研究水分和养分在土壤中的运移分布规律是确定合理水肥管理措施的基础，得到国内外研究者的广泛重视。麻玮青和范兴科[33]研究了玉米滴灌过程中施肥时段对氮肥利用效率的影响，通过设置四个施肥时段，观测不同处理灌后土壤剖面中硝态氮的分布状况，为合理安排灌溉施肥时间，实现水肥的高效利用提供了借鉴意义。赵颖等[34]研究了不同灌溉模式下新型缓释肥对马铃薯产量与土壤养分运移的影响，结果表明，膜下滴灌技术配合缓释肥处理可显著提高马铃薯的肥料利用率。Xiao 等[35]结合同位素 N-15

跟踪技术，研究了不同灌溉方式下氮素的迁移转化机理及肥料氮素利用趋势，结果表明，节水灌溉方式（稀释灌溉和间歇灌溉）可通过降低渗漏水量和 NO3-N 浓度，降低 NO3-N 淋失，从而有效抑制肥料氮素淋失。史海滨等[36]通过试验的方法，将不同种类的肥料和灌水方式组合，研究其对土壤盐分的动态影响，研究结果表明有机肥在常规灌水条件下控盐效果略显优势，缓释肥、控释肥在节水条件下的控盐效果明显，并通过试验对比获得了一组优化的水肥管理模式。

（2）水肥环境与作物生长关系研究。

关于水肥环境因子与作物品质和作物产量的关系，国内学者的研究主要集中在作物生产函数模型和水肥耦合模型两方面。研究主要涉及在温室农业条件下水肥耦合各个要素之间的相互关系及对作物生长发育过程的影响，如水肥因子对作物生理生态指标、根系空间分布、作物品质、作物产量的影响等[37-39]。

灌溉量是由作物的需水量决定的，作物各生育阶段水分对产量影响的机理甚为复杂，目前尚难用严格准确的物理方程来描述。作物需水量与作物产量之间的关系通常由作物水分生产函数反映，即作物产量与各生育阶段蒸发蒸腾量（简称腾发量）的关系。目前应用较为广泛的是 Blank 模型和 Jensen 模型[40]。这两个模型通过引入对水分亏缺的敏感指数，表达作物相对产量与作物相对腾发量之间的关系。所不同的是，Blank 模型是作物相对腾发量的加权连加模型，是一种线性模型，而 Jensen 模型是作物相对腾发量的连乘模型，是一种非线性模型[41]。由于连加模型无法解释作物相对产量与作物相对腾发量之间的非线性关系，且忽略了各生育阶段之间的相互影响，因此在我国应用广泛的是 Jensen 模型。研究表明，该模型可以较好地反映作物田间耗水量和产量之间的关系[42-44]。

水肥与作物产量的关系通过水肥生产函数表示。水肥与作物产量的关系十分复杂，除了灌水量和施肥量等因素外，土壤的理化特性、作物品种、生长环境条件、地域差异都会影响作物的品质和产量。肥料的种类五花八门，大量元素、中微量元素的不同组合都会造成作物产量的差异。即便是同一种作物、同样的水肥条件，随着种植年限的不同，土壤的理化特性也不同，从而作物的产量也会受到影响，因此要建立水肥与作物产量的精确关系是比较困难的。国内关于水肥生产函数的研究成果主要集中在三方面：机理模型[45]、试验回归模型[46]、人工智能模型[47]。机理模型是从作物内在机理角度出发建立水肥与作物产量的关系模型。试验回归模型是报道最多的一类模型，大多数是通过田间试验的方法，利用田间灌溉施肥试验数据，通过多元线性或非线性回归方法拟合模型和计算模型参数。人工智能模型主要是利用人工神经网络、智能优化算法、模糊计算等智能方法建立水肥生产函数模型，描述水肥环境因子与作物生长的非线性关系。总体上讲，由于作物生长过程的不确定因素太多，因此从机理角度构建的模型往往精度不高。试验回归模型和人工智能模型的建立都是基于田间试验数据的，前者的模型计算相对简单，但往往针对某一作物或某一组特定试验条件，后者在非线性关系映射方面具有优势，但对样本选择的要求较高。虽然温室农业相比大田农业种植环境可控性更高，但在实际应用中，模型精度依然会受到地域性、时效性等因素的影响，造成模型失配，因此在模型的学习能力方面还有待进一步研究。

3）水肥一体化装备技术研究

现代农机装备在温室农业中占有重要地位，是推动温室农业工厂化的重要力量，温室农业农机装备正在朝着信息化、智能化的方向发展[48]。在水肥调控系统中，主要包括三方面的控制对象，即灌溉量的控制、肥液浓度的控制和肥液酸碱度的控制。而随着微灌施肥在温室农业中的普及，该技术对水质的要求越来越高，相应的水处理装备技术也在迅速发展。下面主要从灌溉施肥系统及装备和水肥调控技术两方面综述国内外相关的研究现状。

（1）灌溉施肥系统及装备研究。

水肥一体化精准调控技术的核心是研发以控制算法和传感器技术为基础的智能控制系统及操作装置，在这方面国外研究起步较早。国外农业发达国家，如荷兰、以色列、美国等，在灌溉施肥系统及装备领域的研究较早，自动控制技术比较成熟，在设施农业中大力发展了无土栽培技术，普遍采用高性能的施肥设备和控制精度较高的智能灌溉施肥系统。如荷兰的 Priva，以色列的 Netafim、Eldar-Shany 等公司的精准灌溉施肥系统和装备，近些年在国内也有一定程度的示范推广。这些系统装备不仅能够依据和作物生长相关的丰富的传感器信息对灌溉施肥过程进行精准的定时定量控制，而且能够通过互联网进行远程灌溉施肥过程的管理决策、种植过程指导、病虫害诊断、设备故障诊断等功能，智能化程度很高。随着智能控制学科的不断发展，国外不少学者对水肥一体化智能灌溉决策系统的开发做了深入研究。

Park 等[49]采用滚动时域控制（receding horizon control，RHC）算法控制土壤灌溉问题中土壤湿度和硝酸盐水平的性能，该方案在加利福尼亚一个农业用水灌溉中心控制系统中成功演示。在该系统中，实时的土壤湿度、温度和气象数据被无线传输到现场计算机上，以实现 RHC 算法对土壤湿度的自主控制。Castañeda-Miranda 等[50]将模糊控制技术与现场可编程门阵列（field programmable gate array，FPGA）技术相融合，研制了一个可在线混合肥液的温室灌溉施肥系统，具有良好的节水节肥效果。Barradas 等[51]开发了一套灌溉施肥决策系统。在该系统的高级模式中，用户通过图形用户界面（graphical user interface，GUI）可以获取土壤样品分析和其他相关信息。Papadopoulos 等[52]研究了模糊决策支持系统在场地特定氮肥施用中的设计和应用。系统基于知识提取和模糊逻辑方法实现氮方程的简单有效求解。Ashraf 等[53]开发了用于计算小麦肥料空间表面积的模糊决策支持系统。肥料的空间表面积描述了在特定区域种植特定作物所需的肥量。该系统以土壤养分和耕作时间作为输入值，应用模糊逻辑，生成肥料表面积。Yahyaoui 等[54]设计了自主式精准灌溉系统，用于半干旱地区番茄作物的种植。他们将模糊逻辑整合到控制系统中，根据场地和作物的特点，结合番茄蒸腾量和灌溉频率，评估番茄在营养周期所需的水量。

国内的一些示范单位通过引进、消化、吸收国外先进系统或设备，在水肥一体化控制系统开发和装备研究等方面也取得了一些进展。刘林等[55]为大田设计了移动式精量配肥灌溉施肥一体机及其中央控制系统，实现了全自动灌溉施肥和母液浓度精准调控。大田环境试验表明一体机能够按设计的时间分配模型对大田作物进行全自动作业。赵进等[56]基于物联网远程控制技术和分布式低成本无线组网技术设计了自动灌溉施肥系统。系统采用分布式无线信息采集器实时采集环境及土壤墒情信息，基于植物生长周期与生长环境做出灌溉施肥决策，弥补大规模生产基地多作物水肥管理系统的不足。詹宇等[57]设计了基于可编程逻辑控制器（programmable logic controller，PLC）的果园水肥一体化控制系统。试验结果表明，系统在短时间内实现了水肥溶液浓度和酸碱度的精准调节，从而完成了混肥过程，提高了水肥利用效率，保证了设备的高效、稳定运行。阮俊瑾等[58]设计了一种能实现自动灌溉、施肥、配方、混肥的球混式水肥灌溉系统。试验证明，该系统的肥液浓度和酸碱度调节品质好、性能稳定可靠、组装简便、操作人性化、实用性强，有利于推广使用，为精准灌溉施肥系统的进一步研究提供了参考。

（2）水肥调控技术研究。

水肥调控技术的关键是实现溶液的浓度及酸碱度的精准调节。已有研究表明，肥液的电导率与浓度之间存在确定的转换关系，因此在水肥调控过程中常通过监测肥液的电导率间接测量肥液总浓度。

肥液浓度控制首先需要对肥液电导率进行监测。Murata 等[59]为了在线测量作物对养分的吸收，设计了一个微尺度空间的电导率传感器阵列，将多个电导率传感器放置在作物根区附近的土壤中，实现对作物根区养分浓度的连续测量。李颖慧等[60]通过试验对比了电导率的线性和非线性模型，认为采用分段线性模型的建模效果更好。在施肥控制策略方面，模糊控制已成为目前的研究热点。由于其不依赖控制对象精确的数学模型，适用于非线性、时变性、纯滞后的系统，因此得到了越来越多的关注，在施肥控制方面也有着广泛的应用。He 等[61]针对营养液的混合过程设计了一个基本模糊控制器，提高了混肥的精度，并利用 LabVIEW 完成了水肥药一体化决策系统的开发。李加念等[62]利用文丘里施肥装置设计了一套肥液自动混合系统，采用粗细两级调节方法，根据入口压力和脉冲宽度调制（pulse width modulation，PWM）的关系粗调电磁阀的占空比，再利用模糊控制器进行细调，使肥液浓度逼近目标值。景兴红等[63]分别将模糊控制与 PID 控制相结合，针对变量播种施肥系统设计了一套模糊 PID 控制器，实现了对施肥量的精确控制。

　　然而，在常规模糊 PID 控制算法中，由于量化因子和比例因子固定不变，其自适应能力受到了一定的限制。郭娜和胡静涛[64]针对该问题将变论域的方法引入模糊 PID 控制器，通过伸缩因子实时调整输入输出变量的基本论域，并在插秧机行驶速度的控制中进行了试验验证，试验结果表明该方法能够提高控制的精度和自适应能力。

　　在水肥生产过程中，有些作物的根系适宜生长在偏酸性的环境中，由于多数单质肥料呈碱性，因此在灌溉配肥阶段就需要对肥液的酸碱度进行调节。肥液的酸碱度一般由 pH 描述，pH 的控制具有高度非线性的特点，在各个行业的应用中都是一个公认的难点。在水肥调控过程中的 pH 控制除了非线性以外，水肥管理过程的复杂性使 pH 控制系统还具有不确定性、时变性、滞后性等特点，增加了控制难度。目前，对 pH 中和过程控制的研究主要集中在模型研究和控制算法研究两方面，在应用方面以工业应用居多，在水肥调控领域的应用报道尚不多见。

　　pH 中和过程模型一方面可以描述 pH 中和过程的本质，另一方面可以为基于模型的控制算法的设计奠定基础，因此建立一个满意的 pH 模型是模型研究的主要任务。目前，关于 pH 中和过程的模型研究主要包括机理模型、线性化模型、非线性模型、人工智能模型等。由于线性化模型的预测控制方法对于 pH 中和过程这种高度非线性的系统并不能胜任，一般需要采用非线性预测控制的方法弥补其不足。随着人工智能理论的发展，基于神经网络理论、模糊理论的建模方法也被用于 pH 中和过程的模型研究。Pishvaie 和 Shahrokhi[65]建立了滴定曲线的 T-S 模糊模型，通过专家知识建立模糊规则库来描述滴定曲线，用 pH 中和过程静态部分的模糊模型代替其动态部分，并对模型进行了仿真验证。王志甄和邹志云[66]应用神经网络建模思想和模型预测控制方法，结合 Hammerstein 模型的特点，分别建立 pH 中和过程基于神经网络的非线性预测控制系统整体求解策略和基于 Hammerstein 模型的两步法预测控制策略。仿真结果表明，两种控制策略均优于传统 PID 控制方法。

　　在控制算法研究方面，除了上述基于模型的预测控制方法外，主要集中在自适应 PID 控制、反馈线性化控制、智能控制等几方面。由于传统的 PID 控制难以适应 pH 中和过程工作点的变化，因此通常需要与其他具有在线学习能力的算法相结合，实现控制参数的在线整定[67,68]。智能控制方法是目前的研究热点。陶吉利等[69]设计了一种基于多目标的动态模糊递归神经网络（fuzzy recursive neural network，FRNN）建模方法，用于 pH 中和过程的控制。所设计的多目标优化算法以提高拟合精度和简化网络结构为原则，同时优化模糊神经网络中的模糊规则数、隶属度函数中心点及其宽度，由此得到的 FRNN 模型可以高精度拟合 pH 中和过程。王琦等[70]针对糖厂澄清工段的 pH 中和过程设计了一种基于神经网络的 PID 算法，并利用 ARM（Advanced RISC Machines）公司 Cortex-M3 核的处理器设计出 pH 中和过程控制系统。试验验证了该控制系统具有响应速度快、控制精度高、自适应能力强等优点。

4）存在的问题

综合来看，目前关于水肥一体化领域的研究大多集中在植物营养学、土壤学、肥料学、农机学、计算机科学以及自动控制领域，如水肥环境、土壤、作物关系研究，水肥一体化装备系统及调控技术研究等，这些研究为基于物联网的温室水肥一体化调度奠定了重要基础。然而，现有研究较少从经济学、运筹管理学视角研究资源限制条件下水肥协调调度优化问题，特别是物联网环境下的温室水肥一体化调度优化。接下来的章节中将详细介绍基于物联网的温室水肥一体化调度模型构建及求解算法。

2. 水肥一体化调度模型

基于物联网的温室水肥一体化控制技术可以实现水肥精准调度。如图 4.21 所示，温室中的土壤传感器实时收集土壤数据（包括土壤湿度、电导率和 pH）传输给中央服务器。中央服务器对土壤数据进行分析，确定当前土壤的水分和养分状况，并将当前状况与中央服务器中存储的最佳状态进行比较，从而得到水肥的补充量。然后，中央服务器将相应的控制命令发送给水肥一体化控制系统中的 PID 控制器，后者按相应比例开启电磁阀，为作物补充精准配比的水肥混合溶液。可以看到，这一过程中的关键步骤是确定水和肥料在特定生育时期的最佳补充量，这决定了补给成本。同时，不同生育时期内水肥的补充量会影响作物的品质、产量等，继而影响种植收益。

本节从经济学、管理学视角，结合温室作物生长需求特性，建立水肥一体化调度优化模型，解决多区域多种作物全生育期内的水肥资源协调优化问题，实现水肥资源限制条件下作物种植利润最大化。目前尚未有关于水肥协调调度优化的研究，较为相关的研究集中在农业灌溉水的布置优化问题[42,71-75]及水土资源优化问题[76,77]上。因此，本书首次将水肥等多种资源协同考虑进行优化，并结合物联网技术，保证水肥配比的精确性，实现作物全生育期内水分和养分的精准供给。

假设温室有 I 个区域分别种植 I 种作物，需要在 T 个生育时期内进行水肥灌溉。肥料种类为 J（一般来说，肥料包括氮肥、磷肥、钾肥三种），每种作物 i 的种植面积为 A_i，单位为 hm^2，价格为 P_i，单位为元/kg，单位灌溉用水的价格为 C_w，单位为元/m^3，水的可用总量为 W_{tot}，单位为 m^3，肥料 j 的总量为 F_{tot}^j，单位为 kg。由于水肥一体化中肥料是通过一定配比的液体补充给作物，且这一配比在实施调度之前已由 PID 控制器通过精确控制水肥液的电导率以及 pH 确定，因而水肥一体化调度的本质是在水肥资源有限的条件下为不同时期、不同区域的作物调度用以配比肥料的水量。假设作物 i 在 t 时期内需要的补水量为 W_{it}，单位为 m^3。

假设作物 i 在 t 时期内需要肥料 j 的施入量为 F_{itj}，单位为 kg，肥料 j 与水的配比为 δ_{itj}，单位为 kg/m^3，（$\delta_{itj} \geqslant 0$，$\delta_{itj}=0$ 表示作物 i 在 t 时期内不需要补充肥料 j，$\delta_{itj}>0$ 表示作物 i 在 t 时期内需要补充肥料 j），则有 $F_{itj}=W_{it}\delta_{itj}$，肥料 j 的价格为 C_j，单位为元/kg。模型中规定，肥料种类 J 为 3，且 j 等于 1、2、3 分别表示氮肥、磷肥、钾肥，肥料 j 的可用总量为 F_{tot}^{J}。优化过程中始终保持作物 i 在 t 时期内的水分与肥料 j 的补充量按照 δ_{itj} 的比例进行。

除了消耗水肥资源，温室作物的电量消耗也是一笔较大的开支。温室作物的补光、水肥灌溉等过程都需要消耗电费。由于本部分不考虑作物的补光调度问题，因而假定作物生育期内因补光消耗的电费为常数 L_c。水肥灌溉过程中的电费计算见式（4.10）：

$$E_c = C_e P \varphi (1000 \sum_{i=1}^{I} \sum_{t=1}^{T} W_{it} + \sum_{i=1}^{I} \sum_{t=1}^{T} \sum_{j=1}^{3} W_{it}\delta_{itj}) / \rho_{it} \qquad (4.10)$$

式中，E_c 表示温室所有作物生育期内因灌溉水肥消耗的电费，元；C_e 表示单位电量的价格元/（kW·h）；P 表示灌水机的功率，kW；φ 表示灌水机灌溉 1m^3 的水肥液需要的时间，h/m^3；ρ_{it} 表示作物 i 在 t 时期的水肥液密度，同水肥配比因子 δ_{itj} 一样，ρ_{it} 由 PID 控制器通过精确控制水肥液的电导率以及 pH 确定。

由于水肥灌溉量与作物产量直接相关，进而影响作物种植利润，因而建模时应考虑水肥施入量与产量之间的关系，这一关系通过作物水肥生产函数表示。由综述可知，水肥与作物产量的关系十分复杂，同时，作物品种、土壤的理化特性、生长环境条件、地域差异都会影响作物的品质和产量。国内外学者分别从机理分析、试验回归、人工智能分析等角度建立水肥生产函数[78,79]。本节涉及多种作物的水肥资源调度，综合考虑生产函数的通用性以及调度模型的复杂性，将作物水肥生产函数简化为多元一次线性方程。具体地，根据曹永强等[80]的研究成果，作物全生育期内的耗水量等于灌溉水量+降雨量−土壤根系层含水的增加量。由于研究温室作物，故耗水量不包括降雨量，同时相较于灌溉水量，土壤根系层含水的增加量较小，因而也不予考虑。耗水量则用作物全生育期内的灌溉水量 W_q 表示。肥料消耗量包括氮肥、磷肥以及钾肥的施入量，分别用 N_q、P_q、K_q 表示。因而，作物 i 单位面积产量 Y_i（kg/m^2）的计算见式（4.11）：

$$Y_i = a_{0i} + (a_{1i}W_q + a_{2i}N_q + a_{3i}P_q + a_{4i}K_q) / A_i \qquad (4.11)$$

式中，a_{0i}、a_{1i}、a_{2i}、a_{3i}、a_{4i} 表示生产函数的系数，受作物种类、施肥管理、气候、灌溉模式、土壤类型、耕作方式及地下水位等多种因素的影响，并由温室作物种植试验数据确定。

式（4.11）中，$W_q = \sum_{t=1}^{T} W_{it}$（$\forall i=1,2,\cdots,I$）；$N_q = \sum_{t=1}^{T} W_{it}\delta_{it1}$（$\forall i=1,2,\cdots,I$）；

$$P_q = \sum_{t=1}^{T} W_{it} \delta_{it2} \quad (\forall i = 1, 2, \cdots, I); \quad K_q = \sum_{t=1}^{T} W_{it} \delta_{it3} \quad (\forall i = 1, 2, \cdots, I)_{\circ}$$

每个区域的作物 i 在时期 t 内需要补充的水量应该在一个合适的范围内。一方面，补充水分过多会导致作物难以吸收，浪费水资源；另一方面，水分过少又会导致作物因缺水而减产。作物 i 在时期 t 内需要补充的水量范围见式（4.12）。一般来说，作物 i 在时期 t 内的最小需水量 W_{it}^{low} 及最大需水量 W_{it}^{high} 由作物水肥一体化控制规则库给出。

$$W_{it}^{\text{low}} \leqslant W_{it} \leqslant W_{it}^{\text{high}}, \quad \forall i = 1, 2, \cdots, I, \quad t = 1, 2, \cdots, T \tag{4.12}$$

由于调度过程中不同作物、不同时期、不同肥料与水的比例始终保持精准配比 δ_{itj}，因而在限制补水量范围的同时，也限制了补充肥料的范围，从而保证养分的适当供给。

在水肥资源充足的情况下，应该使得所有作物在所有时期内的水肥补充量在最佳范围内，然而在资源受限条件下，必然存在一些作物的补充量难以满足最低需求，同时由于资源分配的不合理，一些作物的水肥补充超过自身需要。这时就需要为超出合适范围的方案设定惩罚量。作物 i 在时期 t 内水分补充量超出合适范围的惩罚量计算见式（4.13）与式（4.14）。

$$\text{Pw}_{it}^{\text{low}} = \min(W_{it} - W_{it}^{\text{low}}, 0) \times \alpha_{it}, \quad \forall i = 1, 2, \cdots, I, \quad t = 1, 2, \cdots, T \tag{4.13}$$

$$\text{Pw}_{it}^{\text{high}} = \min(W_{it}^{\text{high}} - W_{it}, 0) \times P_e, \quad \forall i = 1, 2, \cdots, I, \quad t = 1, 2, \cdots, T \tag{4.14}$$

式中，$\text{Pw}_{it}^{\text{low}}$ 表示作物 i 在时期 t 内水分补充量小于最低需求量的惩罚值；α_{it} 表示缺水惩罚系数。不同的作物在不同时期具有不同的缺水惩罚系数，反映了作物适宜补水的程度。根据生产经验，作物在某些"关键"生育时期会因缺水或者缺失某种肥料导致严重减产甚至颗粒无收的情况，此时生产函数失效，因而令 $\alpha_{it} \to +\infty$，从而避免作物在"关键"生育时期内缺失必要的水分及养分。除了这些"关键"时期，假定其他时期内的耗水量与产量的关系符合生产函数，$\alpha_{it} = 0$。$\text{Pw}_{it}^{\text{low}}$ 表示作物 i 在时期 t 内水分补充量超过最高需求量的惩罚值，P_e 为超量惩罚系数，$P_e \to +\infty$。不同的作物具有相同的超量惩罚系数，表明资源限制条件下任何作物任何时期的水量浪费都是不被接受的。

同样，所有作物所有时期内总补水量与肥料 j 总施入量应小于最大可用补水量 W_{tot} 与最大可用肥料供给量 F_{tot}^j。超出该范围的方案在评估时需要加上一个极大的惩罚量。作物在生育期内总补水量以及肥料 j 总施入量超出合适范围的惩罚量计算见式（4.15）与式（4.16）。

$$\text{Pt}_w^{\text{high}} = \min\left(W_{\text{tot}} - \sum_{i=1}^{I} \sum_{t=1}^{T} W_{it}, 0\right) \times P_e \tag{4.15}$$

$$\mathrm{Pt}_{fj}^{\mathrm{high}} = \min\left(F_{\mathrm{tot}}^{j} - \sum_{i=1}^{I} \sum_{t=1}^{T} W_{it}\delta_{itj}, 0 \right) \times P_{e}, \quad j = 1,2,3 \tag{4.16}$$

式中，$\mathrm{Pt}_{w}^{\mathrm{high}}$ 和 $\mathrm{Pt}_{fj}^{\mathrm{high}}$ 分别表示作物生育期内总水分补充量以及肥料 j 的补充量超过可用量的惩罚值。

基于以上分析，温室水肥一体化调度的线性规划模型如下。

目标函数：

$$\max\ (B_{\mathrm{c}} - I_{\mathrm{c}} - W_{\mathrm{c}} - F_{\mathrm{c}} - E_{\mathrm{c}} - L_{\mathrm{c}}) \tag{4.17}$$

式中，B_{c} 表示作物毛灌溉效益；I_{c} 以及 L_{c} 为已知量，分别表示所有作物的购苗成本以及补光过程消耗的电费；W_{c} 表示灌溉所需的水费；F_{c} 表示肥料费；E_{c} 表示灌溉过程消耗的电费。B_{c}、W_{c}、F_{c} 与 E_{c} 的计算分别见式（4.18）~式（4.20）及式（4.10）。

$$B_{\mathrm{c}} = \sum_{i=1}^{I} P_{i}A_{i}Y_{i} \tag{4.18}$$

$$W_{\mathrm{c}} = C_{w} \sum_{i=1}^{I} \sum_{t=1}^{T} W_{it} \tag{4.19}$$

$$F_{\mathrm{c}} = \sum_{i=1}^{I} \sum_{t=1}^{T} \sum_{j=1}^{3} W_{it}\delta_{itj}C_{j} \tag{4.20}$$

约束：

$$W_{it} \in [W_{it}^{\mathrm{low}}, W_{it}^{\mathrm{high}}], \quad \forall i = 1,2,\cdots,I, \quad t = 1,2,\cdots,T \tag{4.21}$$

$$\sum_{i=1}^{I} \sum_{t=1}^{T} W_{it} \leqslant W_{\mathrm{tot}} \tag{4.22}$$

$$\sum_{i=1}^{I} \sum_{t=1}^{T} W_{it}\delta_{itj} \leqslant F_{\mathrm{tot}}^{j}, \quad \forall j = 1,2,3 \tag{4.23}$$

$$W_{it} \geqslant 0, \quad \forall i = 1,2,\cdots,I, \quad t = 1,2,\cdots,T \tag{4.24}$$

在该模型中，式（4.17）为目标函数，即最大化种植总收益，其值为所有作物生育期内的毛灌溉效益 B_{c} 减去购苗成本 I_{c}、灌溉所需的水费 W_{c}、肥料费 F_{c} 以及灌溉过程消耗的电费 E_{c} 和 L_{c}。约束（4.21）表示每种作物 i 在时期 t 内需要补充的水量应在一个合适的范围内。约束（4.22）表示为所有作物分配的水量之和不超过总可用水量。约束（4.23）表示为所有作物分配的各种肥料之和不超过该肥料总可用量。约束（4.24）表示补水量应为非负值。

3. 基于遗传算法的水肥一体化调度求解

遗传算法（genetic algorithm，GA）是一种模仿自然界生物进化规则的启发式算法，具有高度并行、随机优化和自适应等特点。算法首先通过编码过程将问题的解表示为"染色体"的形式，进而通过交叉重组、变异、选择等过程不断迭代，最终收敛到最适应的群体，从而求得问题的最优解或近似最优解。遗传算法的流程图如图 4.25 所示。其优点包括原理和操作简单、通用性强、全局解搜索能力强、不受约束条件的限制等。接下来的章节中将详细讲述遗传算法求解模型的过程。

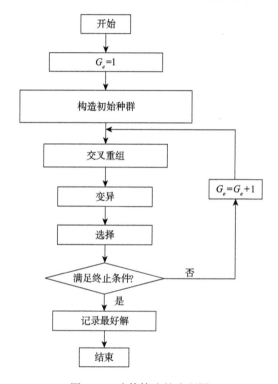

图 4.25　遗传算法的流程图

1）适应度函数

适应度函数又称为评估函数，用于评判算法搜索过程中候选解的优劣。一般来说，评估函数的形式与目标函数一致。在本节的问题中，由于允许产生违背约束条件的不可行解，因而在评估此类不可行解时需要加入惩罚值。适应度函数的计算见式（4.25）。

$$\max\ (B_c - I_c - W_c - F_c - E_c - L_c + P_{tot}) \tag{4.25}$$

式中，P_{tot} 表示水肥补给超出限定范围的总惩罚值，其计算见式（4.26）。

$$P_{tot} = \sum_{i=1}^{I}\sum_{t=1}^{T}(\mathrm{Pw}_{it}^{low} + \mathrm{Pw}_{it}^{high}) + \mathrm{Pt}_{w}^{high} + \sum_{j=1}^{3}\mathrm{Pt}_{fj}^{high} \tag{4.26}$$

2）编码与种群初始化

用矢量（$g_1, g_2, \cdots, g_l$）表示一条染色体，其中元素（基因）g_i 表示某一作物在某一生育时期内需要补充的总灌溉水量，l 表示染色体的长度，其大小等于作物种类 I 与作物生育阶段 T 的乘积。

为了促进算法更快收敛，初始种群采用构造的方式生成可行解。主要包括以下两个步骤。

步骤 1：为染色体中每一个基因依序随机分配区间 $[W_{it}^{\text{low}}, W_{it}^{\text{high}}]$ 内的值，确定作物 i 在时期 t 内的总补水量。

步骤 2：待所有基因赋值完毕，将所有基因的数值相加，验证是否符合总可用水量 W_{tot}。同时结合水肥配比参数 δ，计算所有作物在所有时期内肥料 j 的总补给量，验证是否符合总可用量 F_{tot}^j。当两项均符合时，一个可行解构造完成；若有一项不符合，转到步骤 1。

3）交叉重组过程

交叉重组过程模拟了自然界的基因重组过程，是遗传算法的关键步骤，决定了算法的广度搜索能力。交叉重组过程通过以一定概率 P_c 随机交换两个父代染色体的部分基因实现基因重组。常见的交叉算子包括单点交叉（1-point crossover，1PX）、两点交叉（2-point crossover，2PX）、部分匹配交叉（partially matched crossover，PMX）、顺序交叉（ordered crossover，OX）、线性顺序交叉（linear ordered crossover，LOX）等[81]。本次算法设计中选用 PMX 算子，其交叉重组过程示意图见图 4.26。

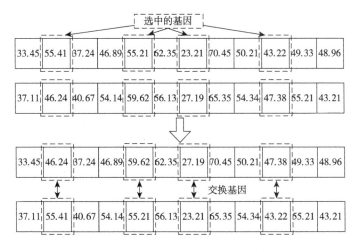

图 4.26 PMX 算子交叉重组过程示意图

首先随机选择一对染色体（父代）中的 d 个基因（两染色体被选位置相同）。d 的大小取决于染色体的总长度，图 4.26 中 d 的值为 4。其次，交换这两组基因的位置。

4）变异过程

变异过程通过以一定的概率 P_m 改变部分基因实现种群多样性的增加。与交叉重组过程不同，变异过程决定了算法的深度搜索能力，具有局部寻优的特点。为了增强算法的局部搜索能力，变异算子通常与局部搜索方法结合，例如，2-opt 算子、3-opt 算子、大邻域搜索（large neighborhood search，LNS）算子等。本章中选择 LNS 算子，其变异过程如下。

输入：Max_{it}：最大迭代代数；S：变异前的解；Destroy（·）：破坏解的方式；Repair（·）：修复解的方式；Fitness_evaluation（·）：适应度评估函数。

输出：S_{best}：变异后的解。

1：$S_{\text{best}}=S$；

2：while $\neg$ Max_{it} do

3：$S_{\text{neigh}}=$ Repair（Destroy（S））；

4：if Fitness_evaluation（S_{neigh}）$>$ Fitness_evaluation（S）then

5：$S= S_{\text{neigh}}$；

6：end if

7：if Fitness_evaluation（S_{neigh}）$>$ Fitness_evaluation（S_{best}）then

8：$S_{\text{best}}= S_{\text{neigh}}$；

9：end if

10：end

11：return S_{best}

局部搜索方法的关键是根据邻域动作（neighbor action）生成当前解 S 的邻域解 S_{neigh}。邻域动作是当前解向邻域解集映射的函数。在基于 LNS 的变异算子中，函数 Destroy（·）和 Repair（·）是邻域动作，分别通过破坏和修复当前解产生其邻域解。Destroy（·）函数首先随机选择当前解的一个基因，删除其数值。进而，Repair（·）函数通过生成区间（0，W_{it}^{high}）内的随机数修复解。

采用邻域动作生成当前解 S 的邻域解 S_{neigh} 后，使用基于式（4.25）的评估函数 Fitness_evaluation 分别评估 S 与 S_{neigh}、当前最优解 S_{best} 与 S_{neigh} 的优劣。若 S_{neigh} 优于 S 以及 S_{best}，使用 S_{neigh} 将其替换，然后重复以上过程继续生成 S_{neigh} 的邻域解并进行评估，直到满足最大迭代代数；若 S_{neigh} 劣于 S，重新生成 S 的邻域解并进行评估，直到满足最大迭代代数。

5）选择过程

选择过程通过一定的规则选取部分解进入下一代。常见的选择算子包括轮盘赌算子、锦标赛算子等[81]。由于轮盘赌算子容易在进化后期造成种群多样性丧失，因此这里选用锦标赛算子作为选择算子。在该方法中，随机选取若干个个体进行比较，适应度最大的个体被选中进入下一代。此外，根据选择过程是否考虑父代个体，将选择过程分为两种策略，即 Plus 策略和 Comma 策略，分别用 $(\mu, \mu + \lambda)$、(μ, λ) 表示[82]。在这两种策略中，μ 表示父代的数量，λ 代表子代的数量。一般情况下，λ 大于 μ。Plus 策略从 $\mu + \lambda$ 个个体中产生 μ 个新的父母进入下一代，而 Comma 策略仅从 λ 个子代个体中产生 μ 个个体进入下一代。初步测试证明了 Plus 策略更易于收敛到局部最优解，而 Comma 策略总是给出更好的解决方案。因而设计中选用 Comma 策略，同时在每一代中选择 $\mu + \lambda$ 个个体中的最好解进入下一代，从而保证最优解不会在进化中丢失。

6）终止策略

遗传算法中常见的终止策略包括到达最大迭代代数[83]、最大运行时间[84]、最好个体最大稳定代数[85]等。本设计选用第三种策略作为算法的终止条件，当种群内的最好个体维持 Max_{best} 代没有改变时，算法结束运行。

4. 数值实验

为了验证提出模型及算法的有效性，本节进行数值实验，得到种植利润最大化目标函数下各作物各生育时期内水肥资源的精准供给量，从而为基于物联网的温室农业运营管理提供指导。

1）参数设置

假设温室有 10 个区域分别种植 10 种作物，需要在 6 个生育时期内进行水肥灌溉。每种作物的种植面积均为 1hm²，单位灌溉用水的价格为 0.6 元/m³，水的可用总量为 2500m³，氮肥、磷肥、钾肥的可用总量分别为 130 kg、110 kg、120kg，价格分别为 1.8 元/kg、2.0 元/kg、2.5 元/kg。单位电量的价格为 0.55 元/（kW·h），灌水机的功率为 1kW，灌水机灌溉 1 m³ 的水肥液需要 10min（1/6h）。所有作物的购苗成本为 3000 元，作物全生育期内因补光消耗的电费为 2000 元。假设作物的生产函数的常数项为 0，一次项系数为 1。表 4.8 给出了每种作物的价格、每种作物每个时期内的最低及最高需水量。其中，加粗部分表示作物因缺水导致严重减产的"关键"生育时期。表 4.9 给出了每种作物在每个生育时期内关于每种肥料的水肥配比因子 δ、每种作物在每个生育时期内水肥液的密度 ρ。数值实验采用遗传算法进行求解，相关参数的意义及数值见表 4.10。

表 4.8 水肥一体化调度相关参数设定（价格、需水量范围）

作物 i	价格 P_i/元	作物 i 在时期 t 的需水量范围 $[W_{it}^{\text{low}}, W_{it}^{\text{high}}]$ /m³					
		作物生育时期 t					
		1	2	3	4	5	6
1	15	[50, 60]	[60, 70]	[30, 40]	[30, 40]	**[20, 30]**	[50, 60]
2	20	[30, 40]	[45, 55]	[50, 60]	[20, 30]	**[30, 40]**	[40, 50]
3	10	[40, 50]	[35, 45]	[40, 50]	[20, 30]	**[50, 60]**	[40, 50]
4	10	[40, 50]	[30, 40]	[55, 65]	[30, 40]	**[35, 45]**	[50, 60]
5	20	[50, 60]	[30, 40]	[30, 40]	[40, 50]	**[20, 30]**	[40, 50]
6	15	[40, 50]	[50, 60]	[30, 40]	[30, 40]	**[40, 50]**	[40, 50]
7	30	[30, 40]	[40, 50]	[40, 50]	[40, 50]	**[20, 30]**	[30, 40]
8	5	[40, 50]	[40, 50]	[40, 50]	[30, 40]	**[50, 60]**	[40, 50]
9	10	[40, 50]	[50, 60]	[40, 50]	[40, 50]	**[30, 40]**	[30, 40]
10	10	[40, 50]	[35, 45]	[45, 55]	[50, 60]	**[30, 40]**	[30, 40]

表 4.9 水肥一体化调度相关参数设定（水肥配比因子、水肥液密度）

作物 i	作物 i 在时期 t 的水肥配比因子 $[\delta_{it1}, \delta_{it2}, \delta_{it3}]$，水肥液密度 ρ_{it}					
	作物生育时期 t					
	1	2	3	4	5	6
1	[0.09, 0.08, 0.10], 1.34	[0.07, 0.00, 0.00], 1.12	[0.08, 0.11, 0.00], 1.21	[0.12, 0.00, 0.07], 1.25	[0.00, 0.00, 0.00], 1.00	[0.00, 0.09, 0.06], 1.24
2	[0.09, 0.11, 0.06], 1.38	[0.00, 0.00, 0.12], 1.23	[0.07, 0.08, 0.00], 1.25	[0.00, 0.00, 0.00], 1.00	[0.11, 0.00, 0.00], 1.11	[0.09, 0.00, 0.07], 1.20
3	[0.11, 0.12, 0.00], 1.23	[0.00, 0.00, 0.09], 1.09	[0.08, 0.07, 0.06], 1.36	[0.00, 0.00, 0.00], 1.00	[0.09, 0.00, 0.00], 1.17	[0.00, 0.08, 0.07], 1.23
4	[0.00, 0.09, 0.11], 1.24	[0.00, 0.00, 0.09], 1.15	[0.09, 0.10, 0.07], 1.36	[0.08, 0.09, 0.00], 1.23	[0.00, 0.00, 0.00], 1.00	[0.00, 0.08, 0.06], 1.22
5	[0.06, 0.08, 0.11], 1.37	[0.00, 0.12, 0.11], 1.25	[0.06, 0.09, 0.00], 1.11	[0.00, 0.00, 0.00], 1.00	[0.09, 0.10, 0.08], 1.39	[0.09, 0.00, 0.06], 1.21
6	[0.07, 0.08, 0.06], 1.39	[0.00, 0.00, 0.09], 1.12	[0.09, 0.11, 0.00], 1.24	[0.00, 0.00, 0.00], 1.00	[0.09, 0.08, 0.11], 1.40	[0.00, 0.08, 0.06], 1.23
7	[0.08, 0.09, 0.09], 1.36	[0.00, 0.00, 0.00], 1.00	[0.09, 0.09, 0.00], 1.22	[0.07, 0.00, 0.08], 1.23	[0.07, 0.00, 0.00], 1.15	[0.00, 0.00, 0.09], 1.14
8	[0.11, 0.00, 0.09], 1.24	[0.00, 0.00, 0.00], 1.00	[0.08, 0.07, 0.00], 1.25	[0.11, 0.00, 0.00], 1.12	[0.09, 0.08, 0.11], 1.41	[0.00, 0.07, 0.09], 1.25
9	[0.00, 0.08, 0.09], 1.26	[0.09, 0.00, 0.07], 1.25	[0.08, 0.00, 0.00], 1.13	[0.00, 0.00, 0.00], 1.00	[0.08, 0.11, 0.09], 1.36	[0.07, 0.08, 0.00], 1.21
10	[0.08, 0.07, 0.00], 1.24	[0.09, 0.00, 0.00], 1.14	[0.00, 0.08, 0.06], 1.24	[0.00, 0.00, 0.00], 1.00	[0.07, 0.09, 0.09], 1.42	[0.11, 0.00, 0.08], 1.24

表 4.10　遗传算法相关参数设定

参数	意义	数值
N	种群规模	100
$N\_initial$	初始父代种群规模	100
$N\_offspring$	后代种群规模	200
Max_{best}	最好个体最大稳定代数	1000
P_c	交叉概率	0.8
P_m	变异概率	0.1
Max_{it}	局部搜索最大迭代数	100

2）实验结果

遗传算法 10 次运行结果见表 4.11。从表 4.11 可以看出，程序每次运行的结果并不相同，这是由于遗传算法的随机性。在 10 次运行中，7 次得到的最好解为 3.6221×10^4，最劣为 3.6169×10^4。10 次运行结果之间的差别并不显著。表 4.12 给出了 10 次运行的最好解中作物生育期内的资源分配结果。图 4.27 为遗传算法求得最好解的演化过程。

表 4.11　遗传算法 10 次运行结果

运行次序	利润	运行次序	利润
1	**3.6221×10^4**	6	**3.6221×10^4**
2	3.6169×10^4	7	**3.6221×10^4**
3	**3.6221×10^4**	8	3.6215×10^4
4	3.6182×10^4	9	**3.6221×10^4**
5	**3.6221×10^4**	10	**3.6221×10^4**

表 4.12　最好解中作物生育期内的资源分配结果

作物 i	每种作物每个时期的补水量/m³						作物 i 生育期内最低需水量/m³	作物 i 分配的总水量/m³	作物 i 的资源超出率
	作物生育时期 t								
	1	2	3	4	5	6			
1	58.92	69.99	31.49	34.04	29.64	54.16	240	278.24	15.93%
2	39.92	45.64	50.75	26.16	35.14	49.75	215	247.36	15.05%
3	**9.28**	41.55	49.57	29.10	59.66	**8.71**	225	197.87	12.06%
4	40.55	33.18	60.47	39.96	38.57	51.56	240	264.29	10.12%
5	58.73	39.95	39.95	47.97	20.75	43.26	210	250.61	19.34%

| 作物 i | 每种作物每个时期的补水量/m³ | | | | | | 作物 i 生育期内最低需水量/m³ | 作物 i 分配的总水量/m³ | 作物 i 的资源超出率 |
| | 作物生育时期 t | | | | | | | | |
	1	2	3	4	5	6			
6	47.04	59.64	30.19	38.24	48.68	50.00	230	273.79	19.04%
7	39.69	40.53	33.32	47.77	29.80	39.31	190	230.42	21.27%
8	**36.40**	40.59	49.90	39.44	59.70	**24.03**	240	250.06	4.19%
9	43.84	50.31	46.84	39.64	32.69	35.43	220	248.75	13.07%
10	49.98	42.13	54.72	50.26	30.55	30.95	230	258.59	12.43%

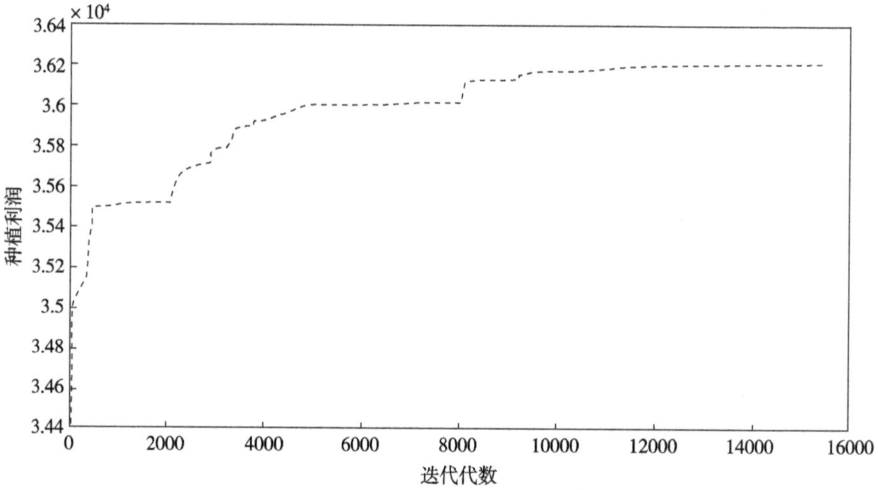

图 4.27　遗传算法求得最好解的演化过程

分析表 4.12 的结果，可以得到以下结论。

（1）大多数作物在大多数生育期内分配的补水量在需求范围内，只有部分价格较低的作物出现了某些生育时期内缺水的现象（见表 4.12 中加粗数值）。例如，作物 3 的价格为 10 元/kg，其在第 1 个生育期内补水量仅为 9.28m³，而其适宜补水范围为 40~50m³；又如，作物 8 的价格为 5 元/kg，其在第 6 个生育时期内的适宜补水范围为 40~50m³，而分配得到的补水量仅为 24.03m³。

（2）价格高的作物可以分配到更多的资源。表 4.12 中，作物资源超出率等于作物在全生育期内分配到的总水量与其最低总需水量的比值，反映了作物的需求资源满足程度。可以看出，价格最高的作物 7 得到了最充分的资源，其资源超出率为 21.27%。而价格最低的作物 8 的资源超出率仅为 4.19%。

（3）所有作物的"关键"生育时期均分配到适宜的水量。这是因为在模型设计时将作物"关键"生育时期的缺水惩罚系数设置为极大值,从而避免作物"关键"生育时期内因缺水导致严重减产甚至颗粒无收的现象。

（4）水肥资源利用率高。从表 4.12 中计算得到所有作物全生育期内分配到的总水量为 2499.98m³,而可用水总量为 2500m³。同时,结合表 4.9 的水肥配比因子,得到所有作物全生育期内分配到的氮肥、磷肥、钾肥总量分别为 129.38kg、107.83kg、118.49kg,而可用肥料的总量分别为 130kg、110kg、120kg。可见,可用的水肥资源均得到了充分的利用。

可见,本节提出的模型和算法可以解决基于物联网的水肥一体化调度优化问题,在最大化种植利润的同时实现资源限制条件下作物各生育时期水肥资源的精准供给,从而为基于物联网的温室农业运营管理提供指导。然而,本节提出的方法仍存在一些需要改进和完善之处,例如,水肥生产函数的准确确定。

4.3 基于物联网的温室温度监测与卷帘机调控

4.3.1 基于物联网的温室温度监测系统与预测

智能温室的监控和控制系统可以实现温室大棚信息化、智能化远程管理,保证温室大棚内环境最适宜作物生长,实现精细化管理,为农作物的高产、优质、高效、生态、安全创造了条件,实现果品生产过程全程可追溯标准化管理。在本节中,我们从硬件监控、软件计算预测和温度典型情景识别三方面介绍基于物联网的温室温度监测系统、预测及识别方法。

1. 温室智能监控系统

精准、有效的温室温度感知是农业运作的基础,精确感知温室温度有利于感知农作物的生长状态,识别典型情景。同时,数字化的精准记录也为农作物生长要素的调度（例如,通过操纵卷帘机调节温室内温度）奠定基础。通过调节温室的温度,农民便能了解农作物的生长状态并基于此进行农业生产与运作。下面,以西安现代果业展示中心智慧果园为例,对温室温度的感知设备和数据记录两方面进行详细介绍。

1）温室温度感知设备

物联网相关的传感器和传动设备是提高温室大棚管理效率、提升农产品质量的有效手段。农业物联网主要包括传感器、传动装置、农业机器人和农业无人机。在西安现代果业展示中心智慧果园的两个日光温室共计安装 6 套温度监测设备,如图 4.28 所示，以实现温室内温度的精准感知。

图 4.28　温室温度感知系统

　　针对园区内的日光温室、玻璃温室、15 连栋塑料避雨棚、5 连栋塑料避雨棚、大田灌溉设施，分别部署安装了日光温室远程控制终端 2 套、玻璃温室远程控制终端 1 套、15 连栋温室远程控制终端 2 套、5 连栋温室远程控制终端 1 套、大田灌溉远程控制终端 1 套。

　　玻璃连栋温室远程控制终端负责内外遮阳、水泵、顶/侧通风电机、湿帘、翻窗、风机、内循环等共计 21 路设备的远程控制，如图 4.29 所示。

图 4.29　温室设施控制系统

15 连栋大棚远程控制安装物联网远程控制终端设备 2 套，分别实现 6 路顶部通风的远程控制和 32 路卷膜机的远程控制。5 连栋大棚安装远程控制终端设备 1 套，实现 10 路卷膜机的远程控制。

物联网设备主要用于环境监控与预测、精准灌溉、精准施肥、病虫害控制等方面，包括 4 个主要的应用领域：环境可控的种植（温室大棚）、开放面积种植、畜牧业养殖、水产品养殖。然而，在实际农业运作中，物联网传感器设备还存在以下问题。

（1）传感器费用较高。大规模的农业种植通常占地面积巨大，而每一个物联网监测设备的采购和维修成本较高，加之农业物联网回报时间长，操作烦琐，因此高昂的物联网设备让很多中小种植户望而却步。

（2）传感器易受损害。传感器是易受损害的，它们的功能很容易受到极端天气、人工操作和环境不确定性的影响，例如，强风暴雨的天气很容易将传感器的电路设备短路，在野外的大田中，部分传感器较小，行人走路或者大型动物的踩踏也容易破坏传感器。传感器一旦被破坏，农业环境将无法精准、实时监测。

（3）传感器续航能力有限。部分传感器的续航能力有限，一些野外传感器甚至只能维持 2 天（48h）的记录。若要长时间稳定地记录温度，需要及时充电。

（4）能源消耗巨大。大规模农业种植对物联网传感器的要求量巨大，且实时监测对电力资源消耗巨大，增加了种植户的安装、使用和维修成本。

2）温室温度数据记录

物联网设备实时感知温室温度的变化，并以数据的形式存储在数据库中，以 Web 界面/手机 APP 界面形式呈现给用户。如图 4.30 所示，Web 界面展示了各个温室的环境信息、温室外的气象信息、施肥和灌溉信息及病虫害的摄像头监控系统。通过这种方式，种植户在家随时打开手机，就可以知道温室大棚的温度，感知农作物的生长状态，进而采取措施改善温室环境（例如，提高温室温度、补充水分、增加光照等）。同时，精准的数据记录为精准的农业操作提供定量基础。

如图 4.31 所示，Web 界面实时、准确地记录温室大棚环境情况，包括空气温度、空气湿度、土壤温度、土壤湿度、空气二氧化碳浓度和有效光辐射，并细化了不同温室、不同传感器节点、不同传感器类型的数据记录。

我们从 Web 界面抓取 2018 年 12 月 22 日~2019 年 12 月 22 日的数据（通过 Python 爬虫程序实现），共计 66 634 条数据。该数据与 4.1.1 节案例分析中的数据相同，这里我们以温度为例进行分析，结果如表 4.13 所示。

图 4.30　物联网温室温度感知及控制示意图

所在基地：西安果业联栋、日光 6（必选）　监控类型：所有类别

节点编号：　　　　大棚/温室：　　　　节点位置：　　　　节点类型：所有类型

数据时间：2020-02-24 ⌧ - 2020-03-01 ⌧　查询　导出

序号	节点	时间戳	空气温度	空气湿度	土壤温度	土壤湿度	空气CO₂浓度	有效光辐射
1	7335	2020-03-01 23:56:05	10.4	80	12.3	4	300	0

大棚/温室：15联栋塑料大棚
部署位置：15联动温室

序号	节点	时间戳	空气温度	空气湿度	土壤温度	土壤湿度	空气CO₂浓度	有效光辐射
3	7333	2020-03-01 23:55:11	7.6	70	10.4	39	371	0
4	7334	2020-03-01 23:55:06	11.1	86	12.1	38	324	0
5	7333	2020-03-01 23:52:49	7.6	71	10.4	38	367	0
6	7332	2020-03-01 23:50:12	7.5	75	10.8	37	415	46
7	7334	2020-03-01 23:50:06	11.3	84	12.1	38	315	0
8	7335	2020-03-01 23:47:55	10.3	81	12.3	3	306	0
9	7333	2020-03-01 23:47:49	7.7	68	10.4	39	374	0
10	7332	2020-03-01 23:47:07	7.5	75	10.8	37	395	46
11	7334	2020-03-01 23:44:59	11.1	84	12.1	39	314	0

图 4.31　Web 端温室环境实时监测界面

表 4.13　农业物联网基础数据分析

参数	空气温度/°C	空气湿度	土壤温度/°C	土壤湿度	二氧化碳浓度/（mg/kg）	有效光照强度/（μmol·m⁻²·s⁻¹）
标准差	10.52	22.25%	7.25	4.77%	50.41	71.89
最小值	−9.80	10.00%	−15.90	0.00%	54.00	0.00
平均值	15.62	72.40%	15.50	45.13%	423.79	35.32
最大值	46.10	99.00%	120.80	99.00%	654.00	838.00
偏度	−0.13	−0.58%	−0.34	−3.34%	−0.26	3.80
峰度	−0.62	−0.74%	0.44	34.49%	3.16	21.28

由表 4.13 分析可知，温室温度全年最低为−9.80°C，最高气温为 46.10°C，平均气温为 15.62°C，偏度和峰度趋近于 0，数据总体上服从正态分布。

从图 4.32 和图 4.33 分析可知，温室内的平均温度与四季温度变化基本保持一致，其中 7 月温度最高，1 月温度最低；具体在每一天中，中午及下午温度较高，其中在每天 14:00 温度最高。同时，12 月至次年 3 月平均温度较低，在上午 7:00 之后开始缓慢增长，而其他月份温度较高，平均温度都超过 10°C，在上午 6:00 之后开始迅速增长。因此，我们发现温度较高的月份，温室大棚上午升温较早且升温速度较快，温度较低的月份，上午升温较晚且升温速度较慢。通过对历史记录数据的描述性分析，我们可以发现温室大棚温度的规律。

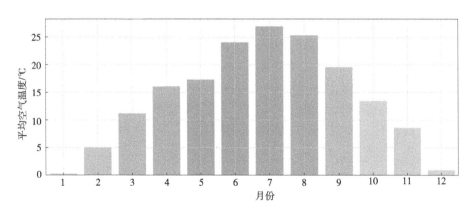

图 4.32　温室平均温度月分布图

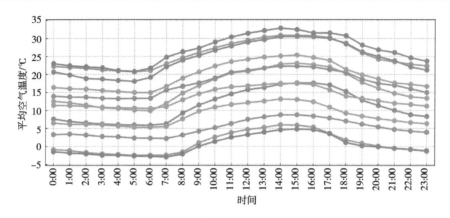

图 4.33　温室平均温度月-时间分布图

图中的曲线由上到下依次代表 7 月、8 月、6 月、9 月、5 月、4 月、10 月、3 月、11 月、2 月、12 月、1 月

通过对物联网传感器设备在农业领域的应用状况进行分析，我们发现物联网设备具有成本较高、设备功能易受损害、续航能力有限、能源消耗巨大等不足，因此，在实际应用中迫切需要一种低成本、低能耗、稳定性强的温室环境感知方法。软测量（soft sensing）方法可以实现软件代替硬件的功能，其结合生产过程的知识，应用计算机技术对难以测量或者暂时不能测量的重要变量，选择另外一些容易测量的变量，通过构成某种数学关系来推断或者估计。基于历史数据的温室环境预测可被认为是一种软测量方式。

通过图 4.32 及图 4.33，我们发现温室环境的温度分布具有一定的周期性（月份性和小时性），如果能对未来的温室环境进行预测并识别典型的情景，便可对温室的环境进行"天气预报"。传统意义上的天气预报给人们的生产生活提供指导，但天气预报对大规模开放性大田种植并无益处。一旦遇到极端天气（如大旱或大水），开放性种植无法采取有效的应对措施。但温室大棚是密闭的生态系统，可减缓极端天气的影响，因此提前预测温室环境将有利于温室大棚的精准农业操作。

2. 温室温度预测系统

在本章节中，我们将从数据描述性分析、预测方法、预测结果及分析三方面详细介绍。其中，在数据描述性分析中分析了温室温度物联网数据的特点；在此基础上，预测方法提出了处理温室物联网数据的一般化方法（粒化计算（granular computing）+机器学习+参数优化）；预测结果及分析采用上面提到的西安果业数据得出预测结果及相应的分析。

1）数据描述性分析

如图 4.34 所示，农业物联网产生的时间序列大数据具有大体量、高频率、非线性、非平稳等特点，这对传统算法的计算能力提出挑战。为了解决大体量问题，一方面，可以采用云计算或分布式计算增加对数据的处理能力，但这样开销巨大；另一方面，以粒化计算为代表的模糊处理方法也可为处理农业大数据提供参考。

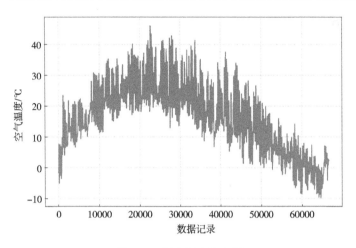

图 4.34　温室温度分布图

如图 4.35 所示，温室大棚内的温度更新频率不固定，有时 3min 更新一次，有时 5min 更新一次，在 2019 年 10 月 17 日 23:00~24:00 共更新了 10 次。但我们发现在一小时内温度变化幅度不大（±0.3℃），那么如果采用某种计算方式得出一个数据，是否能有效且准确代表这 10 个数据？基于这样的思考，我们采用粒化计算方法，猜想其能将大规模农业物联网数据压缩成大规模具有代表性的数据，详情如下。

温室大棚环境数据							
序号	时间	空气温度	空气湿度	土壤温度	土壤湿度	二氧化碳浓度	光照强度
1	2019/10/17 23:01	10.3	0	0	0	0	0
2	2019/10/17 23:09	10.2	0	0	0	0	0
3	2019/10/17 23:14	10.1	0	0	0	0	0
4	2019/10/17 23:17	10.2	0	0	0	0	0
5	2019/10/17 23:22	10.1	0	0	0	0	0
6	2019/10/17 23:30	10.1	0	0	0	0	0
7	2019/10/17 23:43	10.1	0	0	0	0	0
8	2019/10/17 23:50	10.1	0	0	0	0	0
9	2019/10/17 23:55	10.1	0	0	0	0	0
10	2019/10/17 23:58	10	0	0	0	0	0

图 4.35　农业物联网数据库中的数据记录

2）预测方法

（1）粒化计算。

温室物联网原始数据表达为

$$X_{\text{orig}}^{i} = \{x_1^i, x_2^i, \cdots, x_n^i\} \tag{4.27}$$

首先，我们将原始数据 X_{orig}^{i} 分成小规模的子数据集 X_{tobegr}：

$$X_{\text{tobegr}} = \{\{x_1^i, x_2^i, \cdots, x_w^i\}, \{x_{w+1}^i, x_{w+2}^i, \cdots, x_{w+w}^i\}, \cdots,$$
$$\{x_{[(n/w)-1]w+1}^i, x_{[(n/w)-1]w+2}^i, \cdots, x_{[(n/w)-1]w+w}^i\}\} \tag{4.28}$$

式中，w 表示粒化长度；$i=\{1,2,\cdots,6\}$ 分别代表物联网监测的各个指标（空气温度、空气湿度、土壤温度、土壤湿度、二氧化碳浓度和光照强度）；n 代表数据的条数，则（n/w）代表粒度的个数。若 w 较大，则较大程度压缩原始数据。粒化长度的选择是粒化计算的关键，其设定需要根据原始数据的趋势和模式而定。由图 4.35 可知，温室温度在一小时内更新了 10 次，且一小时内温度变化幅度不大，由于温度传感器没有固定的更新频率，故将一小时内的数据记录条数作为粒化长度，因此，理论上在一年内应该有 8760 条数据记录（24×365）。由此看来，这个粒化长度反映了每一小时的变化。更进一步地，一天、一周、一个月、一个季度的数据特征都可以反映出来，具有一定的合理性。

当原始数据被分成小规模数据时，关键问题就是将其转化成小样本子粒度。人们在面对不确定因素时喜欢用低、差不多（中等）、高去描述，因此，我们将子粒度的结果分成低、中、高。本节介绍三种粒化方法，具体如下。

①最小值-平均值-最大值粒化。这种方式是最简单的操作，它采用每个粒度中的最小值、平均值和最大值作为低颗粒、中颗粒和高颗粒，具体如下：

$$\begin{cases} \text{Low}_j^i = \min\{x_{(j-1)w+1}^i, x_{(j-1)w+2}^i, \cdots, x_{(j-1)w+w}^i\}, & j=1,2,\cdots,n/w \\ \text{Mid}_j^i = \text{mean}\{x_{(j-1)w+1}^i, x_{(j-1)w+2}^i, \cdots, x_{(j-1)w+w}^i\}, & j=1,2,\cdots,n/w \\ \text{Up}_j^i = \max\{x_{(j-1)w+1}^i, x_{(j-1)w+2}^i, \cdots, x_{(j-1)w+w}^i\}, & j=1,2,\cdots,n/w \end{cases} \tag{4.29}$$

式中，函数 $\min\{A\}$、$\text{mean}\{A\}$、$\max\{A\}$ 分别返回任意集合 A 的最小值、平均值和最大值。因此，这种粒化方法对极值比较敏感。

②分位数-中位数粒化。为了克服极值的影响，我们提出一种分位数-中位数的粒化方法，它采用每个粒度中的 1/4 分位数、中位数和 3/4 分位数作为低颗粒、中颗粒和高颗粒，具体如下：

$$\begin{cases} \text{Low}_j^i = 0.25\,\text{quartile}\{x_{(j-1)w+1}^i, x_{(j-1)w+2}^i, \cdots, x_{(j-1)w+w}^i\}, & j=1,2,\cdots,n/w \\ \text{Mid}_j^i = \text{median}\{x_{(j-1)w+1}^i, x_{(j-1)w+2}^i, \cdots, x_{(j-1)w+w}^i\}, & j=1,2,\cdots,n/w \\ \text{Up}_j^i = 0.75\,\text{quartile}\{x_{(j-1)w+1}^i, x_{(j-1)w+2}^i, \cdots, x_{(j-1)w+w}^i\}, & j=1,2,\cdots,n/w \end{cases} \tag{4.30}$$

式中，函数 $0.25\text{quartile}\{A\}$、$\text{median}\{A\}$、$0.75\text{quartile}\{A\}$ 分别返回任意集合 A 的 1/4 分位数、中位数和 3/4 分位数。因此，这种粒化方法代表了数据的中间部分，在极值较多的情况下处理效果较好。

③模糊粒化方法。不同于数值化处理的粒化方法，模糊三角形处理后的最小值、中位数和最大值能有效代表连续值信息，是一种将连续值转化成离散值的有效手段。首先，我们将原始粒度 $\{x^i_{(j-1)w+1}, x^i_{(j-1)w+2}, \cdots, x^i_{(j-1)w+w}\}$，$j=1,2,\cdots,n/w$ 中的每一个粒度中的值由小到大排列，随后原始的每个粒度被分成 $\{x^i_{(j-1)w+1}, x^i_{(j-1)w+2}, \cdots,$ $x^i_{(j-1)w+w/2}\}$ 和 $\{x^i_{(j-1)w+w/2+b}, x^i_{(j-1)w+w/2+b+1}, \cdots, x^i_{(j-1)w+w}\}$。其中，当 w 为奇数时，b 为 1；当 w 为偶数时，b 为 2。其次，采用模糊三角形处理的粒度结果为

$$
\begin{cases}
\mathrm{Low}^i_j = \dfrac{x^i_{(j-1)w+1} + x^i_{(j-1)w+2} + \cdots + x^i_{(j-1)w+w/2}}{w/2}, & j=1,2,\cdots,n/w \\[4mm]
\mathrm{Mid}^i_j = \mathrm{median}\{x^i_{(j-1)w+1}, x^i_{(j-1)w+2}, \cdots, x^i_{(j-1)w+w}\}, & j=1,2,\cdots,n/w \quad (4.31) \\[4mm]
\mathrm{Up}^i_j = \dfrac{x^i_{(j-1)w+(w/2)+b} + x^i_{(j-1)w+(w/2)+b+1} + \cdots + x^i_{(j-1)w+w}}{w-(w/2)-b+1}, & j=1,2,\cdots,n/w
\end{cases}
$$

与最小值-平均值-最大值和分位数-中位数的粒化处理方式相比，模糊粒化处理方式考虑了颗粒中的所有信息，更为全面。但模糊粒化模型仍有自己的局限，当极值离中位数较远时，仍会损失一些信息。

（2）机器学习时间序列预测方法。

当得到粒化处理后的温室温度数据时，我们实际上共计得到 5987 条一维时间序列数据，此处，采用时间切片（time-slice）技术选择训练样本和测试样本，并进行时间序列预测，具体细节如图 4.36 所示。

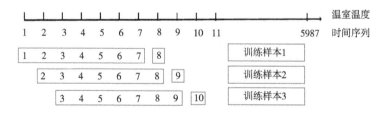

图 4.36 温室温度时序数据拆分

我们以 7 条数据为一个周期，用第 1~7 条数据预测第 8 条数据，用 2~8 条数据预测第 9 条数据，依次类推，用第 5980~5986 条数据预测第 5987 条数据，因此，共获得 5980 条数据记录，其中，每条数据记录包括 7 个特征，1 个标签，形成 5980×8 维矩阵，因此时间序列预测问题转化成找到有效识别自变量和因变量之间关系的方法。

机器学习是近年来被广泛采纳的处理大数据的重要手段，其主要功能包括时序数据预测、模式识别、关联规则挖掘、聚类分析等。由于其在处理非线性、不平稳、高频率数据中具有较强的优势，故被广泛应用在金融、交通、流程工业等

领域。基于人工智能的温室温度预测系统主要考虑两方面内容：首先，预测的精准性；其次，预测的鲁棒性。由图 4.34 分析，我们发现该时间序列数据具有高频率、非线性、不稳定的特点，且数据体量巨大，基于此，我们考虑机器学习算法以实现温度预测。

理论上讲，各种机器学习模型均可实现温室温度预测（其他指标也可以预测，方法相同）。一般地，机器学习的方法主要包括四类：线性模型、基于树的模型、基于核函数的模型、基于神经元的模型。表 4.14 阐述了各类模型的具体内容、常见代表和优缺点。

表 4.14 机器学习算法分类及优缺点分析

类型	常见代表	优点	缺点
线性模型	线性回归（linear regression）岭回归（ride regression）套索回归（lasso regression）	1. 模型简单,能够准确衡量自变量和因变量之间的关系; 2. 具有严格的数学推导,可解释性强	1. 难以刻画非线性关系，因此准确性差; 2. 数学假设较严格,在实际中往往效果不佳
基于树的模型	决策树（decision tree）随机森林（random forest）梯度提升树（gradient boosting decision tree）Xgboost Light GBM Catboost	1. 能够准确刻画非线性关系,预测准确性较高; 2. 规则明确,可解释性强	1. 无明确的解析表达式,不利于精确求解模型参数; 2. 模型中的参数众多,模型表现与初始参数设置有关
基于核函数的模型	支持向量机（support vector machine）	1. 能够准确刻画非线性关系; 2. 支持向量机是统计学习的代表,具有明确的数学推导,可解释性强	1. 计算时间相对较长，尤其面对大体量（large-scale volume）、大规模（large-scale dimensions）数据; 2. 模型中的参数众多,模型表现与初始参数设置有关
基于神经元的模型	人工神经网络（neural network）	1. 能够准确刻画非线性关系,预测准确性较高; 2. 在面对大规模、大体量数据时,往往效果较好	1. 虽然有明确的数学推导,但模型的可解释性差; 2. 模型中的参数众多,模型表现与初始参数设置有关

理论上，针对连续值的回归模型和针对离散值的分类模型均可实现时间序列预测，但不同模型具有不同的结构、原理、学术思想和适用条件，不同数据特点千变万化，没有一种模型能高效解决所有问题，即没有免费的午餐理论（no free lunch theory）。为了选择温室温度的最佳预测模型，通常的手段是将常见的模型全都实验一遍，选择表现最佳的模型。随后，针对表现最优的机器学习模型进行参数优化。最后，使用参数优化后的机器学习模型进行温室温度时序预测。

首先，我们将 5980 条数据随机抽样，按着 7:3 的比例随机划分训练集和测试集，其中 7 份数据作为样本内数据用来训练模型，3 份数据作为样本外的数据测试模型的准确性。多种机器学习模型均可实现寻找自变量与因变量的关系，此处，采用交叉验证技术筛选温室温度预测的最佳模型。采用多元线性回归、K 近邻、套索回归、岭回归、决策树、支持向量机（线性核函数和径向基函数）、多层感知机神经网络和随机森林等算法在训练集中去做对比实验，其中各个算法中的超参数采取 Python 中机器学习算法包 scikit-learn 中的缺省参数，并在 5 折、10 折、15 折的条件下将平均绝对误差和平均平方误差（mean squared error，MSE）作为衡量指标，结果如表 4.15 所示。

表 4.15　多种机器学习算法在不同折交叉验证条件下的预测误差（×10^{-2}）

算法	5 折交叉验证		10 折交叉验证		15 折交叉验证	
	平均绝对误差	平均平方误差	平均绝对误差	平均平方误差	平均绝对误差	平均平方误差
多元线性回归	**3.17**	0.24	3.17	0.24	3.17	0.24
K 近邻	3.40	0.24	3.37	0.23	3.35	0.23
套索回归	16.51	4.06	16.51	4.06	16.51	4.06
岭回归	3.34	0.25	3.32	0.25	3.31	0.25
决策树	4.12	0.40	4.12	0.38	4.08	0.38
支持向量机（线性核函数）	4.35	0.31	4.34	0.31	4.34	0.31
支持向量机（径向基函数）	4.55	0.32	4.53	0.32	4.53	0.32
多层感知机神经网络	4.26	0.38	4.02	0.37	4.12	0.35
随机森林	3.20	**0.22**	**3.15**	**0.22**	**3.14**	**0.22**

平均绝对误差表征了在验证数据中预测值与真实值差值绝对值的平均值，平均平方误差表征了在验证数据中预测值与真实值之差平方的平均值，平均绝对误差和平均平方误差越小，说明预测误差越小，预测的准确性越高。

$$\mathrm{MAE} = \frac{1}{t}\sum_{i=1}^{t}\left|y_i - \hat{y}_i\right| \tag{4.32}$$

$$\text{MSE} = \frac{1}{t} \sum_{i=1}^{t} \left(y_i - \hat{y}_i \right)^2 \tag{4.33}$$

如表 4.15 所示，在多折交叉验证中，在绝大多数情况下，随机森林算法表现最好，除在 5 折交叉验证中的平均绝对误差非最小值，其他均为最小值，故在本数据集中采用随机森林算法进行温室温度预测。

随机森林算法是近年来发展较快的集成学习方法，它于 2001 年被 Breiman 提出，已经被视为一种极其成功的一般化分类和回归方法，近年来被广泛应用在遥感、交通、流程工业等领域。它的核心思想是采用多种随机策略将多个弱学习的结果集成作为最终的预测结果，由于它杰出的表现，近年来被广泛应用在学术界、工业界和数据科学的比赛中。除此之外，当数据集中特征的个数远超过数据记录的个数时，即高维度、共线性问题中，随机森林算法具有较多优势，同时计算时间短、能有效解决过拟合问题。

①随机森林算法。

决策树是机器学习中最简单也是最重要的算法。所有基于树的集成学习模型均来自它。决策树中有两个关键的概念，一是信息熵，表征了数据集的不纯度：

$$\text{Ent}(D) = -\sum_{h=1}^{|y|} p_h \log_2 p_h \tag{4.34}$$

式中，D 表示数据集；y 表示每一类别的数据在 D 中的比例。信息熵越低，数据的不纯度越低，数据中同一类别的数据越多，因此，我们希望通过最少的步骤获得最低的不纯度。

另一个是信息增益，它表征了每一个特征对标签的贡献程度。一般而言，信息增益越高，该特征对标签的贡献程度越大。信息增益通常用来解释不同自变量对因变量的影响。

$$\text{Gain}(D,a) = \text{Ent}(D) - \sum_{v=1}^{V} \frac{|D^v|}{|D|} \text{Ent}(D^v) \tag{4.35}$$

随机森林算法可看作很多决策树集成的结果，其中，每棵决策树均随机地、有放回地选取样本；同时，在特征的选取上，依旧随机地、有放回地选取特征。从算法思想角度分析，通过这两步操作，保证了样本选择和特征选择的全面性与代表性，进而保证每棵决策树预测结果的客观性和平等性。同时，随机森林算法充分发挥集体智慧，对多棵树的结果采用"少数服从多数"的原则，因而在实际应用中效果较好。其具体的逻辑见图 4.37。

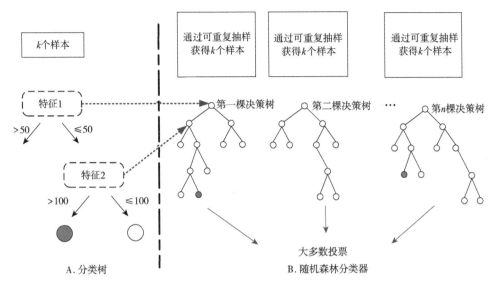

图 4.37　决策树和随机森林的结构图

步骤 1：假设原始总的样本数为 t，有重复地随机抽取 k 个子样本（$k<t$）。

步骤 2：基于每次抽取的 k 个子样本，构建 n 棵决策树，其中每棵树中选取 m 个特征（不超过原始数据的特征总数）。

步骤 3：重复步骤 1，迭代 n 次，共建立 n 棵决策树。

步骤 4：基于"少数服从多数"的原则进行投票。即回归问题将所有树预测结果的平均值作为最终结果，分类问题采用大多数投票（majority voting）制度得到最终结果。

然而，其中包括一个关键的问题，随机森林算法中应该包括多少棵树？决策树的数量越多，越能集成更多的学习效果，但同时也增加了计算量。如果决策树的数据量较少，计算时间减少，但预测的准确性可能有所恶化。与此同时，每棵树随机抽取的子特征的最大值应为多少？总而言之，在随机森林算法中有两个关键的参数影响预测结果的表现（即决策树的个数 n 和最大子特征的个数 m）。在预测任务中，目标是最小化预测值与真实值的偏差，这个问题本质上是数学优化（optimization）问题，可以用下列的数学公式表达：

$$(m,n)^* = \arg\min\nolimits_{(m,n)\in\chi\subseteq R^2} f(m,n) \tag{4.36}$$

式中，n、m 分别表示决策树的个数和最大子特征的个数；χ 代表决策变量的范围；f 代表衡量预测值与真实值偏差的目标函数。然而，随机森林算法没有明确的解析预测表达式，故目标函数 f 为黑箱函数。这为优化问题的求解增加了难度，也就是说，基于梯度和黑塞（Hessian）矩阵的优化方法无法胜任。关于随机森林算法，我们唯一能获得的就是预测的数值。基于这些现象的观察，激发我们思考更高级的超参数优化求解方法。

②随机森林-贝叶斯优化的设计。

理论上，针对任意参数的优化问题，网格搜索法（枚举法）、启发式搜索算法（如遗传算法、粒子群算法、蚁群算法等）均可实现参数的求解，但网格搜索法将多个参数的可能取值——列举，消耗的计算资源巨大；而启发式算法求解过于粗糙，没有根据优化问题的结构求解，因此可解释性差。贝叶斯优化是一种强有效的连续优化求解极值的策略，特别是针对目标函数非凸、计算成本高或者不可求导的情景。同时，一系列实验证明它比当前前沿的各种全局优化算法更具优势。故本节将贝叶斯优化与随机森林算法有机结合，提高温室温度预测的准确性。

具体来说，针对一个预测性问题，目标函数为

$$
\begin{aligned}
\text{Objective function} &= \min \frac{1}{t} \sum_{i=1}^{t} L(y_i, \hat{y_i}) \\
&= \min \frac{1}{t} \sum_{i=1}^{t} L[y_i, g(m,n|D_{1:t})] \\
&= f(m,n|D_{1:t})
\end{aligned} \tag{4.37}
$$

$$
\text{s.t.} \quad 0 < m \leqslant M
$$
$$
0 < n \leqslant N
$$

式中，y_i 表示真实值；$\hat{y_i}$ 表示随机森林算法的预测值；$g(m,n|D_{1:t})$ 可视为随机森林算法的预测结构，因此目标函数 $f(m,n|D_{1:t})$ 没有明确的解析表达式。注意，在 $f(m,n|D_{1:t})$ 中，x、y 为已知数据，m、n 为决策变量。同时，我们发现，目标函数中包括 x、y，因此，当 x、y 数据量巨大时，需要消耗大量的计算资源。

为了求解上述优化问题，贝叶斯优化被采纳。首先，由于目标函数为非解析表达式，因此建立一个概率代理模型代替目标函数。由于高斯过程具有较强的动态性和可追溯性，故此处采用其作为代理函数。

高斯过程用来拟合目标函数 $f(m,n|D_{1:t})$。对于一个高斯过程，我们定义 $\boldsymbol{X} = [m,n]^{\mathrm{T}}$，假设 $\{\boldsymbol{X}_1, \boldsymbol{X}_2, \cdots, \boldsymbol{X}_u\} \in \chi^u$ 和 $(f(\boldsymbol{X}_1), f(\boldsymbol{X}_2), \cdots, f(\boldsymbol{X}_u))^{\mathrm{T}}$ 服从联合多元正态分布：

$$
\begin{bmatrix} f(\boldsymbol{X}_1) \\ f(\boldsymbol{X}_2) \\ \vdots \\ f(\boldsymbol{X}_u) \end{bmatrix} \Delta N(\boldsymbol{\mu}, \boldsymbol{K}) \tag{4.38}
$$

式中，u 表示迭代次数；$\boldsymbol{\mu}$ 表示 $u \times 1$ 维的向量；$\boldsymbol{K}$ 表示一个 $u \times u$ 矩阵。

高斯过程可通过平均值函数 $\boldsymbol{\mu} = m(\boldsymbol{X})$ 和方差函数 $\boldsymbol{K} = k(\boldsymbol{X}_i, \boldsymbol{X}_j)$ 刻画。为了

简化计算量，我们假定先验的平均值函数为 $m(\boldsymbol{X}) = 0$ ，假定方差函数为

$$k(\boldsymbol{X}_i, \boldsymbol{X}_j) = \exp\left(-\frac{1}{2}(\boldsymbol{X}_i - \boldsymbol{X}_j)^{\mathrm{T}}(\boldsymbol{X}_i - \boldsymbol{X}_j)\right) \tag{4.39}$$

我们从先验观测点中取样，并产生预测 $\{\boldsymbol{X}_{1:u}, f_{1:u}\}$ ，其中 $f_{1:u} = f(\boldsymbol{X}_{1:u})$ 。

当新出现一个点时，我们定义新点的值为 $f_{u+1} = f(\boldsymbol{X}_{u+1})$ 。根据高斯过程的性质，过去的已知点 $f_{1:u}$ 和新点 f_{u+1} 服从联合高斯分布：

$$\begin{bmatrix} f_{1:u} \\ f_{u+1} \end{bmatrix} \Delta N\left(0, \begin{bmatrix} \boldsymbol{K} & \boldsymbol{k} \\ \boldsymbol{k}^{\mathrm{T}} & k(\boldsymbol{X}_{u+1}, \boldsymbol{X}_{u+1}) \end{bmatrix}\right) \tag{4.40}$$

其中，

$$\boldsymbol{k} = \begin{bmatrix} k(\boldsymbol{X}_{u+1}, \boldsymbol{X}_1) & k(\boldsymbol{X}_{u+1}, \boldsymbol{X}_2) & \cdots & k(\boldsymbol{X}_{u+1}, \boldsymbol{X}_{u+1}) \end{bmatrix} \tag{4.41}$$

通过一系列的数学推导，可得到最终的预测分布如下：

$$f_{u+1} \Delta N(\mu_t(\boldsymbol{X}_{u+1}), \sigma_t^2(\boldsymbol{X}_{u+1})) \tag{4.42}$$

其中，

$$\begin{aligned} \mu_t(\boldsymbol{X}_{u+1}) &= \boldsymbol{k}^{\mathrm{T}} \boldsymbol{K}^{-1} f_{1:u} \\ \sigma_t^2(\boldsymbol{X}_{u+1}) &= k(\boldsymbol{X}_{u+1}, \boldsymbol{X}_{u+1}) - \boldsymbol{k}^{\mathrm{T}} \boldsymbol{K}^{-1} \boldsymbol{k} \end{aligned} \tag{4.43}$$

上述公式给出了代理函数结构。 $\mu_t(\boldsymbol{X}_{u+1})$ 可被视为预测值， $\sigma_t^2(\boldsymbol{X}_{u+1})$ 代表了预测值的置信区间。通过这种方式，我们可以获得下一次的迭代，进而逐渐拟合出目标函数，但是，这又出现了一个新的问题，存在很多可行点，究竟选择哪一个点呢？

获取函数的目的是指导下一次的迭代搜索，它也可被看作一个评估过程，具体而言，我们希望找到：

$$m_{t+1}, n_{t+1} = \arg\max_{m, n \in \chi} \alpha(m_t, n_t | D_{1:t}) \tag{4.44}$$

式中， $\alpha(\cdot)$ 代表了一般化的获取函数。

在这一步骤中，期待提高（expected improvement）被采纳作为获取函数，该函数既考虑了提升的可能性，又考虑了一个点潜在到达的边际的可能性。特别地，我们希望能最小化期待的方差。当一个新点被选中时，一步长的结果为

$$m_{t+1}, n_{t+1} = \arg\min_{m, n \in \chi} E(\|f_{t+1}(m, n) - f((m, n)^*)\| D_{1:t}) \tag{4.45}$$

根据联合正态分布的密度函数，期待提高可被解析的解：

$$\mathrm{EI}(m, n) = \begin{cases} (\mu(m, n) - f((m, n)^*))\Phi(Z) + \sigma(m, n)\phi(Z), & \sigma(m, n) > 0 \\ 0, & \sigma(m, n) = 0 \end{cases} \tag{4.46}$$

$$Z = \frac{\mu(m, n) - f((m, n)^+)}{\sigma(m, n)}$$

式中， $\phi(\cdot)$ 和 $\Phi(\cdot)$ 分别表示标准正态分布函数的概率分布函数和累积分布函数。

总而言之，通过计算期待提高，下一个点将很容易被发现。通过上述的高斯过程和期待提高，随机森林算法中的最优的参数组合将被获得。随机森林-贝叶斯优化的伪代码如下。

Algorithm Random Forest embedded with Bayesian optimization

Input: Training data $D = \{ (\boldsymbol{x}_1, y_1), (\boldsymbol{x}_2, y_2), \cdots, (\boldsymbol{x}_t, y_t) \}$

    Initial parameter m, n, evaluation metric MSE, objective function f

    Acquisition function S : Expected Improvement

    Prior function M : Gaussian model

Process:

for $j = 1$ to m do

    Draw a bootstrap sample of size k from D

    Grow a random forest tree L_j derived from the bootstrapped data, by recursively repeating the following step for each terminal node of the tree, until the minimum of node size is reached.

        i.   Select n features randomly from N features

        ii.   Pick the best split point among m

        iii.   Split the node into two daughter nodes

end for

get the prediction function of RF $y\big|_{(m,n),D} = \text{majority voting} \left\{ \hat{C}_j((m,n),D) \right\}_1^m$

for $i = 1$ to u do

Let M fit the prediction function of RF $p(y\big|_{(m,n),D}) \leftarrow \text{Fit model}(M, D)$

    Find m_{u+1}, n_{u+1} by optimizing acquisition function $m_{u+1}, n_{u+1} = \arg\max_{m,n \in \chi} S((m_u, n_u)\big|D)$

    Calculate the objective function value $f(m_{u+1}, n_{u+1}\big|D)$

    if the current value $\geqslant$ the last best objective function value

        update m, n

        update D: $D \leftarrow D \cup ((m_i, n_i), y_i)$

    end if

end for

Output: optimal objective function value and optimal parameter combinations (m^*, n^*)

3）预测结果

为了验证本节方法的有效性和优势，本节通过仿真实验得到结果。实验展示了温度粒化处理后的结果，表明了温度预测结果及相应的鲁棒性分析，并展望温室温度在线实时预测的未来研究方向。

（1）粒化处理结果及分析。

本节中采用上面的三种粒化方法将原始 66 634 条数据记录进行压缩。理论上应得到 8760 条数据，但由于传感器间歇性失效、定期修护等原因，共获得 5987

条数据，图 4.38 展示了物联网监测温度的原始数据及粒化处理后的数据分布和时间序列分布。

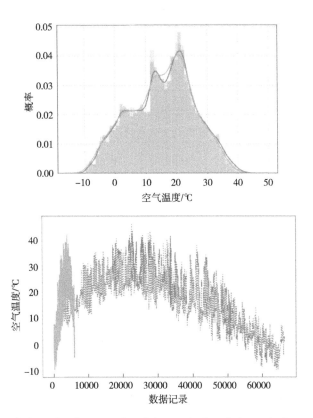

图 4.38　温度的数据统计分布及时间序列数据（粒化前（虚线）及粒化后（实线）对比）

由图 4.38 可知，经过最小值-平均值-最大值粒化处理后的温度数据分布与原始数据分布保持一致，粒化后的数据由原始的 66 634 条记录被压缩成 5987 条记录，数据量大大减少。

为了进一步探索细化处理的特点，我们对温室内的其他物联网监测指标进行粒化前后的基础信息统计，结果如表 4.16~表 4.19 所示。

表 4.16　原始物联网传感器的温室指标统计信息

参数	空气温度/℃	空气湿度	土壤温度/℃	土壤湿度	二氧化碳浓度/（mg/kg）	有效光照强度/（μmol·m^{-2}·s^{-1}）
平均值	15.6	72.4%	15.5	45.1%	423.8	35.3
标准差	10.5	22.2%	7.2	4.8%	50.4	71.9

参数	空气温度/℃	空气湿度	土壤温度/℃	土壤湿度	二氧化碳浓度/（mg/kg）	有效光照强度/（μmol·m⁻²·s⁻¹）
最小值	−9.8	10.0%	−15.9	0.0%	54.0	0.0
1/4 分位数	7.8	56.0%	9.4	43.0%	392.0	0.0
平均数	16.5	76.0%	16.8	46.0%	422.0	0.0
3/4 分位数	22.9	93.0%	21.8	47.0%	454.0	44.0
最大值	46.1	99.0%	120.8	99.0%	654.0	838.0

表 4.17　最小值-粒化方法后的温室指标统计信息

参数	空气温度/℃	空气湿度	土壤温度/℃	土壤湿度	二氧化碳浓度/（mg/kg）	有效光照强度/（μmol·m⁻²·s⁻¹）
平均值	15.2	69.5%	15.5	42.9%	408.3	22.8
标准差	10.3	23.2%	7.3	10.2%	48.9	42.9
最小值	−9.8	10.0%	−15.9	0.0%	54.0	0.0
1/4 分位数	7.5	51.0%	9.4	42.0%	378.0	0.0
平均数	16.1	72.0%	16.8	46.0%	408.0	0.0
3/4 分位数	22.4	91.0%	21.8	46.0%	437.0	29.0
最大值	42.1	99.0%	26.6	61.0%	614.0	398.0

表 4.18　平均值-粒化方法后的温室指标统计信息

参数	空气温度/℃	空气湿度	土壤温度/℃	土壤湿度	二氧化碳浓度/（mg/kg）	有效光照强度/（μmol·m⁻²·s⁻¹）
平均值	15.8	72.3%	15.6	45.2%	423.7	35.6
标准差	10.5	22.1%	7.2	3.8%	48.5	67.7
最小值	−9.6	11.5%	1.6	20.5%	72.8	0.0
1/4 分位数	8.1	56.0%	9.6	43.0%	392.4	0.0
平均数	16.7	76.3%	16.8	46.0%	422.0	0.0
3/4 分位数	22.9	92.8%	21.8	46.9%	452.6	45.7
最大值	43.3	99.0%	32.8	61.0%	627.6	605.5

表 4.19　最大值-粒化方法后的温室指标统计信息

参数	空气温度/℃	空气湿度	土壤温度/℃	土壤湿度	二氧化碳浓度/（mg/kg）	有效光照强度/（μmol·m⁻²·s⁻¹）
平均值	16.3	75.2%	15.8	45.7%	449.2	53.2
标准差	10.7	20.9%	7.7	4.3%	49.5	102.4
最小值	−9.4	13.0%	2.1	37.0%	96.0	0.0
1/4 分位数	8.6	60.0%	9.6	44.0%	417.0	0.0
平均数	17.3	80.0%	16.9	46.0%	447.0	0.0
3/4 分位数	23.6	94.0%	21.8	47.0%	479.0	64.0
最大值	46.1	99.0%	20.8	99.0%	654.0	838.0

通过对比表 4.16~表 4.19，我们发现，在空气温度、空气湿度和二氧化碳浓度三个指标中，最小值-平均值-最大值粒化方法能有效代表原始数据，而针对土壤温度、土壤湿度、有效光照强度这几个指标，粒化处理后数据的部分统计量有所改变，这可能与这些指标的原始数据分布、颗粒度长度的选择、粒化处理结果的计算方法有关。温室温度原始数据接近正态分布，同时在一小时内的粒化窗口中温度变化幅度并不大，最大值和最小值之间的差距很小，因此最小值-平均值-最大值粒化处理后的数据可以有效地代替原始数据，即没有改变原始数据的统计分布，同时大大压缩数据量，减轻计算负担。由于本章主要针对温室温度预测，针对其他指标的粒化结果，读者可根据兴趣自行尝试。我们猜想，原始数据分布为正态分布或可通过 Box-cox 变换（取 log 或 exp）转化成正态分布，同时粒化窗口内数据波动幅度不大时，粒化处理的结果可有效代表原始数据。

（2）预测结果及分析。

我们采用粒化处理后的温室温度数据，共 5987 条，选择随机森林-贝叶斯优化作为预测模型，以 7 条数据为一个周期，转化成 5980 条数据，其中每条数据包括 7 个特征、1 个标签（标签为连续值）。我们以 7:3 的比例划分训练集和测试集，得到模型在不同尺寸测试集下的表现，详情如图 4.39 所示。

图 4.39 表示了测试集的预测结果。其中，图（a）代表温度的预测值与真实值的重叠情况，为预测的定性分析；图（b）代表温度的预测值和真实值的差的绝对值，为预测的定量分析。从定性角度分析，温度的预测值与真实值的拟合程度较好，趋势基本保持一致，具体数值有所不同，但预测值与真实值基本重叠，同时，样本量越大，重叠部分越多。从定量角度分析，当样本量较小时，绝对误差相对集中地分布在 2~4℃ 之间。当数据量较多时，一些误差较大的情景出现，有些误差甚至达到 14℃ 左右，但注意这是极少数的情景。

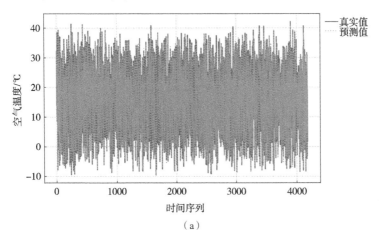

（a）

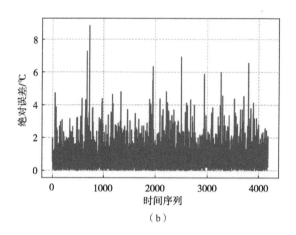

（b）

图 4.39　随机森林-贝叶斯优化在不同尺寸测试样本中的预测结果

　　为了进一步凸显随机森林-贝叶斯优化预测方法的优势，我们采用多元线性回归、支持向量机（线性核函数和径向基函数）、决策树、反向传播神经网络和基本的随机森林去做对比实验，为了保证对比实验的公平性，我们采用 Python 语言的机器学习库（Scikit-learn）中各个算法包的缺省值，各个算法的参数设定详见表4.20，训练样本和测试样本的结果见表 4.21。

表 4.20　各个算法包中超参数的设定

算法名称	主要超参数	超参数设定
K 近邻	邻居数（K）	5
支持向量机 （线性核函数）	核函数（kernel）	"linear"
	惩罚系数（C）	1
支持向量机 （径向基函数）	基函数（basis）	"rbf"
	基函数参数（gamma）	1/特征数
	惩罚系数（C）	1
决策树	建树标准（criteria）	信息增益
	随机状态数（random_state）	420（任意确定值）
	最大深度（max_depth）	7
	最大特征数（max_features）	7
	最小样本叶节点	1
	最小样本分支点	2
多层感知机神经网络	误差（epsilon）	1×10^{-8}
	Alpha	0.0001
	Beta_1	0.9
	Beta_2	0.999
	隐含层（hidden_size）	100×1
	学习率（learning_rate）	0.001
	最大迭代次数（max_iter）	200

续表

算法名称	主要超参数	超参数设定
随机森林	可重复抽样（bootstrap）	"True"
	决策树个数（n_estimators）	10
	建树标准（criteria）	信息增益
	随机状态数（random_state）	420（任意确定值）
	最大深度（max_depth）	7
	最大特征数（max_features）	7
	最小样本叶节点	1
	最小样本分支点	2
随机森林-贝叶斯优化	可重复抽样（bootstrap）	"True"
	决策树个数（n_estimators）	162
	建树标准（criteria）	信息增益
	随机状态数（random_state）	420（任意确定值）
	最大深度（max_depth）	7
	最大特征数（max_features）	7
	最小样本叶节点	1
	最小样本分支点	2

表 4.21　训练样本和测试样本的预测结果

算法名称	训练集结果		测试集结果	
	平均绝对误差	平均相对误差	平均绝对误差	平均相对误差
多元线性回归	1.62	6.33	1.61	6.09
K 近邻	1.39	4.11	1.71	6.08
套索回归	1.81	7.34	1.80	7.17
岭回归	1.62	6.33	1.61	6.09
决策树	0.00	0.00	2.06	9.56
支持向量机（线性核函数）	1.57	6.53	1.56	6.27
支持向量机（径向基函数）	3.26	28.18	3.69	33.08
多层感知机神经网络	1.57	5.85	1.58	5.66
随机森林	0.64	1.00	1.61	5.57
随机森林-贝叶斯优化	0.75	1.16	1.52	5.08

　　如表 4.21 所示，在训练集中，决策树的平均绝对误差和平均相对误差最小，而在测试集中，决策树的这两个指标较大，此时出现过拟合，这从侧面也体现出了单棵决策树的学习能力。在众多机器学习模型中，支持向量机（径向基函数）表现较差，其训练集和测试集的平均绝对误差均超过 3。而随机森林-贝叶斯优化在测试集中表现最好，其对应的平均绝对误差和平均相对误差为该列中的最小值，为了进一步量化随机森林-贝叶斯优化的优势，我们定义随机森林-贝叶斯优化的误差减少百分比，得到算法预测准确率提升百分比，如式（4.47）所示。具体来

讲，算法预测准确率的数值越大，说明随机森林-贝叶斯优化提升的比例越大，结果如图 4.40 所示。

$$\text{Improvement} = \frac{\text{RF\_BO}_{\text{metric}} - \text{other model}_{\text{metric}}}{\text{RF\_BO}_{\text{metric}}} \times 100\% \qquad （4.47）$$

式中，下角 metric 表示表 4.21 中的"平均绝对误差"和"平均相对误差"；Improvement 表示随机森林-贝叶斯优化与其他 9 种算法的对比，预测准确率提高的程度，若 Improvement > 0，说明随机森林-贝叶斯优化比其他算法的平均误差更小，即预测的效果更好。

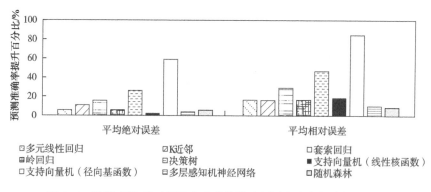

图 4.40　随机森林-贝叶斯优化比其他算法预测准确率提升的百分比

图 4.40 显示，在测试集的表现中，就预测的准确率而言，随机森林-贝叶斯优化算法与本节使用的机器学习算法比均有所提升，说明随机森林-贝叶斯优化在预测的准确性上有较大的优势。

除此之外，对于一个固定的数据集来说，训练样本和测试样本的比例影响预测模型的表现，若训练样本过大，则在训练集中表现较好，而在测试集中表现较差，造成过拟合问题，反之造成欠拟合问题。随机森林-贝叶斯优化在本数据集中表现较好，但是我们想探索该模型在其他情景下是否会取得相同的表现效果，即鲁棒性问题（或泛化性问题）。出于这两方面的考虑，我们采用可重复交叉验证（k-fold cross-validation with repeats）技术探索模型的泛化性问题。

具体而言，首先，数据被随机划分成 k 等份数据子集，在这 k 等份数据子集中，k–1 份用作训练模型，剩下的一份数据子集用来检测训练好的模型。这个过程共计重复 k 次，也就是说，每一个子集都有且仅有一次被当作测试集。随后，k 个数据子集的结果将被取平均值作为最终的输出。这样的操作保证数据中的每一例都被充分学习，保证结果的公正性。

其次，改变 k 的大小，让其在[5,10,15,20]内迭代，重复上述步骤。也就是说，当 k 变大时，训练样本增大；当 k 变小时，训练样本减少。k 的迭代模仿了样本数据的变化，而不同位置的数据代表了不同的情景（包括正常温度和异常温度），因此可重复交叉验证实际模拟不同情景的变化，具体内容如图 4.41 所示。

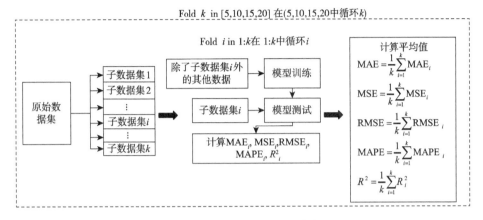

图 4.41　可重复交叉验证技术

由表 4.22 的分析可知，在交叉验证的每一折中，训练集误差均小于测试集误差。在各种算法的对比中发现，随机森林-贝叶斯优化在不同折数和不同监测指标中的效果最佳，支持向量机（线性核函数）的效果次之，这说明在不同的情景下，随机森林-贝叶斯优化的鲁棒性较好。

表 4.22　不同交叉验证不同折数下算法的预测误差

算法名称	5 折		10 折		15 折	
	平均绝对误差	平均相对误差	平均绝对误差	平均相对误差	平均绝对误差	平均相对误差
多元线性回归	1.63	6.49	1.63	6.47	1.63	6.45
K 近邻	1.76	6.46	1.74	6.38	1.74	6.35
套索回归	1.81	7.37	1.81	7.36	1.81	7.37
岭回归	1.63	6.49	1.63	6.47	1.63	6.45
决策树	2.11	10.2	2.09	9.99	2.09	10.0
支持向量机（线性核函数）	1.57	6.57	1.57	6.58	1.57	6.57
支持向量机（径向基函数）	4.07	38.1	3.92	35.8	3.87	35.1
多层感知机神经网络	1.65	6.30	1.66	6.16	1.64	6.20
随机森林	1.61	5.93	1.62	5.83	1.63	5.72
随机森林-贝叶斯优化	1.54	5.40	1.53	5.35	1.53	5.38

尽管随机森林-贝叶斯优化在预测的准确性方面具有较大的优势，但由于该算法中决策树的个数、分支情况比一般化的随机森林更加复杂，因此其计算复杂度较大、计算时间较长。

同时，本结果针对温室温度进行时间序列分析。所采用的特征为前七天的数据，所采用的标签为后一天的数据，这样的处理方式只能实现前一天的预测，而并非实时在线预测。而实时在线预测主要展望以下两方面内容。

第一，因果关系分析。农业温室是一个相对封闭的生态系统，然而，温室的温度与外界环境、温室面积、温室植物的新陈代谢、人工操作等多种要素密切相关，如何在物联网的背景下实现以上多种要素的实时监测，并在生物科学、农业科学等理论的支持下全面寻找影响温室温度的要素，这将是另一个有意义的话题。除此之外，基于因果分析的在线实时预测会面对多源异质传感器的海量数据，这些传感器数据具有不同的数据更新频率、不同的数据量及多种耦合关系，同时数据量巨大，这对多源流大数据融合提出了挑战。另外，随着农业无人机的兴起，越来越多的照相机、摄像机可以在线实时监测温室环境，产生大量的图像、光谱等非结构化数据，如何采用深度学习、深度强化学习等先进的人工智能技术融合图片、数据等信息，进而为农业温室的生产提供指导是数字农业背景下另一个有意义的研究方向。

第二，基于边缘计算的在线学习模型。农业物联网系统具有实时监测的功能，这为农业生产者提供了方便，但巨大的数据量加重了存储设备的负担。除了本章中的粒化计算可以优化数据上传间隔，分布式计算和云计算可以实现海量数据的存储和计算，形成终端设备数据感知-通信设备传输数据-云端模型训练-预测结果传输至终端的模式。然而，由于通信设备的限制，大量数据的传输会使预测结果的传输产生延迟。另外，云端的历史数据并不能完全代表环境监测包括的情景，也就是说，当反映新场景的数据上传时，预测的准确性将有所下降，故训练数据需要实时更新。由此，静态的机器学习预测问题转化成动态的在线学习策略。边缘计算是指在终端边缘靠近物或数据源头的一侧，采用网络、计算、存储、应用核心能力为一体的开放平台，就近提供端服务。换言之，边缘设备将采集、存储计算部分重要的有代表性的数据（如粒化计算处理后的温度数据），这些有代表性的数据作为原始数据，并通过物联网设备感知的数据进行在线学习，形成动态更新的数据库，进而实现预测模型的在线更新。另外，与云计算模式相比，边缘计算的结果由边缘设备发出，不经过云端，因此延迟时间减少，有利于在线智能控制。

3. 温室温度典型情景识别

准确客观的温度预测为典型情景的在线识别奠定基础,而典型情景的准确识别为生长要素的调度优化决策提供科学依据。樱桃是陕西省特有且普遍种植的物种。一年中从花芽萌动开始,通过开花、萌叶、展叶、抽梢、果实发育、花芽分化、落叶、休眠等过程,周而复始,这一过程称为樱桃的年生长周期。

1)典型情景构建

温度的典型情景的构建和识别与光照典型情景的构建及识别方法相似,具体可参考前面的内容。箱型图是一种用作显示一组数据分散情况资料的统计图。如图 4.42 所示,箱上边界为 3/4 分位数,箱下边界为 1/4 分位数,箱中的横线为中位数(1/2 中位数),四分位间距为 3/4 分位数−1/4 分位数。在箱上边界上半部分的横线为该组数据的合理上界,即 3/4 分位数+1.5×四分位间距,在箱下边界下半部分的横线为该组数据的合理下界,即 1/4 分位数−1.5×四分位间距。箱型图在某种程度上可视为数据分布图,若箱子在中间,则代表数据分布较为集中;若箱子靠近上方,则说明数据整体左偏;若箱子靠近下方,则说明数据整体右偏。本节采用的温室温度历史数据为一年内监测的所有数据,假设其代表了各种各样的情景,则超过上界和下界的点可视为异常点。

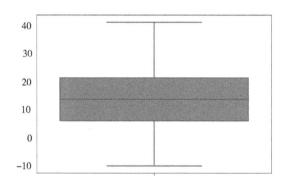

图 4.42　箱型图基本框架

首先,我们采用箱型图对各个月份的温度画图。由图 4.43 可知,2 月、5 月、8 月和 12 月离群值较多(此处离群值的定义为不在区间[上四分位数+1.5×四分位间距,下四分位数−1.5×四分位间距]的点),说明温室室内温度在这几个月的异常值较多,需要严格监测。更进一步地,我们将这四个月的小时分布图画出,结果见图 4.44。

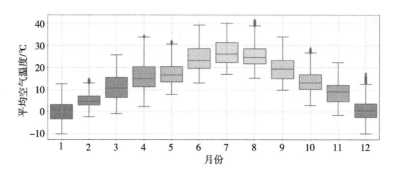

图 4.43　温室温度异常值分布图（不同月份）

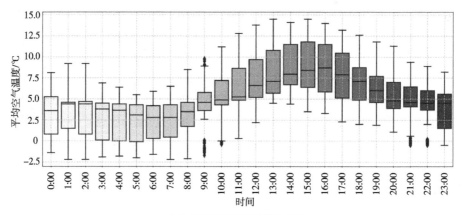

（a）2 月温室温度异常值分布图

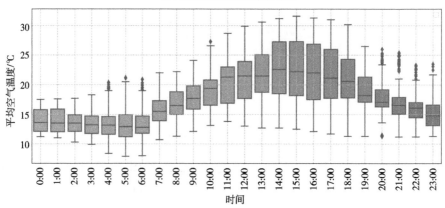

（b）5 月温室温度异常值分布图

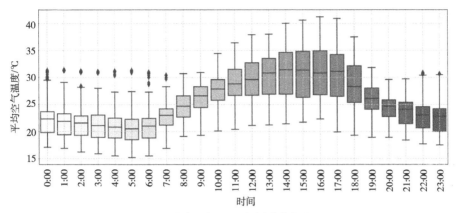

（c）8 月温室温度异常值分布图

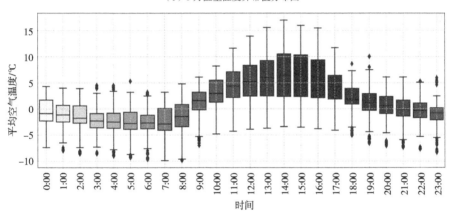

（d）12 月温室温度异常值分布图

图 4.44　温室温度异常值分布图（不同月份+不同时间）

　　由图 4.44（a）可知，在 2 月时，樱桃处于幼苗期，温室在 9:00 左右温度幅度变化较大，异常值可能出现在高温或低温状态。在 21:00~22:00，温度较低。这启示种植户，在实际农业种植中注意春寒料峭，夜晚需要保温。

　　在 5 月时，樱桃快速成长，此时温度适宜，但在 4:00~6:00，20:00~23:00 时温度较高，异常值较多。这启示种植户，在实际农业种植中，生长期温度较高，清晨和傍晚注意适当降温。

　　在 8 月时，樱桃趋于成熟，温度整体较高，尤其是 22:00~次日 7:00，温度整体上仍较高。这启示种植户注意多多降温。

　　在 12 月时，温度较低，在这个阶段，温度最不稳定，在 18:00~次日 9:00，温度变化幅度较大，异常值较多，低温异常值相对较多，同时高温异常值也经常出现。这启示种植户在实际农业运作中，冬天在保暖的同时注意温度不要太高。

基于时间数据分析的结果，我们采用情景分析法（scenario analysis method），考虑植物生长的三个阶段和不同阶段各个小时的特点，将温室温度进一步划分成72（24×3）种典型情景，方法类似光照情景构建，具体如图 4.45 所示。

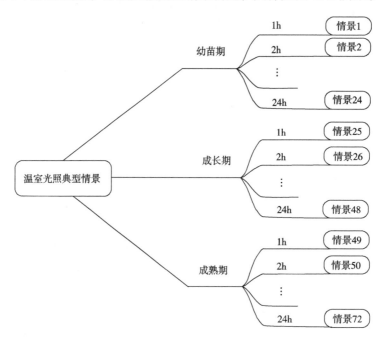

图 4.45　农作物典型情景分析树

2）典型情景比对与识别

基于图 4.45 中的农作物典型情景分析树，我们发现每一个典型情景包括一个基于历史数据的区间，具体为[上四分位数+1.5×四分位间距，下四分位数–1.5×四分位间距]，当物联网温度传感器产生实时数据时，只需要比对该数据是否落入该区间内，若是，则不属于典型情景，不需要调度优化决策；若不是，则属于典型情景（异常情景），需要及时调度。

在本节中，我们从物联网温室硬件监控、软件计算预测和温度典型情景识别方面介绍基于物联网的温室温度监测、预测及识别方法。具体而言，基于物联网的温室可以有效、实时、准确地记录温室状态，并产生时间序列大数据。基于农业物联网大数据大体量、高频率、不平稳、非线性的特点，我们提出基于粒化计算+机器学习+参数优化的学术思想来实现温室温度高精度、低成本、强鲁棒的预测，并展望了基于边缘计算和在线学习的动态预测系统。最后，我们从统计分析视角实现温度典型情景的识别和划分，为生长要素在线智能调度打下基础。

4.3.2　基于物联网的温室卷帘机调控模型与算法

基于物联网的温室农业系统为越冬作物提供了良好的生长条件，转变了传统农业的生产方式，使温室种植朝数字化、精准化和智慧化方向发展。随着温室大棚的逐渐升级，温室卷帘机也发生了一系列重大变革，并将逐渐解放人们的双手，进一步向自动化方向发展。基于物联网的温室卷帘机是指利用物联网设备采集温室内的温湿度信息，进而预测温室内温度的变化趋势，并根据预测信息决定是否打开卷帘、打开多长时间以及卷帘打开的高度，最终实现对温室内部的温度进行实时调控。

本节根据温室内温度的变化规律建立了基于物联网的温室温度调控机制，并据此构建了物联网环境下的温室卷帘机调控数学模型，得出了不同温度条件、光照条件以及卷帘升降高度条件下卷帘打开时间的变化趋势。装备了物联网的温室通过智能控制卷帘机打开的时间和卷帘升降高度调节室内温度，满足作物在不同季节、不同生长阶段的温度需求，为种植户极大地节省了人力成本，提高了工作效率。

1. 基于物联网的温室卷帘机的相关研究现状

物联网技术为我国农业的发展插上了腾飞的翅膀，改变了我国的农业种植方式。物联网农业充分发挥了大数据的优势，使得农业生产更加透明化、控制精准化、机械化，同时促进了我国农业向智慧农业和数字农业方向发展，为我国农业发展提供了巨大的平台和机遇。

物联网是现实与虚拟世界进行交互的方式，随着科学技术的发展，物联网的应用越来越广泛，尤其是在农业方面。基于物联网的农业系统可以对作物的生长状态和环境进行精准监测与控制，以建立作物最佳的生长环境，有效降低人力成本。Bu 和 Wang[86]提出了一种基于深度强化学习的智能物联网农业系统，该系统可以帮助人们进行更加有效的决策，以降低农民的种植成本，帮助农民获得最大化的粮食产量。Khanna 和 Kaur[87]从物联网的起源、发展和应用等方面对物联网技术进行了回顾，并指出基于物联网的农业系统可以促进精准农业的发展，进而优化粮食的生长环境，提高作物产量。基于物联网的精准农业对物联网设备的数据传输能力提出了更高的要求，为了提高数据传输基站的能效，Dhall 和 Agrawal[88]提出了一种占空比数据聚合算法，并证明了该算法在提高基站性能方面的有效性。

根据功能的不同，物联网设备又可以分为温室卷帘机、智能灌溉系统、智能水肥一体化灌溉系统、智能病虫害预警系统等。在国外，农业物联网的体系架构已经发展得较为成熟，如 Muangprathub 等[89]开发了一种基于无线传感网络的作物智能灌溉系统，可以根据作物信息和土壤条件等预测作物生长的最佳空气温度、空气湿度和土壤湿度，进而更有效、精准地对作物生长进行管理和决策。Lavanya等[90]开发了一种基于物联网的自动肥料灌溉系统，可以监测和分析土壤中营养物质的含量，并据此进行合理的灌溉决策，通过实验证明，该系统可以实现作物高产。Ahmed 等[91]开发了一种基于物联网的植物病虫灾害通用预警平台，可以根据作物生长环境、土壤条件等信息在灾害到来之前进行预警，实验表明，该系统可以减少农药的使用次数和农药残留。与国外相比，我国农业物联网的发展也取得了长足的进步，基本实现了对温室大棚内空气温湿度和土壤条件的自动化调控管理。刘雨娜和高春琦[92]根据温度调控的不同需要，将温室内的温度调控分为保温、自然通风、强制通风、强制降温四种模式，并分析了四种模式下的调控方式和效果，为物联网温室的温度调控提供了理论基础。为了监控温室内的温湿度，姚湘和沈民熙[93]设计了基于物联网的无线温湿度控制系统，可以根据采集的作物生长环境信息对大棚内的温湿度进行远程控制，提高了工作效率。姚引娣等[94]设计了一种低功耗的物联网温室监控系统，并取得了很好的应用成果，降低了物联网设备在数据采集过程中的能耗。Yu 等[95]提出了一种基于最小二乘支持向量机（least squares support vector machine，LSSVM）模型的新型温度预测模型，可以提前预测几个小时的温度变化。物联网技术不仅能对温室内的环境进行控制，还可以对大棚外的环境进行预测。张权等[96]利用物联网感知积雪对大棚造成的压力，设计了温室大棚积雪预警系统，以降低降雪对种植户造成的损失。

在物联网温室系统中，温室内的温度对作物生长有着重要的影响，因此，物联网温室温度调控在作物生长过程中扮演着重要的角色。温室卷帘机是日光温室所特有的一种设备，用于控制温室室内温度。虽然卷帘机发展时间不长，但已经在我国得到了广泛应用。在初期，卷帘机以手动控制为主，随着物联网技术的发展，温室卷帘机逐渐向智能远程控制方向转变。王长会等[97]设计了温室卷帘机的远程监控系统，使卷帘机的控制和管理效率得到极大提高。然而，新技术的出现必然带来新的问题，崔玉祥等[98]将卷帘机的控制技术分成四大类并进行了详细分析，指出在卷帘机的应用过程中存在卷帘停止位置不精确、卷帘伤人事故等，为我国卷帘机的进一步发展指明了方向。周长吉[99]通过对现有的卷帘机种类进行分析，指出现阶段卷帘机的产品性能还不够规范，需要进一步规范卷帘机市场，促进卷帘机技术的更新和发展。吴素英[100]分析并总结了卷帘机的优点和缺点，并针对卷帘机的缺点提出了相应的解决措施。为了降低冬季夜间日光温室室内温度的损耗，很多国外学者也对日光温室室内温度的控制展开了研究。Kooli 等[101]通过对比带有百叶窗遮盖物的和不带百叶窗遮盖物的日光温室室内夜间温度变化情况，指出带有百叶窗遮盖物的温室保温性能更好。Zhang 等[102]为了提高日光温室卷帘机的控制精度，设计了一种利用角度传感器精确控制卷帘和卷膜的数学算法，并通过实验证明了算法在精度和稳定性方面的优势。

卷帘在温室作物的生长过程中起到维持作物生长环境温度的作用。保温被的揭盖时间直接影响作物的光照时间和室内温度的变化，进而影响作物产量和品质。为了使卷帘的揭盖时间更加清晰，刘璎瑛等[103]从能量平衡的角度建立了揭盖卷帘时间的数学模型，并通过实验验证了模型的有效性。裴雪等[104]指出目前温室温度控制自动化程度和精度仍然很低，为此建立了温光耦合的室内温度预测模型，并据此设计了温室卷帘机温度精准控制系统，提高了室内温度的管理效率。同时，为了保证作物免受低温伤害，裴雪[105]建立了室内温度实时预测模型和夜间最低温度预测模型，并结合夜间室内温度的变化情况构建了揭盖被决策模型，通过实验验证了该模型的有效性和科学性。通过合理的控制卷帘机的开关时间，可以维持日光温室内的夜间温度，减少作物夜间冻害的发生[106]。Chen 等[107]提出了基于粒子群优化的温室温度鲁棒模型预测控制系统，用于温室温度的精准预测，并通过仿真证明这种方法比传统方法的控制精度及鲁棒性更高。Tong 等[108]设计了一种滑盖覆盖物的日光温室，提高了温室光的捕获性能和操作性能，丰富了日光温室的研究内容。

综上所述，可以看出：①物联网技术的介入使得温室作业朝精准化控制方向发展，通过实时采集温室内外的环境信息，帮助种植户进行种植决策；②卷帘机的应用极大地缩短了种植作物的时间、节省了人力成本，人们可以通过控制卷帘机的开关时间对室内温度进行控制，进而为作物生长提供最佳的环境；③基于物联网的温室卷帘机温度控制系统结合温室内外的环境信息，智能控制卷帘机调节温室内的温度，帮助人们精准、高效地进行作物种植。

2. 基于物联网的温室卷帘机调控问题分析

基于物联网的温室卷帘机调控系统彻底转变了传统的人工卷帘方式，它充分利用物联网传感器和人工智能等技术，通过物联网设备采集的相关作物参数和生长环境信息数据，形成数据驱动的物联网温室卷帘机调控方法，实现温室温度、湿度和光照等的自动、精准和稳定控制，从而让种植户解放双手，提高日光温室卷帘效率，为作物提供最合适的生长环境，最终实现提高作物产量的目标。因此，本章的研究内容是在应用物联网技术采集空气温度、湿度和光照等数据后，如何利用采集和加工后的数据信息对日光温室卷帘机进行控制，以实现室内温度的调节，为作物提供最佳的生长环境。

1）日光温室卷帘机演化历程

温室卷帘悬挂于日光温室大棚外部，在寒冷地区或者寒冷的冬季用于温室室内保温，防止热量散失。按照材料的不同，温室卷帘又可分为草苫帘、纸被和棉被等。不同材质的卷帘具有不同的保温性能，保温性能好的卷帘可以有效维持温室内的夜间温度，以免对作物生长造成冻害。通过梳理卷帘机的发展历程，我们可以把卷帘机的演化历程分成四个阶段：人工卷帘、手动卷帘机、电动卷帘机和智能卷帘机。下面将针对不同阶段的卷帘机的使用进行具体分析。

（1）人工卷帘阶段。

在日光温室种植过程中，要为大棚覆盖卷帘以提高日光温室的保温性能，维持作物生长所必需的温度环境。在早期，卷帘的揭盖操作主要由人工完成，一般是种植户根据天气状况和种植经验估计卷帘揭开时间，然后由几个人在大棚顶部将一个个卷帘揭开。人工卷帘费时费力且危险系数较高，一次揭开或盖被操作需要几个人同时操作半小时甚至是更长的时间，需要较大体力的人才能完成。同时，遇上雨雪天气，卷帘积水且重量大大增加，给操作人员带来了很大的人身危险。

（2）手动卷帘机阶段。

为了摆脱繁重的体力劳动，缩短温室大棚的卷帘时间，卷帘机设备得以产生。开始，卷帘机还是以手动控制为主，将卷帘机放置在大棚的一侧，再通过一个卷帘轴连接卷帘，进而实现对卷帘的升降控制。手动卷帘机与人工卷帘相比，缩短了温室卷帘所需时间，增加了光照时间。然而，由于卷帘是由手动控制的，因而要求卷帘重量不能太大，同时，在进行手动控制时，需要注意个人安全，避免卷帘砸伤。

（3）电动卷帘机阶段。

电动卷帘机是在手动卷帘机的基础上形成并发展起来的。电动卷帘机将支架固定于大棚顶部，通过电源控制电力的释放，完成对卷帘升降的控制，进而维持温室室内最佳温度。电动卷帘机的发明是温室卷帘机的一项重大变革，它可以将卷帘时间缩短到几分钟，进一步缩短了温室大棚的卷帘时间且增加了光照时间，更重要的是，它以极大的便利性得以迅速发展而被广泛使用。然而，电动卷帘机在使用过程中的维修与养护方法需要所有使用者熟记于心并认真履行，否则，会由于操作不当给操作者带来危险和损失。

（4）智能卷帘机阶段。

随着物联网、人工智能等技术的发展，温室卷帘机也朝着智能化、精准化的方向发展。智能卷帘机是指根据物联网传感器设备所采集到的温室内外环境温度、湿度和光照等信息，利用智能算法或者模型预测一段时间内温室内的温度变化情况，并根据作物的生长需求决定是否打开卷帘，以为作物提供最佳的生长环境，提高作物的产量和质量。智能卷帘机的发展使卷帘的控制更加精准和稳定，从而使温室作物产量和质量得到极大提高。

2）基于物联网的温室卷帘机调控机制

物联网技术在设施农业中的应用已经很广泛，同时我国在温室大棚的种植过程中也采用了很多物联网设备，如智能灌溉系统、智能水肥一体化系统、自动虫情预警系统、物联网监控等。物联网设备的介入摒弃了传统人工经验操作的弊端，使得温室种植朝更加科学化、精准化的方向发展。卷帘机是用于控制温室外部卷帘升降的控制器，通过控制外部光照的进入从而控制温室内的温度环境。因此，设计一种基于物联网的温室卷帘机可以更加精准地控制卷帘机的开关，为作物提供最佳的生长环境，减少作物因低温伤害造成的损失。基于物联网的温室卷帘机是智能卷帘机的一种，它是指在温室内外安装物联网传感器等设备采集温室内外的温度、湿度和光照数据，在历史数据、光温变化规律和作物生长参数等信息的基础上，利用智能算法和预测模型等对温室内外的温度变化做出预测，以帮助种植户更加精准地对卷帘机进行控制决策。

（1）温室作物生长的温度习性。

植物在一定的温度范围内才能正常生长发育，温度对作物的生长发育有着至关重要的影响，不同的作物或者同一作物的不同生长阶段所需的生长温度存在很大的不同。高寒植物或不喜光的植物对光照的需求较少，主要靠在温室内增加温度控制系统来对室内温度进行调节。因此，本节以常规日光温室种植的作物为例，分析作物在大棚内生长的温度习性。

作物生长与环境温度有着紧密的联系，与植物生长有关的温度大致分为 5种：最低温度、缓慢生长温度、最适温度、抑制生长温度和最高温度。在最低温度以下，植物因为受到低温的影响而发生低温冻伤，植物所有生理活动消失，停止生长甚至死亡，因此最低温度是作物生长的最低温度临界值。植物生长最快的温度范围称为最适温度，在最适温度范围内，植物的生理代谢过程最活跃，因而也是植物生长最快的阶段。在最低温度与最适温度之间，植物的生理活动受酶活性的影响而减弱，导致相对于最适温度范围来说，有机物的消耗减少，进而使得作物生长较为缓慢，但此时的植物往往会长得更加壮实。当作物的生长环境温度超过最高温度时，植物的各项酶活性受到抑制，植物的呼吸作用暂停，因而停止生长发育，长时间处于最高温度的植物会因为失水过多或被"热死"。抑制生长温度是指位于最适温度与最高温度之间的温度范围，由于温度超过了最适生长温度，植物的各项生理活动受到抑制，因而与最适温度相比，处于此温度范围的植物的生长发育较为缓慢。植物生长速率与温度的关系图如图4.46所示。

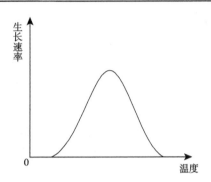

图 4.46　植物生长速率与温度的关系

　　不同作物或者处于不同生长时期的同一作物对温度的需求也存在很大差异，因此在进行温室卷帘机温度调控时，应根据作物的种类和作物所处生长时期进行具体分析，以便为作物提供最适宜的生长环境。

　　（2）基于物联网的温室卷帘机调控机制。

　　基于物联网的温室卷帘机主要是利用物联网设备采集作物生长环境和参数信息，进而通过所获得的相关数据进行分析，得出作物生长环境状况，并据此决定是否打开卷帘、打开多长时间以及卷帘的升降高度等。基于物联网的温室卷帘机的调控流程如图4.47所示，主要分为以下三个步骤。

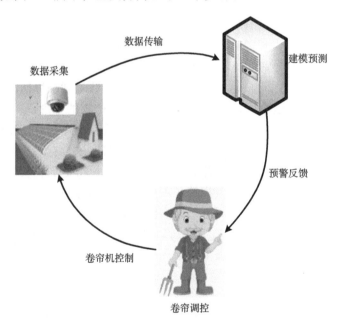

图 4.47　基于物联网的温室卷帘机的调控流程

①数据采集。首先利用物联网的温光传感器采集温室内外的温度和光照数据，同时输入基础参数，包括作物种类、作物种植时间、薄膜透光率等数据，存储到服务器中。因为温室卷帘揭开后室内温度的变化不仅与温室内外的温度有关，还与温室外部的光照强度有关。另外，同一作物不同生长阶段所需的温度和光照强度也不一样，因此有必要记录作物的相关生长参数以确定作物所处的生长阶段。不同的薄膜透光率差异很大，透光率直接影响太阳光照给温室室内带来的有效光照，从而影响温室室内温度的变化。

②建模预测。当打开温室卷帘之后，室内温度不会立刻上升，而是先短暂下降，然后温度再逐渐回升。因此，在对温室内部温度进行调控之前，首先需要根据所采集的温光信息建立物联网温室温度预测模型以观察打开卷帘之后，室内温度的变化情况，防止打开卷帘后对作物造成冻害。此外，作物生长的最适温度与作物所处的生长阶段密切相关，要想确定作物的最适温度，需要根据作物生长的相关参数建立作物生长阶段判断模型，用于确定作物的生长阶段和最适温度，维持作物正常生长，为温室卷帘机调控提供模型基础。同时根据作物种类、习性和作物生长温度及温室内外光照强度等建立基于物联网的温室卷帘机调控模型，以确定卷帘何时打开、打开多长时间以及卷帘的升降高度等，为作物提供最佳的生长环境，提高作物产量和品质。

③卷帘调控。首先，根据温室室内温度预测模型预测打开卷帘后室内温度的变化情况，并判断出作物生长阶段以确定作物生长所需各项温度指标。若打开卷帘后室内温度低于作物在该生长阶段生长的最低温度，那么会给作物带来低温冻害，影响作物产量，因此不能打开卷帘。若打开卷帘后，室内温度会在短时间内下降，但下降后的温度不低于作物生长最低温度，则给出打开卷帘的反馈信息，并可根据外界光照和温度情况以及作物本身对温度和光照的喜好情况，决定温室卷帘的升降高度。当物联网传感器感知到外界温度和光照突然发生变化时，它会根据模型预测和判断并向用户发出是否关闭卷帘的警示信息，最终达到对温室室内温度实时调控的目的。

3. 基于物联网的温室卷帘机调控模型构建

基于物联网的温室卷帘机调控的主要研究内容是：根据物联网温室室内温度预测模型和作物生长阶段判断模型所得出来的结果，判断外界的温度和光照条件是否满足打开卷帘的条件，如果需要打开卷帘，那么卷帘的打开高度是多少、打开多长时间、什么时候关闭等。基于物联网的温室卷帘机调控比人工经验控制更加科学、精准，促进我国物联网温室的发展迈向新的台阶。

1）模型假设

温室室内温度的变化受光照强度、薄膜透光率、外界温度等多方面因素的影响，为了简化分析，本部分提出以下基本假设。

假设 1：假设打开卷帘之后，温室室内温度随卷帘打开的时间呈线性增加，忽略打开卷帘之后短时间的温度下降，因为短时间内室内温度下降并不明显且室内温度总体呈逐渐上升的趋势。

假设 2：假设温室卷帘一天内打开并关闭一次。通过查阅相关文献和实地调研发现，大多数大棚在上午打开卷帘，下午关闭卷帘，以充分接收外界的太阳光照辐射和保持室内温度。温室卷帘机的实时控制系统可能一天内完成多次开关操作，为了简化模型，这里不做研究。

假设 3：假设关闭卷帘机后的短时间内室内温度保持不变。当下午关闭卷帘机后，温室内温度也会下降，但与打开卷帘机温度的下降相比，室内温度下降较慢，因此我们忽略关闭卷帘机后室内温度的变化。

2）模型参数设置

本节所构建的基于物联网的温室卷帘机调控模型是在物联网温室室内温度预测模型和作物生长阶段判断模型的基础上建立的。模型中的相关参数如下。

Q：作物产量；

T_{AV}：白天温室室内的平均温度；

T_{min}：作物生长的最低温度；

T_{max}：作物生长的最高温度；

a：作物产量系数；

T_{sm}：最适温度范围中的最大值；

T_0：打开卷帘之前的温室室内初始温度；

T_a：根据温室室内温度预测所得到的打开卷帘之后每小时变化的平均温度；

h：卷帘打开的高度；

T_{ls}：为维持作物夜间生长卷帘关闭时的最低温度；

g：薄膜透光率；

L_i：i 时刻温室外部光照量（lx）；

L：10:00~15:00 捕获的光照量（lx）；

x_i：决策变量，反映了卷帘机的工作状态，当某一时间段内打开卷帘时，值为 1，否则为 0。

3）基于物联网的温室卷帘机调控模型

物联网温室卷帘机的调控问题可以描述为通过利用物联网传感器等设备获取作物生长的环境信息，进而根据温室室内温度预测模型预测卷帘机打开之后温室室内温度的变化情况，并根据作物生长最适温度条件判断此时是否应该打开卷帘机、卷帘的升降高度以及何时关闭卷帘机等。本部分是在温室室内温度预测模型的基础上进行的研究，在建模过程中温度预测作为模型参数应用到温室卷帘机调控模型中。

（1）基于物联网的温室卷帘机调控模型分析。

①决策变量的选取。

在没有雨雪等极端天气的情况下，卷帘机一般在 8:00~10:00 打开以尽快提高温室的室内温度，而在 15:00~17:00 关闭卷帘机以最大化作物光照时间[105]。因此，为了简化模型，本节假设温室处于晴天的环境下，且温室卷帘机一天内只开关一次。故设决策变量为 x_i（$i=1,2,3,\cdots,12$）以 20min 为间隔确定 8:00~10:00 卷帘机的打开时间和 15:20~17:00 卷帘机的关闭时间，若打开卷帘机，则 $x_i=1$，否则 $x_i=0$。

为了确保卷帘机在 8:00~10:00 打开，令约束条件 $\sum_{i=1}^{6} x_i \geqslant 1$。同时，一天之内温室卷帘机只能打开一次，因此上午卷帘机打开之后就不再关闭，令 $x_i - x_{i-1} \geqslant 0$（$\forall i=2,3,4,\cdots,6$）。同样，在 15:20~17:00 卷帘机必须关闭，因此 $\sum_{i=7}^{12} x_i \leqslant 5$。当卷帘机在规定时间内关闭之后便不能再打开，故 $x_i - x_{i-1} \leqslant 0$（$\forall i=8,9,10,\cdots,12$）。

②温室作物生长的室内温度约束分析。

观察温室物联网室内温度变化数据发现：温室室内温度随卷帘机打开时间的增加而逐渐增加，在 14:00 时温度达到最大值。而温室室内的最高温度不能超过作物生长的最高温度，才能保证植物正常生长，带来更大的经济效益。T_a 表示卷帘升高到顶部时根据温室室内温度预测模型得到的平均每小时的温度变化率，而卷帘升高的高度不同，室内接收的有效光照和温度增长的幅度也不同，用 h 表示卷帘打开的高度幅度（$0<h\leqslant 1$），假设室内温度的变化与卷帘机升高的高度呈线性关系，故温室室内温度变化可以表示为 hT_a。因此，根据温室作物生长规律，温室室内最高温度不应高于作物生长的最高温度约束可以表示为

$$T_0 + \frac{h}{3}T_a \sum_{i=1}^{6} x_i + 4hT_a \leqslant T_{\max}$$（T_0 表示打开卷帘机时的初始温度），也就是说，温室作物在 14:00 的最高温度要小于作物生长的最高温度，否则作物会因温度过高而停止生长发育。

在 14:00 之后，由于室外光照强度的减弱，即使打开卷帘机，室内温度也会逐渐下降。由于在决策变量中，x_i 表示 15:20 卷帘的打开状态，到 15:20 卷帘已经打开了 20min，故 14:00~15:20，温度下降了 $hT_a(1+1/3)$。与此同时，关闭卷帘机之后，温室内的温度也处于不断降低的状态，在夜间，室内温度会达到一个最低温度。为了维持作物夜间生长的温度环境，关闭卷帘机时的室内温度不能低于维持作物夜间生长的最低温度，使得即便室内温度持续下降也不会降低到作物生

长的最低温度，促进作物更好的生长发育。综上，关闭卷帘机时温度不能低于维持作物夜间生长的最低温度，可以表示为

$$T_0 + \frac{h}{3}T_a\sum_{i=1}^{6}x_i + 4hT_a - hT_a - \frac{h}{3}T_a\left(1 + \sum_{i=7}^{12}x_i\right) \geqslant T_{1s}$$

③温室作物生长的光照条件约束。

卷帘机的升降不仅影响温室内温度的变化，还对温室捕获光照具有很大的影响。光照时间对作物产量有重要影响，光通过影响植物进行光合作用形成有机物进而影响作物的产量。卷帘机的开关影响温室内的光照时间，因而起到调节温室内作物光周期的作用。光周期指的是植物在一天之中光照明暗变化的周期，其主要通过影响植物的开花期进而影响作物产量。长日植物接收的光照只有达到一定时间，才可以保证植物正常开花，进而影响作物的产量；短日植物接收的光照要少于一定时间才能保证植物正常开花，进而保证作物的产量，短日植物则对日照时间没有太多要求，一般只要满足正常的生长条件即可正常开花[109]。在利用卷帘机对温室内部温度进行调节时，应该考虑卷帘机对植物吸收光照的影响。

首先，为了保持室内温度和有效地捕获光照，对于一般的作物来说，当预测到进入温室内的有效辐射大于 0 时，才打开卷帘机，g 表示温室大棚薄膜的透光率，L_i 表示 i 时刻温室外部太阳光的辐射强度，透过薄膜的有效辐射用 $L_i g$ 表示，那么 $L_i g > 0$ 才可以打开卷帘机。植物的产量和植物所受到的光照时间长短有着密切的关系，不同植物可以接收的光照时间也不同，令 L_{max} 表示植物可接收到最长的光照时间，为了保证植物的正常生长，植物的光周期应不高于可接收的最长光照时间，故 $\frac{1}{3}\left(1 + \sum_{i=1}^{12}x_i\right) + 5 \leqslant L_{max}$。同时，为了使长日植物正常开花结果，植物的光周期不能低于最小光照时间，即 $\frac{1}{3}\left(1 + \sum_{i=1}^{12}x_i\right) + 5 \geqslant L_{min}$，$L_{min}$ 表示最小光照时间。

④目标函数。

温室作物的产量与室内温度的变化有着紧密的关系，当温度过低或过高时，植物会停止生长，作物产量为 0；而当作物处于最适温度状态时，作物生长状态最好，因而作物的品质和产量也就最高；当温度过高时，作物易落花落果，产量会有所降低[110]。可以得出温室作物产量与温室室内温度的关系如图4.48 所示。

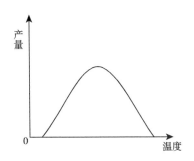

图 4.48　作物产量与室内温度的关系

　　温室作物产量与温室室内温度的关系并非严格的二次函数关系，因为作物生长的最适温度可能并不是抛物线的对称轴，在进行算例实验时，要根据作物的具体特性来进行具体研究。因此，令作物产量与温度的函数关系为 $Q_1 = a(T_{AV} - T_{min}) \cdot (T_{AV} - T_{max})$（$a < 0$），其中，$a$ 表示作物产量系数，保证作物产量取正值；$T_{AV} = \dfrac{1}{9}\sum\limits_{j=9}^{17} T_j$ 表示卷帘打开后室内的平均温度，也就是 9:00~17:00 的平均温度，T_j 指 9:00~17:00 温室内每个小时的实际温度，由于卷帘打开后，8:00~14:00 温室内温度呈线性增加，温室内 9:00 和 10:00 的温度表示为 $T_j = T_0 + \dfrac{h}{3}T_a\sum\limits_{i=1}^{3(j-8)} x_i$，$j = 9,10$，而当 11:00~14:00 卷帘打开后整点时的室内温度可以表示为 $T_j = T_0 + hT_a \cdot \left(j - 10 + \dfrac{1}{3}\sum\limits_{i=1}^{6} x_i\right)$，$j = 11,12,13,14$。在 14:00 以后，温室内温度逐渐降低，则 15:00 的室内温度为 $T_{15} = T_0 + hT_a\left(4 - 1 + \dfrac{1}{3}\sum\limits_{i=1}^{6} x_i\right)$，而 16:00 和 17:00 时，室内温度可以表示为 $T_j = T_0 + hT_a\left(4 - 1 + \dfrac{1}{3}\sum\limits_{i=1}^{6} x_i - \dfrac{1}{3}\left(1 + \sum\limits_{i=7}^{6+3(j-15)} x_i\right)\right)$，$j = 16,17$。

　　温室作物根据喜光程度的不同，对光照条件有一定的偏好差异。对于那些较为喜光的植物来说，捕获的光照越多，果实品质越好，植物产量也就越高[110]，当植物接收的光照过多时，也会导致植物发育迟缓。然而，在温室大棚的种植过程中，薄膜具有一定的透光率，不会使植物直接受到太阳辐射[111]。因此，我们认为植物的光周期在一定范围内越长对作物生长越有益，且作物产量与作物接收的光周期呈正相关关系，植物所接收的光周期为 $\dfrac{1}{3}\left(1 + \sum\limits_{i=1}^{12} x_i\right) + 5$，故作物产量与光周期的关系可以用 $Q_2 = k\left(\dfrac{1}{3}\left(1 + \sum\limits_{i=1}^{12} x_i\right) + 5\right)$（$k$ 表示光照对作物产量的影响系数，$k > 0$）表示。

通过以上分析，可以得知作物的产量和质量与温室内的温度及光照条件有着直接关系。因此，为了最大化作物的收益，我们令最大化作物的产量为决策目标，故总的目标函数为 $\max Z = a(T_{AV} - T_{min})(T_{AV} - T_{max}) + k\left(\dfrac{1}{3}\left(1 + \sum_{i=1}^{12} x_i\right) + 5\right)$。

（2）基于物联网的温室卷帘机调控模型。

通过前面对研究问题的分析和描述，可以得出基于物联网的温室卷帘机调控模型如下。

目标函数：

$$\max Z = a(T_{AV} - T_{min})(T_{AV} - T_{max}) + k\left(\frac{1}{3}\left(1 + \sum_{i=1}^{12} x_i\right) + 5\right) \tag{4.48}$$

约束条件：

$$\sum_{i=1}^{6} x_i \geq 1 \tag{4.49}$$

$$x_i - x_{i-1} \geq 0, \quad \forall i = 2,3,4,\cdots,6 \tag{4.50}$$

$$\sum_{i=7}^{12} x_i \leq 5 \tag{4.51}$$

$$x_i - x_{i-1} \leq 0, \quad \forall i = 8,9,\cdots,12 \tag{4.52}$$

$$T_0 + \frac{h}{3}T_a \sum_{i=1}^{6} x_i + 4hT_a < T_{max} \tag{4.53}$$

$$T_0 + \frac{h}{3}T_a \sum_{i=1}^{6} x_i + 4hT_a - hT_a - \frac{h}{3}T_a\left(1 + \sum_{i=7}^{12} x_i\right) \geq T_{ls} \tag{4.54}$$

$$L_{min} \leq \frac{1}{3}\left(1 + \sum_{i=1}^{12} x_i\right) + 5 \leq L_{max} \tag{4.55}$$

$$x_i \neq 1, \quad L_i g < 0, \quad \forall i = 1,2,3,\cdots,12 \tag{4.56}$$

$$x_i = \{0,1\}, \quad \forall i = 1,2,3,\cdots,12 \tag{4.57}$$

目标函数（4.48）表示模型的决策目标为作物产量最大化；约束条件（4.49）表示卷帘机必须在 8:00~10:00 打开；约束条件（4.50）表示卷帘机打开之后在规定的时间内不能关闭；约束条件（4.51）表示卷帘机必须在 15:20~17:00 关闭；约束条件（4.52）表示卷帘机在规定的时间关闭之后便不能再打开；约束条件（4.53）表示温室内的最高温度要小于作物生长的最高温度，以确保作物处于最适的温度环境；约束条件（4.54）表示关闭卷帘机时的温度不能低于作物夜间生长的最低温度，以保证在夜间降温的时候也能给作物提供适宜的生长环境；约束条件（4.55）表示为了保证作物产量，作物的光周期不能超过植物可以接收的最大光照时间，不能低于最小光照时间；约束条件（4.56）表示温室内的有效光照必须大于 0 才可以打开卷帘机；约束条件（4.57）表示决策变量的取值，若第 i 时刻打开卷帘机，则 $x_i=1$，否则为 0。

4）算法设计

Intlinprog 是 MATLAB 中专门用于求解整数规划的函数，具有简单易学的特点，同时对于一般小规模的整数规划模型都能快速求解。由于在本目标函数中，温度与产量的关系近似于抛物线的形状，不能直接利用 Intlinprog 函数对其进行求解。

由于在约束条件中，温室的平均温度不超过植物生长的最适温度的最大值，同时作物产量随着平均温度的升高而逐渐变大，函数关系位于抛物线对称轴的左侧部分。由于抛物线左侧部分接近一次函数的形状，因此，为简化求解流程，我们将作物产量与温室室内温度的关系定义为一次函数关系，即 $Q_1=a_1(T_{AV}-T_{min}),a_1>0$，目标函数变为 $\max Z=a_1(T_{AV}-T_{min})+k\left(\dfrac{1}{3}\left(1+\sum\limits_{i=1}^{12}x_i\right)+5\right)$。

4. 算例分析——以番茄为例

为了确定物联网环境下温室卷帘的开关与温度和光照的关系，本部分以番茄为例进行算例分析。通过查阅资料发现，温度和光照在番茄的生长过程中扮演着重要角色，番茄在不同的生长阶段所需的温度和光照条件也不同。在开花期，番茄的最适生长温度是 20~30℃，若温度超过 30℃，番茄就容易落花落果、产量降低，故 T_{sm} 取 30℃。番茄生长的最低温度 T_{min} 是 5℃，最高温度 T_{max} 取 40℃[112]。此外，在开花期，番茄对夜间温度的要求也较高，一般为 15~18℃[113]，故关闭卷帘机时的临界温度 T_{ls} 取 18℃，早上打开卷帘机时的温度 T_0 为 15℃。番茄为喜光型植物，一天内 10~12h 的光照时间为最佳，故令 L_{max} 取 12h，L_{min} 取 0h。

（1）当外界光照强度过强或者薄膜透光率较高时，温室温度的平均变化率较大，对卷帘机开关时间的影响较大。因此，本部分分别以较低的温度变化率和较高的温度变化率进行算例实验，以观察温室如何通过卷帘机调节室内温度。

当温度变化率 T_a 分别取 2℃/h 和 3℃/h 且卷帘机完全打开时，将相关参数代入模型中求解，得到结果如表 4.23 所示。

表 4.23　不同的温度变化率所得结果

温度变化率	8:00	8:20	8:40	9:00	9:20	9:40	15:20	15:40	16:00	16:20	16:40	17:00
2℃/h	1	1	1	1	1	1	1	1	1	1	1	0
3℃/h	0	0	0	1	1	1	1	1	1	1	1	0

从表 4.23 中可以看出：在同样的光照条件下，温度变化率较低时要比温度变

化率较高时打开卷帘的时间更长。当温度上升的平均变化率为 2℃/h 时，室内温度上升比较慢，达到最大温度值所需的时间也更长。当温度上升的平均变化率为 3℃/h 时，温室温度很快达到最高温度，为了避免过高的温度导致作物落花落果，产量降低，应该晚些打开卷帘。温度变化较慢时，为了尽快提升室内温度保持作物生长，需 8:00 打开卷帘，同时为了最大化光照时间，应于 17:00 关闭卷帘。温室室内温度变化较快时，9:00 打开卷帘以避免番茄处于过高温度中而降低产量，在 17:00 关闭卷帘以最大化光照时间。

（2）当其他参数不变，只改变卷帘升降的高度时，利用算法对模型求解得到的结果如表 4.24 所示。

表 4.24　改变卷帘升降高度所得结果

温度变化率	8:00	8:20	8:40	9:00	9:20	9:40	15:20	15:40	16:00	16:20	16:40	17:00
2℃/h[a]	1	1	1	1	1	1	1	1	1	1	1	0
2℃/h[b]	1	1	1	1	1	1	1	1	1	1	1	0
2℃/h[c]	1	1	1	1	1	1	1	1	1	1	1	0
3℃/h[a]	0	0	0	1	1	1	1	1	1	1	1	0
3℃/h[b]	1	1	1	1	1	1	1	1	1	1	1	0
3℃/h[c]	1	1	1	1	1	1	1	1	1	1	1	0

注：a 表示卷帘全部升上去；b 表示卷帘升至 1/2 高度；c 表示卷帘升至 1/3 高度。

在表 4.24 中，2℃/h[a] 和 3℃/h[a] 分别表示室内温度上升速率为 2℃/h 和 3℃/h 的时候，卷帘全部升上去的结果；2℃/h[b] 和 3℃/h[b] 分别表示室内温度上升速率为 2℃/h 和 3℃/h 的时候，卷帘升至 1/2 高度的结果；而 2℃/h[c] 和 3℃/h[c] 分别表示室内温度上升速率为 2℃/h 和 3℃/h 的时候，卷帘升至 1/3 高度的结果。从该表中可以看出，由于番茄属于较为喜光的作物，故开花期，番茄温室内的光照时间越长越好，以最大限度地促进花和果实的生长。因此，当温室内温度上升得比较慢时，温室需要的光照时间越长越好，卷帘对温度的影响结果不是很明显。故而从 8:00~17:00 卷帘一直处于打开状态。然而，当温室内温度上升得比较快时，随着卷帘上升高度的增加，温室室内温度升高得越快，卷帘打开的时间越短，以确保温室室内的最高温度不超过番茄生长的最高温度，保持作物正常生长。

以上研究结果从卷帘机何时打开、打开时间的长短和卷帘升降的高度三个角度分析了基于物联网的温室卷帘机调控机制，可以得出以下结论。

（1）在同样的光照条件下，温度变化较慢的温室要比温度变化较快的温室打开卷帘的时间更长。这是因为当温度上升较慢时，室内温度达到最适温度值所需的时间也更长一些，故需要尽快打开卷帘以提升室内温度。当温度上升较快时，温室室内温度很快达到最高温度，为了避免过高的温度使作物产量降低，应该晚些打开卷帘以维持室内温度在最适水平。

（2）温度上升较快的温室比温度升高较慢的温室对卷帘上升高度的变化更敏感。由于番茄属于喜光的作物，故番茄温室内的光照时间越长越好。因此，当温室内温度上升得较慢时，温室温度变化较小，为了最大化效益，温室需要的光照时间越长越好，故而从 8:00~17:00 卷帘一直处于打开状态。然而，当温室内温度上升比较快时，随着卷帘上升高度的增加，温室室内温度升高变快，卷帘打开的时间逐渐推迟，卷帘打开的总时间逐渐缩短，以确保温室内的最高温度不超过番茄生长的最高温度，保持作物正常生长。

物联网技术的发展正在使农业领域发生着深刻的变革，使传统粗放式农业逐渐向精准农业和智慧农业转变，使我国农业的机械化程度极大提高。本节主要研究了基于物联网的温室卷帘机对温室温度的调控机制，并据此建立了温室卷帘机对温度调节的模型。物联网温室卷帘机通过感知、采集和预测室内温度与光照的变化对温室内的温度进行控制及调节，为作物生长提供最佳环境。

4.4　本 章 小 结

物联网在农业中的全面应用将真正实现精准农业，并特别有助于解决人口增长带来的世界粮食问题。随着技术的进步，更便宜的传感器和更安全的网络将促进物联网在农业中的进一步应用，但是必须克服所面临的挑战以赶上全球人口增长的速度。一个明显的挑战是，如何使农民热衷于实施物联网系统，就像他们对高产种子和高效机器的兴趣一样。基于物联网的生命周期的农业是解决这一挑战所必需的，它可以帮助农民认识到农业原料的质量，提高产量和质量，并为市场生产可信赖的农产品。

尽管基于物联网的电商运作模式为温室农业的发展提供了新的机遇，但还需要进行更多的研究才能实现。其中，一个重要的问题是如何加快农业地区物联网基础设施建设，推动互联网巨头提供物联网服务。这个过程至关重要，但也极其复杂，将在我们未来的研究中进行分析。

除了技术问题外，在物联网技术的农业数字化过程中，也逐渐发现了新出现的融资、操作和管理问题。创新农业生产方式、发展新型农业企业，是解决这些问题的有效途径。这需要学术界给予更多的关注，为这些新兴的融资、操作和管理（finance，operation and management，FOM）问题提供相应的理论和方法支持。

参 考 文 献

[1] 潘业兴，王帅. 植物生理学[M]. 延吉：延边大学出版社，2016：57-60.

[2] 杜彦芳，李凤菊，王建春，等. 基于 Android 手机的温室环境监测与补光控制系统的设计实现与应用[J]. 山东农业科学，2019，51（10）：152-157.

[3] 崔靖林，段鹏伟，杨延荣，等. 基于 LED 的培养箱光控制系统设计[J]. 科技创新导报，2014，11（29）：88-89.

[4] 崔瑾，徐志刚，邸秀茹. LED 在植物设施栽培中的应用和前景[J]. 农业工程学报，2008，8：249-253.

[5] 吴乐天，张彩虹，王瑞，等. 电动可调型补光系统的研制与应用[J]. 新疆农机化，2015（3）：29-31.

[6] 赵静，周增产，卜云龙，等. 植物工厂自动立体栽培系统研发[J]. 农业工程，2018，8（1）：18-21.

[7] 马旭，林超辉，齐龙，等. 不同光质与光照度对水稻温室立体育秧秧苗素质的影响[J]. 农业工程学报，2015，31（11）：228-233,235,234.

[8] 王峰，李抒智，张群力，等. 花卉生产中花期调节补光灯配光方案设计研究[J]. 安徽农业科学，2013，41（19）：8408-8418.

[9] 王建平，王纪章，周静，等. 光照对农林植物生长影响及人工补光技术研究进展[J]. 南京林业大学学报（自然科学版），2020，44（1）：215-222.

[10] 张小波，段帅航，朱江，等. 基于 AIOT 的农业智能补光系统[J]. 工业控制计算机，2019，32（10）：42-44.

[11] He F F, Zeng L H, Li D M, et al. Study of LED array fill light based on parallel particle swarm optimization in greenhouse planting[J]. Information Processing in Agriculture，2019，6（1）：73-80.

[12] Olvera-Gonzalez E, Alaniz-Lumbreras D, Torres-Argüelles V, et al. A LED-based smart illumination system for studying plant growth[J]. Lighting Research & Technology，2014，46（2）：128-139.

[13] Chang C L, Hong G F, Li Y L. A supplementary lighting and regulatory scheme using a multi-wavelength light emitting diode module for greenhouse application[J]. Lighting Research & Technology，2014，46（5）：548-566.

[14] 杨小玲，宋兰芳，靳力争，等. 设施果菜补光技术应用现状与展望[J]. 北方园艺，2018（17）：166-170.

[15] 谭佳音，蒋大奎. 群链产业合作模式下"京津冀"区域水资源优化配置研究[J]. 中国人口资源与环境，2017，27（4）：160-166.

[16] 谢谢，周莉，郑勇跃. 钢卷仓库中多吊机调度问题的模型与算法[J]. 沈阳大学学报（自然科学版），2020，32（1）：34-38,72.

[17] 王耀宗，胡志华. 干涉存在下自动化集装箱码头穿越式双起重机同步调度优化[J]. 大连理工大学学报，2020，60（1）：83-93.

[18] 高志鹏，颜奥娜，杨杨，等. 面向应急救援的多目标资源调度机制[J]. 北京邮电大学学报，2017，40（S1）：1-4,9.

[19] 曹文颖，贾国柱，孔继利，等. 基于企业间信任的云制造资源调度[J/OL]. 工业工程与管理，2020（4）：32-40.

[20] 张照岳，包振强，阚云，等. 多目标项目中多技能员工调度的优化研究[J]. 中国集体经济，2019，29：117-118.

[21] 金宇章，张善端. LED 在温室番茄生产中的应用及前景[J]. 照明工程学报，2013，24（S1）：150-155.

[22] Hao X，Little C，Zheng J M，et al. Far-red LEDs improve fruit production in greenhouse tomato grown under high-pressure sodium lighting[J]. VIII International Symposium on Light in Horticulture，2016，1134：95-102.

[23] 戴相林，马瑞萍，廖文华，等. 不同土壤含水量下施氮量及施氮时期对西藏春小麦农艺性状和产量的影响[J]. 西南农业学报，2017，30（6）：1382-1389.

[24] 岳文俊，张富仓，李志军，等. 水氮耦合对甜瓜氮素吸收与土壤硝态氮累积的影响[J]. 农业机械学报，2015，46（2）：88-96,119.

[25] 邢英英，张富仓，张燕，等. 滴灌施肥水肥耦合对温室番茄产量、品质和水氮利用的影响[J].中国农业科学，2015，48（4）：713-726.

[26] 宗哲英，王帅，王海超，等. 水肥一体化技术在设施农业中的研究与建议[J]. 内蒙古农业大学学报（自然科学版），2020，41（1）：97-100.

[27] 杜中平. 以色列节水灌溉与水肥一体化考察报告[J]. 青海农林科技，2012，4：17-20.

[28] 李咏梅，任军，刘慧涛，等. 以色列水肥一体化技术简介与启示[J]. 吉林农业科学，2014，39（3）：91-93.

[29] 王宁宁，马德新. 水肥一体化技术的发展现状分析及优化应用策略[J]. 乡村科技，2018，15：82-83.

[30] 巩文睿，金萍，钟启文. 设施农业物联网技术应用现状与发展建议[J]. 农业科技管理，2017，36（4）：20-23.

[31] 穆贤清. 农户参与灌溉管理的制度保障研究[D]. 杭州：浙江大学，2005.

[32] 张震，刘学瑜. 我国设施农业发展现状与对策[J]. 农业经济问题，2015，5：64-70.

[33] 麻玮青，范兴科. 玉米滴灌过程中施肥时段对氮肥利用效率的影响研究[J]. 节水灌溉，2018，1：14-18,23.

[34] 赵颖，史书强，何志刚，等. 不同灌溉模式下新型缓释肥对马铃薯产量与土壤养分运移的影响[J]. 江苏农业科学，2016，44（2）：130-132.

[35] Xiao M H，Li Y Y，Wang J W，et al. Study on the law of nitrogen transfer and conversion and use of fertilizer nitrogen in paddy fields under water-saving irrigation mode[J]. Water，2019，11（2）：218.

[36] 史海滨，赵倩，田德龙，等. 水肥对土壤盐分影响及增产效应[J]. 排灌机械工程学报，2014，32（3）：252-257.

[37] 赵策. 水肥气热耦合对温室辣椒生长、光合、品质及产量的影响研究[D]. 银川：宁夏大学，2019.

[38] 王文娟. 日光温室番茄灌溉制度及水肥耦合效应研究[D]. 沈阳：沈阳农业大学，2016.

[39] 郭亚宁，周建朝，王秋红，等. 作物水氮耦合效应的研究进展[J]. 中国农学通报，2019，35（15）：1-5.

[40] 李会昌. 水分与产量关系的研究与评述[J]. 河北水利科技，1998，2：14-19.

[41] 潘登，任理，刘钰. 应用分布式水文模型优化黑龙港及运东平原农田灌溉制度Ⅱ：水分生产函数和优化灌溉制度[J]. 水利学报，2012，43（7）：777-784.

[42] 魏永霞，汝晨，吴昱，等. 黑土区水稻生长生理特性与产量对耗水过程的响应[J]. 农业机械学报，2018，49（9）：214-225.

[43] 郭彦芬，霍轶珍，王文达. 紫花苜蓿耗水规律及灌溉制度优化研究[J]. 节水灌溉，2017，3：8-10,13.

[44] 李生勇，韩翠莲，郭彦芬，等. 河套灌区小麦套种玉米灌溉制度研究[J]. 节水灌溉，2016，4：44-46,49.

[45] 王康，沈荣开，王富庆. 作物水分氮素生产函数模型的研究[J]. 水科学进展，2002，6：736-740.

[46] 常毅博，李建明，尚晓梅，等. 水肥耦合驱动下的番茄植株形态模拟模型[J]. 西北农林科技大学学报（自然科学版），2015，43（2）：126-133,141.

[47] 王龙强，郗志红，吴鑫淼. 冬小麦水肥生产函数的 PSO-SVM 模型[J]. 节水灌溉，2013，（12）：1-4.

[48] 韦槟. 现代设施农业中的农机技术装备分析[J]. 农业技术与装备，2017，6：68-69,71.

[49] Park Y，Shamma J S，Harmon T C. A receding horizon control algorithm for adaptive management of soil moisture and chemical levels during irrigation[J]. Environmental Modelling & Software，2009，24（9）：1112-1121.

[50] Castañeda-Miranda R，Ventura E，Peniche-Vera R，et al. Fuzzy greenhouse climate control system based on a field programmable gate array[J]. Biosystems Engineering，2006，94：165-177.

[51] Barradas J M，Matula S，Dolezal F. A decision support system-fertigation simulator（DSS-FS）for design and optimization of sprinkler and drip irrigation systems[J]. Computers and Electronics in Agriculture，2012，86：111-119.

[52] Papadopoulos A，Kalivas D，Hatzichristos T. Decision support system for nitrogen fertilization using fuzzy theory[J]. Computers and Electronics in Agriculture，2011，78（2）：130-139.

[53] Ashraf A，Akram M，Sarwar M. Fuzzy decision support system for fertilizer[J]. Neural Computing and Applications，2014，25（6）：1495-1505.

[54] Yahyaoui I，Tadeo F，Segatto M V. Energy and water management for drip-irrigation of tomatoes in a semi-arid district[J]. Agricultural Water Management，2017，183：4-15.

[55] 刘林，李扬，杨坤，等. 大田移动式精量配肥灌溉施肥一体机设计与试验[J]. 农业机械学报，2019，50（10）：124-133.

[56] 赵进，张越，赵丽清，等. 水肥一体化智能管理系统设计[J].中国农机化学报，2019，40（6）：184-190.

[57] 詹宇，胡佳宁，任振辉. 基于 PLC 的果园水肥一体化控制系统设计[J]. 农机化研究，2020，42（4）：100-104.

[58] 阮俊瑾，赵伟时，董晨，等. 球混式精准灌溉施肥系统的设计与试验[J]. 农业工程学报，2015，31（S2）：131-136.

[59] Murata H, Futagawa M, Kumazaki T, et al. Millimeter scale sensor array system for measuring the electrical conductivity distribution in soil[J]. Computers and Electronics in Agriculture，2014，102：43-50.

[60] 李颖慧，李民赞，邓小蕾，等. 基于无线传感器网络的温室栽培营养液电导率监测系统[J]. 农业工程学报，2013，29（9）：170-177.

[61] He Q H，Sun Y T，Li Q L，et al. Study on the system of irrigation，fertilization and spraying based on fuzzy control[J]. Journal of Agricultural Mechanization Research，2015，8：203-207.

[62] 李加念，洪添胜，冯瑞珏，等. 基于模糊控制的肥液自动混合装置设计与试验[J]. 农业工程学报，2013，29（16）：22-30.

[63] 景兴红，王泽芳，宋乐鹏. 自适应模糊 PID 与 PI 复合控制变量施肥系统研究[J]. 农机化研究，2015，10：29-33.

[64] 郭娜，胡静涛. 插秧机行驶速度变论域自适应模糊 PID 控制[J].农业机械学报，2013，44（12）：245-251.

[65] Pishvaie M R，Shahrokhi M. Control of pH processes using fuzzy modeling of titration curve[J]. Fuzzy Sets and Systems，2006，157（22）：2983-3006.

[66] 王志甄，邹志云. 基于神经网络的 pH 中和过程非线性预测控制[J]. 化工学报，2019，70（2）：678-686.

[67] Yeo Y K，Kwon T I. Control of pH processes based on the genetic algorithm[J]. Korean Journal of Chemical Engineering，2004，21（1）：6-13.

[68] Petchinathan G，Saravanakumar G，Valarmathi K. Hybrid PSO-bacterial foraging based intelligent PI controller tuning for pH process[C]. International Conference on Information Systems Design and Intelligent Applications，Visakhapatnam，2012.

[69] 陶吉利，王宁，陈晓明. 基于多目标的模糊神经网络及在 pH 控制过程中的应用[J]. 化工学报，2009，60（11）：2820-2826.

[70] 王琦，芦家成，周晓华，等. 神经网络 PID 糖厂澄清工段 pH 控制器的设计[J]. 食品工业，2014，35（2）：207-209.

[71] 德佳硕，郭萍，张成龙，等. 考虑气象因子的不确定性灌溉水资源优化配置[J]. 排灌机械工程学报，2019，37（6）：540-544.

[72] Li M，Guo P，Singh V P. An efficient irrigation water allocation model under uncertainty[J]. Agricultural Systems，2019，144：46-57.

[73] 付银环，郭萍，方世奇，等. 基于两阶段随机规划方法的灌区水资源优化配置[J]. 农业工程学报，2014，30（5）：73-81.

[74] Jiang Y，Xu X，Huang Q. Optimizing regional irrigation water use by integrating a two-level optimization model and an agro-hydrological model[J]. Agricultural Water Management，2016，178：76-88.

[75] Huang Y, Li Y P, Chen X. Optimization of the irrigation water resources for agricultural sustainability in Tarim River Basin China[J]. Agricultural Water Management, 2012, 107: 74-85.

[76] 郭萍, 单宝英, 郭珊珊. 基于 Pareto 解集的多目标农业水土资源优化配置模型[J]. 天津大学学报（自然科学与工程技术版）, 2019, 52（10）: 1008-1016.

[77] 张展羽, 司涵, 冯宝平, 等. 缺水灌区农业水土资源优化配置模型[J]. 水利学报, 2014, 45（4）: 403-409.

[78] 武俊英, 张永丰, 张少英, 等. 水肥耦合对地膜甜菜产量和品质的影响[J]. 灌溉排水学报, 2016, 35（4）: 87-91.

[79] 胡庆芳, 尚松浩, 温守光, 等. 潇河冬小麦水肥生产函数偏最小二乘回归建模及分析[J]. 节水灌溉, 2006, 1: 1-4,8.

[80] 曹永强, 刘琳, 姜莉, 等. 冬小麦水肥生产函数最小二乘法回归建模及分析[J]. 水利水电科技进展, 2010, 30（2）: 45-48.

[81] Karakatič S, Podgorelec V. A survey of genetic algorithms for solving multi depot vehicle routing problem[J]. Applied Soft Computing Journal, 2015, 27（C）: 519-532.

[82] Lin N, Shi Y J, Zhang T L, et al. An effective order-aware hybrid genetic algorithm for capacitated vehicle routing problems in internet of things[J]. IEEE Access, 2019, 7: 86102-86114.

[83] Ursani Z, Essam D, Cornforth D, et al. Localized genetic algorithm for vehicle routing problem with time windows[J]. Applied Soft Computing, 2011, 11（8）: 5375-5390.

[84] Berger J, Barkaoui M. A parallel hybrid genetic algorithm for the vehicle routing problem with time windows[J]. Computers & Operations Research, 2004, 31（12）: 2037-2053.

[85] Zhu K Q. A diversity-controlling adaptive genetic algorithm for the vehicle routing problem with time windows[J]. IEEE Transactions on Industry Applications, 2003:176-183.

[86] Bu F, Wang X. A smart agriculture IoT system based on deep reinforcement learning[J]. Future Generation Computer Systems, 2019（99）: 500-507.

[87] Khanna A, Kaur S. Evolution of internet of things（IoT）and its significant impact in the field of precision agriculture[J]. Computers and Electronics in Agriculture, 2019（157）: 218-231.

[88] Dhall R, Agrawal H. An improved energy efficient duty cycling algorithm for IoT based precision agriculture[J]. Procedia Computer Science, 2018（141）: 135-142.

[89] Muangprathub J, Boonnam N, Kajornkasirat S, et al. IoT and agriculture data analysis for smart farm[J]. Computers and Electronics in Agriculture, 2019（156）: 467-474.

[90] Lavanya G, Rani C, Ganeshkumar P. An automated low cost IoT based fertilizer intimation system for smart agriculture[J]. Sustainable Computing: Informatics and Systems, 2019. DOI: 10.1016/j.suscom.2019.01.002.

[91] Ahmed K, Serag E D H, Haythem I, et al. An IoT-based cognitive monitoring system for early plant disease forecast[J]. Computers and Electronics in Agriculture, 2019（166）:105028.

[92] 刘雨娜, 高春琦. 基于物联网的北方智能温室番茄栽培的调控规程[J]. 北方园艺, 2020（2）: 138-142.

[93] 姚湘，沈民熙. 基于物联网技术的无线温湿度大棚控制系统[J]. 信息与电脑（理论版），2019，31（24）：155-156,159.

[94] 姚引娣，王磊，海小娟，等. 基于农业物联网的低功耗智能温室监控系统[J]. 西安邮电大学学报，2019，24（2）：78-83.

[95] Yu H，Chen Y，Hassan S，et al. Prediction of the temperature in a Chinese solar greenhouse based on LSSVM optimized by improved PSO[J]. Computers and Electronics in Agriculture，2016（122）：94-102.

[96] 张权，杨振宇，郭亚. 温室大棚积雪报警系统设计开发[J]. 浙江农业科学，2019，60（10）：1889-1892.

[97] 王长会，刘斌，姜海，等. 温室大棚卷帘机多路优先级控制系统[J]. 农业工程，2019，9（10）：43-49.

[98] 崔玉祥，赵亮，赵慧芳，等. 日光温室卷帘机控制技术现状及发展研究[J]. 农业技术与装备，2019（4）：50-51.

[99] 周长吉. 周博士考察拾零（九十六）日光温室卷帘机的创新与发展[J]. 农业工程技术，2019，39（25）：34-41.

[100] 吴素英. 温室大棚卷帘机的保养与维修[J]. 农民致富之友，2019（8）：114.

[101] Kooli S，Bouadila S，Lazaar M，et al. The effect of nocturnal shutter on insulated greenhouse using a solar air heater with latent storage energy[J]. Solar Energy，2015（115）：217-228.

[102] Zhang G，Liu X，Fu Z，et al. Precise measurements and control of the position of the rolling shutter and rolling film in a solar greenhouse[J]. Journal of Cleaner Production，2019（228）：645-657.

[103] 刘璎瑛，丁为民，张剑锋. 日光温室卷帘揭盖时间的确定[J]. 农业工程学报，2004，20（4）：230-233.

[104] 裴雪，范奥华，刘焕宇，等. 基于温光耦合的温室卷帘机控制设备开发[J]. 农机化研究，2018，40（4）：83-86.

[105] 裴雪. 日光温室温度预测模型与卷帘智能控制方法研究[D]. 咸阳：西北农林科技大学，2018.

[106] Vermeulen K，Aerts J，Bleyaert P，et al. Automated leaf temperature monitoring of glasshouse tomato plants by using a leaf energy balance model[J]. Computers and Electronics in Agriculture，2012，87（3）：19-31.

[107] Chen L，Du S，He Y，et al. Robust model predictive control for greenhouse temperature based on particle swarm optimization[J]. Information Processing in Agriculture，2018，5（3）：329-338.

[108] Tong X，Sun Z，Sigrimis N，et al. Energy sustainability performance of a sliding cover solar greenhouse：solar energy capture aspects[J]. Biosystems Engineering，2018（176）：88-102.

[109] 杨浩，林添堤，徐永. 基于PLC的光调控植物跟踪生长系统[J]. 农机化研究，2020，42（9）：87-92.

[110] 李树军，崔建云，董晨娥，等. 蔬菜大棚内光照及温度的特点分析[J]. 山东气象，2004（1）：26-27.

[111] 马国成. 蔬菜大棚温度，湿度与光照条件的调节[J]. 中国农业信息，2013（11）：63.

[112] 赵玉萍. 不同温度光照对温室番茄生长、光合作用及产量品质的影响[D]. 咸阳：西北农林科技大学，2010.

[113] 李杨. 基于物联网的温室番茄生长环境智能测控系统[D]. 泰安：山东农业大学，2019.

第5章 机器人移动货架拣选系统智能调度方法

在各行各业"降本增效"的驱动以及政策红利的释放下，我国物流机器人发展正处于上升期。从整体的发展趋势看，移动机器人正向着简单、便捷、高效率的方向发展，同时，这也是整个智能物流行业发展的大方向。机器人已经广泛应用于仓储生产，基于货架搬运机器人的机器人移动货架拣选系统是智能仓储发展的里程碑之一。该系统采用基于 AGV 的移动货架"货到人"拣选模式，可有效降低仓库运营成本、提高拣选效率，正广泛应用于电商行业、制造业、医药业等行业。例如，在菜鸟物流广东惠阳智慧仓，"货到人"拣选模式下仓库拣选工作人员一小时的货物拣选数量是传统"人到货"拣选模式下的三倍多。在京东广州市黄埔区状元谷电子商务园区内的某移动货架拣选仓库，拣选工作人员的分拣效率较传统模式提高了 5 倍左右。国家政策对机器人移动货架拣选系统等智能仓库设备和优化技术研究的支持也加速了该产业的发展。2018 年 7 月 30 日，科技部发布了国家重点研发计划"智能机器人"等重点专项 2018 年度项目申报指南，指南中提到要研究面向电商的无人仓储物流机器人系统，研究内容包括研制快速移动的物流搬运机器人，以实现货物拣选、搬运的自动化作业。由此可见，机器人移动货架拣选系统是智能仓库的发展方向之一，未来的应用会更广泛。

货架搬运机器人是机器人移动货架拣选系统的关键所在，为了让移动机器人更智能、更高效，除了机器人多传感器通信、电路开发等硬件设备的研究外，多机器人移动货架拣选系统的智能调度方法研究尤为重要。机器人移动货架拣选系统的规模大，拣选流程需要 AGV、可移动货架、工作站的协同，整个系统的运行无人工决策的参与，全程依靠系统设计逻辑的控制运转。因此，系统在资源的智能调度、AGV 的协同调配、任务的及时响应方面的优化和设计是该系统高效运行的基础。通过对机器人移动货架拣选系统复杂性的分析，采用化整为零的思想，本章提出了一种将该复杂系统的智能调度难题划分为仓储商品货位分配、订单拣选优化、AGV 在线智能调度这三个环环相扣、彼此独立又相互联系的子问题，对各子问题进行优化后可实现系统高效运行。随着计算能力、硬件设备的不断发展，机器人移动货架拣选系统会更加智能、更加精确。

本章内容安排如下：5.1 节是机器人移动货架拣选系统概述，包括系统的构成要素、仓库布局、拣选流程、特征分析、研究进展与现状；5.2 节是机器人移动货架拣选系统的货位分配方法；5.3 节是机器人移动货架拣选系统的订单拣选方法；5.4 节是机器人移动货架拣选系统拣选作业的在线智能调度；5.5 节对本章内容进行了小结。

5.1　机器人移动货架拣选系统概述

传统仓库的货物拣选大多采用"人到货"的拣选模式，即拣选人员根据订单信息步行到存放有所需商品的目标货架拣选目标商品的拣选模式。该拣选模式的人工劳动强度大，错误率高，拣选效率受人工经验影响大。在基于 AGV 的移动货架"货到人"拣选系统中，AGV 将包含目标商品的货架搬运到拣货站，拣选人员在系统的提示下拣选目标商品。该系统可降低拣选成本、提高拣选效率、优化库存管理，受到了众多企业的青睐。

本节首先介绍"货到人"拣选模式下机器人移动货架拣选系统的构成要素和仓库布局；其次介绍机器人移动货架拣选系统的拣选流程；然后通过对基于 AGV 的机器人移动货架拣选系统运作流程的分析，剖析了"货到人"拣选模式的特点和复杂性；最后梳理了机器人移动货架拣选系统的研究进展和现状。

5.1.1　机器人移动货架拣选系统的构成要素

"货到人"的拣选方式就是拣选人员固定在拣选区域，自动化设备将需要的货物搬运至拣选区域供拣选人员拣选的方式。除本章研究的基于 AGV 的移动货架"货到人"拣选系统外，还有多种"货到人"的拣选系统。例如，由各巷道堆垛机协同工作完成存储和拣选任务的自动存储及取货系统（automated storage and retrieval system, AS/RS），基于多层穿梭机和提升机的自动小车存储及取货系统[1]，货架通过旋转将需要拣选的货品转至拣选人员前方的旋转货架系统等[2]。不同的"货到人"拣选系统，其优势和适用场景不尽相同。相较于其他的"货到人"拣选系统，基于 AGV 的机器人移动货架拣选系统具有可拓展性强、易于安装、受设备故障影响小的优势。该系统主要由可移动货架、AGV、工作站、周转货架、充电桩等组成, 下面将详细介绍系统的上述组成部分。

1. 可移动货架

基于 AGV 的机器人移动货架拣选系统采用的是便于托举与搬运的小型货架, 该小型货架也被称为可移动货架。货架一般为 2~10 层, 每层再用纸板分隔为多个独立货位, 货架的层数和独立货位数可根据需求进行动态调整。受 AGV 托举重量的限制, 可移动货架的体积较小、质量较轻, 可便于 AGV 托举、搬运、卸载货架等一系列操作。货架的底部中央位置粘贴有标记货架编号的二维码, AGV 通过扫描货架底部二维码的方式对货架进行识别。为了增强货架搬运过程中的稳定性, 避免货架晃动现象的出现, 货架底部还设置有方形中空凸起, 该凸起可用于提高与 AGV 小车接触面的摩擦力和为小车圆形触点提供接触位置。

2. AGV

AGV 是机器人移动货架拣选系统的关键组成部分, 是系统运转不可或缺的部分。图 5.1 展示了国内某智能仓储公司出售的搬运货架的 AGV, 该 AGV 正面两侧安装有摄像头, 用于对周边路况进行扫描识别。AGV 上下平面的中央位置也配备有摄像头, 上侧摄像头用于扫描货架底部的二维码以识别货架身份, 下侧摄像头用于扫描仓库地面粘贴的二维码对 AGV 在仓库的位置进行定位。整台 AGV 在原地可进行 360° 旋转, 处于载重状态时也可进行旋转。当电量低于系统预设的最低值时, AGV 停止搬运工作并自行前往指定的区域进行充电。若无搬运任务, AGV 将自动归巢, 即停放至某指定空闲区域休息。

图 5.1 某智能仓储公司出售的 AGV 侧视图

3. 工作站

工作站是操作人员执行机器人移动货架拣选系统分配任务的工作站点，按照执行任务的类型可细分为拣选工作站、补货工作站、打包工作站、盘点工作站。工作站一般都配备有电子显示屏和激光扫描器等智能设备，操作人员位于工作站区域，在智能设备的辅助下完成系统分配的任务。拣选工作站是拣选客户订单所需商品的区域，AGV 将包含目标商品的货架搬运至拣选工作站，拣选人员在电子显示屏的指引下从货架的指定位置拣选需要的目标商品。当商品采购到库或商品存储量低于安全库存时，系统执行补货操作。AGV 将货架容量未满的目标货架搬运至补货工作站，补货人员在电子显示屏的指引下将待上架商品放入货架的指定存储位置即可完成补货操作。拣选的商品被放置在周转货架上，打包人员从周转货架上取下拣选完成的订单商品对其进行核对和打包。为了对商品进行维护，仓库需要对在库存储商品的数量、种类、状态进行定期盘点，对破损、遗失、错放的商品进行登记和修正。AGV 将待盘点货架搬运至盘点工作站，盘点人员对货架上商品的数量进行清点、对问题商品进行登记，盘点完的货架再由 AGV 搬运至存储区域进行存储。

4. 周转货架

周转货架处于拣选工作站和打包工作站的中间区域，用于临时存储拣选的商品。周转货架一般为 3~4 层的框架式金属货架，每层平铺有多个物料周转框。拣选人员将同一订单包含的商品放置在同一个物料周转框内，打包人员从周转货架上选取拣选完成的物料周转框，对框内的商品核对后按订单内容打包成独立的包裹。

5. 充电桩

充电桩是给 AGV 充电的装置。当 AGV 的电量低于安全电量而需要充电时，系统为其分配一个空闲的充电桩，AGV 前往指定充电桩的位置进行充电。充电桩底部安装有特制的充电端口，AGV 的车载充电连接器与充电桩底部的充电端口自动连接后即可进行充电，充电完成后连接断开，AGV 离开充电桩。整个充电过程自发完成，无须人工干预。

5.1.2　机器人移动货架拣选系统的仓库布局

机器人移动货架拣选系统的仓库按照功能大致可划分为货架存储区、拣货区、打包区、补货区、盘点区、充电区、停车区、缓冲区这八大区域。以某移动货架拣选仓库的布局为例，下面将详细介绍各区域的功能和布局情况。

1. 货架存储区

货架存储区是用于停放可移动货架的区域，该区域通常占据了整个移动货架拣选仓库的绝大部分空间。货架存储区内又划分成多个货架存储块，图 5.2 中的灰色阴影块就是货架存储块。在同一货架存储块内，可移动货架两两紧密邻接存储，排列格局一般采用 2 个货架一行共排列 N 列的 $2 \times N$ 布局格式。在不同货架存储块间，留有与可移动货架同宽的过道。这种紧凑式布局提高了仓库面积的利用率，使用更少的仓库面积即可满足仓储需求，在租金昂贵的地区可为企业降低成本。

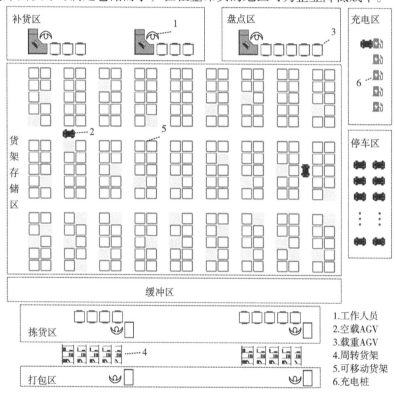

图 5.2　机器人移动货架拣选系统的仓库布局图

2. 拣货区

拣货区是拣选工作人员拣选货物的区域，拣货区内设置有多个拣选工作站，每个拣选工作站配备一个拣选工作人员，各拣选工作站独立工作、并发执行拣选任务。拣货区一般设置在仓库的同一侧，各拣选工作站距离相等、平行摆放。这种集中又分散的拣选站点布局方式可兼顾提高拣选效率和缓解站点间的拥堵现象。

3. 打包区

打包区是打包工作人员核对订单商品内容和打包货物的区域，打包区内设置有多个打包工作站。与拣选工作站类似，每个打包工作站配备一个打包工作人员，各打包工作站独立工作、并发执行打包任务。打包区挨着拣货区，中间隔着周转货架，方便打包人员获取拣选完成的订单商品。

4. 补货区

补货区是补货工作人员对货架商品进行补充的区域。补货区一般设置在拣货区的对面，尽量挨着仓库的采购入库区，方便上架商品的搬运。

5. 盘点区

仓库需要对在库存储商品的数量、种类、状态进行定期盘点，工作人员在盘点区域进行破损、遗失、错放商品的登记和修正工作。盘点区域和补货区设置在同一侧，仓库无盘点任务且补货任务工作量大时，可在系统内更改工作站的属性，将盘点工作站调整为补货工作站。

6. 充电区

当 AGV 电量低于安全电量时，AGV 驶往充电区域充电。充电区域内安装有整排的充电桩，可同时为多辆小车提供充电服务。该区域一般设置在来往车辆较少的偏僻位置，可减少小车间的避让和拥堵，不影响仓库的运行效率。

7. 停车区

仓库停止工作，AGV 无分配工作任务时，小车将自动前往停车区的空闲车位休息。停车区是一块未被占用的空闲区域，根据场地限制和 AGV 的数量，停车区设置有多排多列的停车位。工作人员可在停车区内统计小车的数量、检查小车的状态等，方便对小车的管理。

8. 缓冲区

缓冲区是拣货区和货架存储区之间预留的部分空旷区域，用于 AGV 的方向调整、会车等操作。拣货区是各 AGV 必须访问的区域，AGV 往返于货架存储区和拣货区以完成分配的拣选任务。拣货区 AGV 聚集数量过多除了造成拥堵和增加等候拣选的排队时长，还会出现多台 AGV 争夺同一个位置造成的死锁现象，严重影响系统的正常运作，设置缓冲区可有效解决上述问题。

5.1.3　机器人移动货架拣选系统的拣选流程

AGV 是机器人移动货架拣选系统的关键，机器人移动货架拣选系统的各项基本操作均需 AGV 的协作才能完成。系统的运作涉及 AGV、可移动货架、工作站等多种实体，且 AGV 和货架的数量巨大、位置处于动态变化中，整个运作流程具有动态性、复杂性和不确定性。拣选任务是机器人移动货架拣选系统的主要工作任务，系统的大部分搬运工作都是用于 SKU（stock keeping units，最小存储单元）的拣选任务。基于货架搬运机器人的视角，对机器人移动货架拣选系统的拣选流程进行分析，图 5.3 展示了机器人移动货架拣选系统的拣选任务运作流程。

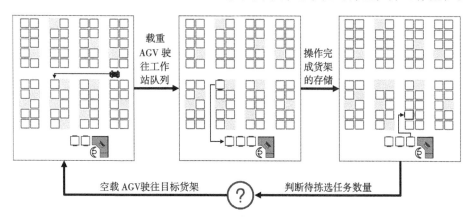

图 5.3　机器人移动货架拣选系统拣选流程图

根据图 5.3 的机器人移动货架拣选系统拣选流程图，系统详细的拣选流程如下所述。

步骤 1：当系统中有未完成的拣选任务时，空闲的 AGV 被分配拣选工作任务。接到任务的 AGV 从当前位置出发前往待搬运的目标货架所在地点，AGV 处于空载状态，可在货架底部随意穿行。操作完成后转步骤 2。

步骤 2：AGV 到达待搬运目标货架所在位置后，向上托举起目标货架并将其搬运至目标拣选工作站队列。AGV 前往某拣选工作站的搬运过程中，处于载重状态且只能从货架间的过道穿行。操作完成后转步骤 3。

步骤 3：搬运至拣选工作站的待处理货架在工作站前有序排成一列，按照先来先服务的规则对货架执行拣选操作。处理完的货架需要搬运至货架存储区的某空闲位置进行存储，分配的该存储位置可能不是货架先前所在的存储位置，即货架的存储位置可根据需求进行动态调整，且是在执行任务过程中进行调整，不会增加额外的成本。拣选操作完成后转步骤 4。

步骤 4：判断系统中是否还有未分配的待完成拣选工作任务，若存在未分配的待完成拣选工作任务，转步骤 1。若系统不存在未分配的待完成拣选工作任务，AGV 前往停车区域休息。当系统接收新的工作任务时，处于休息状态的 AGV 被激活，转步骤 1。

5.1.4　机器人移动货架拣选系统的特征分析

本节从货架、系统拓展性、空间利用率、订单拣选准确率、人体工程学等角度对机器人移动货架拣选系统和传统仓库拣选系统进行了对比，结果表明机器人移动货架拣选系统在减少工作人员行走距离、空间利用率、货架动态调整、系统拓展等方面具有显著优势。通过对机器人移动货架拣选系统运作流程的剖析，对该系统智能调度与优化的复杂性进行了分析。

1．"货到人"与"人到货"拣选系统的特征对比

"货到人"的机器人移动货架拣选系统具有显著的优势，但也有一些缺点。"人到货"的传统仓库拣选系统在一定程度上可以弥补"货到人"的机器人移动货架拣选系统的缺点。本节从不同的方面对这两个系统进行比较，对比角度集中于货架、系统拓展性、空间利用率、订单拣选准确率、人体工程学等。

1）货架

"人到货"的传统仓库拣选系统采用的货架为大型高层货架，单个货架的容积大，货架采用框架式结构，无明显隔板。商品采用大批量存储模式，容易出现商品混合、遗失、盘点困难的问题。货架位置固定，调整货架位置、更改仓库布局的成本较高。但这种货架也有优势，例如，补货便捷，叉车直接将整个托盘的商品运至某个存储位就可完成所有托盘商品的补货操作。这种货架对存储商品的体积、重量也无限制，酒水饮料、家用电器等体积大、重量重的商品均可存储。

"货到人"的机器人移动货架拣选系统采用小型货架，单个货架的容积较小，纸板将货架隔成多个小的货位，货位的大小可根据需求进行调整。由于货架容积、AGV 的托举重量有限，该系统适合于小件操作，大部分为手机、剃须刀等标准化程度高、体积较小、重量较轻的产品。货架的存储位置不固定，在拣选过程中位置会动态变化，可根据当天订单的特点进行灵活调整。

2）系统拓展性

"人到货"的传统仓库拣选系统的货架体积较大、重量重，需要投入大量人力、设备进行仓库布局调整。在调整过程中，仓库的生产操作受影响而无法正常进行，故传统仓库根据业务需求对仓库规模进行拓展或缩小的成本较高。"货到人"的机器人移动货架拣选系统只需增加或减少货架即可对仓库规模进行调整，且调

整时不影响正常生产的有序进行,也无须增加大量的人力成本用于系统规模调整。

3)空间利用率

"人到货"的传统仓库拣选系统为了方便拣选人员、拣货车、叉车的进出,货架间的距离较大。传统仓库使用的货架占地面积也较大,使得仓库的仓储空间利用率偏低。"货到人"的机器人移动货架拣选系统的货架由 AGV 搬运至工作站完成分配的操作任务,无须在货架间留出小推车、叉车可通行的过道,仅需预留出载重 AGV 可通行的过道即可。机器人移动货架拣选系统的货架采用密集式存储,提高了仓库空间的利用率。

4)订单拣选准确率

"货到人"的机器人移动货架拣选系统的订单拣选准确率可达到99%以上,借助于手持终端设备和仓库管理软件,"人到货"的传统仓库拣选系统也可达到99%左右。在准确率方面,两系统的差距并不明显。

5)人体工程学

从人体工程学的角度来看,"人到货"拣选模式下,拣选工作人员大部分时间都在行走,一天行走多达六七万步。"货到人"的机器人移动货架拣选系统下,工作人员只需待在工作站,AGV 会将需要的货架搬运至工作站。"货到人"的拣选模式会大大减少拣选工作人员的行走距离,拣选体验更友好。

2. 机器人移动货架拣选系统的复杂性分析

货架搬运机器人是机器人移动货架拣选系统的关键所在,为了让移动机器人更智能、更高效,除了对机器人多传感器通信、电路开发等硬件设备的研究外,多机器人的智能调度与优化也是关键。本节通过对机器人移动货架拣选系统的拣选流程的剖析来对该系统智能调度与优化的复杂性进行分析。

1)规模大

机器人移动货架拣选系统用于搬运货架的 AGV 数量近百,涉及的货架数量成百上千,按品类存储的大型网上超市、单个小仓库的商品种类更是在数万以上。在拣选过程中,对系统拣选任务进行智能分配时,需要考虑数量规模如此庞大的货架、AGV、商品等因素并做出分配决策,其复杂性可想而知。

2)多实体协同

机器人移动货架拣选系统的拣选流程涉及 AGV、货架和拣选工作人员三种实体,同一个订单需要的商品可能从多台 AGV 搬运的货架上取得,同一台 AGV 搬运的货架上包含多个订单需要的商品。订单的拣选往往是交叉、并发执行的,需要对 AGV、货架和拣选工作人员进行协同调配。在实体数量规模较大的前提下,对多种实体资源进行协同调度,高效地完成订单拣选工作十分困难。

3）动态性

机器人移动货架拣选系统是动态系统，随着拣选工作的进行，系统状态动态变化。AGV 和货架的位置随着系统的运行进行调整，系统的约束条件也处于动态变化中。需要在动态变化的系统状态下，合理调配资源，顺利完成订单的拣选工作。显然，静态优化算法不适合对该系统拣选环节进行优化，应采用在线优化方法实时进行决策。

4）时间复杂度

机器人移动货架拣选系统对拣选环节资源调度的决策优化算法的求解时间要求高，若算法的时间复杂度高，求解时间长，计算得到的优化调度方案可能随着系统状态的变化而失效。求解时间过长，也会导致待决策的实体处于等待状态，增加实体的空闲时间，降低资源的利用率。故为了系统的高效运行，需要降低智能调度与优化算法的时间复杂度，实现在有效时间内获得优化结果的目标。

5.1.5　机器人移动货架拣选系统的研究进展与现状

2003 年 1 月，Mick Mountz 建立了 Kiva 系统，致力于研发一款仓储机器人用来取代零售商仓库中的传输带和转盘，让仓储工作更灵活、高效。Kiva 系统即本章研究的基于 AGV 的移动货架"货到人"拣选系统。2012 年 3 月，亚马逊以 7.75 亿美元收购 Kiva 系统，并将该系统广泛应用于仓库的商品拣选环节。根据《2018 年中国物流科技发展研究报告》，截至 2016 年 2 月，亚马逊在 13 个配送中心部署了 3 万个 Kiva 机器人，作业效率提升了 2~4 倍，物流成本减少了 48%。国内，受亚马逊 Kiva 系统成功应用的启发，仓储机器人初创公司数量快速增长。目前，快仓、Geek+等数十家智能设备仓储公司提供类 Kiva 智能仓储系统及配套设备。通过自主研发或与第三方科技公司合作的方式，国内各大电商平台与快递公司都在加强仓储智能化的建设。例如，京东、阿里巴巴等电商巨头分别成立了京东 X 事业部、菜鸟 ET 物流实验室用于智能化仓储设备及技术的研发，其研发的机器人移动货架拣选系统已成功应用于京东、天猫超市的仓库拣选环节。由此可知，智能仓储是大势所趋，基于 AGV 的机器人移动货架拣选系统应用将更加广泛。

随着硬件设备和软件的发展，机器人移动货架拣选系统的功能更加完善，精度也大幅提升，逐渐走向商业化、产业化。许多学者也对其展开了研究。其研究内容包括机器人移动货架拣选系统的储位分配、订单分批、任务分配、路径规划等。

在机器人移动货架拣选系统的整体分析和运行效率评估方面，Wurman 等[3]

认为基于 AGV 的机器人移动货架拣选系统具有提高拣选效率、订单实时处理、可拓展性强、操作过程耦合性弱、受单台机器故障影响小、记录能力强等优势。对该系统进行优化时，整体优化不具备可行性，分模块进行优化可以取得较好的效果。Enright 等[4]将机器人移动货架拣选系统的优化问题划分为待拣选货架决策、货架储位分配、订单分配、补货任务分配、机器人调度等子问题，从而将具有复杂性、动态性、随机性的整体优化难题分解成难度较低的子问题。Lamballais 等[5]建立了存储区域分区、不分区情况下机器人移动货架拣选系统排队模型，基于排队论理论和仿真对机器人移动货架拣选系统的运行效率进行分析。Xu 等[6]从订单拣选用时和能源耗用两个方面评估移动货架"货到人"拣选系统的运行效率，建立了系统的仿真模型，探索订单处理批量、货位分配策略、拣货站位置对系统效率的影响。

在机器人移动货架拣选系统的 AGV 调度和路径规划方面，袁瑞萍等[7]提出多拣选台同步拣选和多拣选台异步拣选两种作业模式，并用改进的共同进化遗传算法求解同步和异步两种拣选模式下物流 AGV 任务调度模型，结果表明同步拣选优于异步拣选。Qi 等[8]基于有向图理论和实时控制思想，提出两个可有效避免 AGV 碰撞和解决死锁问题的交通控制策略。张丹露等[9]为了解决智能仓库多机器人协同路径规划问题，提出一种交通规则和预约表下的基于改进 A*算法的动态加权地图。王勇[10]针对智能仓库多移动机器人路径规划问题，提出了合作的路径规划 A*算法和分层的路径规划 A*算法，并验证了其有效性。沈博闻等[11]提出了综合考虑曼哈顿路径代价和等待时间代价的机器人调度方法，修正的 A*算法实现了在特殊道路规则约束下的路径规划，加入时序后建立了时间空间运行地图进行三维路径规划。张岩岩等[12]针对搬运机器人在障碍环境下的路径寻优问题，提出一种基于人工免疫改进的蚁群路径规划算法。

在机器人移动货架拣选系统的订单分批和排序方面，Xiang 等[13]将 Kiva 系统的货位分配和订单分批问题分成两阶段进行决策。货位分配部分建立了考虑商品关联的混合整数规划模型，调用 CPLEX 进行求解。订单分批采用提出的启发式算法求解，该方法先以最大化订单间关联为目标生成初始解，再用变邻域搜索方法对初始解进行改进。Boysen 等[14]研究了"货到人"的机器人移动货架拣选系统的订单拣选排序问题，实验显示与实际仓库中经常使用的简单决策规则相比，优化后的订单挑选方案可减少一半以上的机器人使用量。张彩霞[15]以"货到人"拣选模式下 AGV 搬运货架总次数最少为目标建立了订单分批的数学模型，使用节约算法对模型进行求解来确定合理的订单分批方式。通过与分批前的数据对比，证明了模型及算法的有效性。

在机器人移动货架拣选系统的货位分配方面，Lamballais 等[16]建立了半开放排队网络模型分析商品多货架存储、拣货站和补货站的数量比例、商品安全库存水平对移动机器人拣选系统运行效率的影响。但该模型只适合分析小规模的系统，不适用于与现实情景相当的大规模机器人移动货架拣选系统的分析。周方圆和李珍萍[17]针对"货到人"拣选模式的特点，利用复杂二分网络社团结构划分的基本思想，设计了求解储位分配问题的快速有效算法。与传统的储位分配方法相比，他们提出的算法平均可减少 40%的货架搬运次数和总搬运成本。周佳慧[18]使用Apriori 算法挖掘以往销售订单中的频繁项集，并根据频繁项集的结果对商品进行分组，降低支持度阈值也无法分组的商品再根据销量进行二次分配，最后将这些商品组分到货架上得到了移动货架的货位分配方案。宁方华等[19]针对货到人模式的拣选特点，在鱼骨型布局中提出了基于品项相关性和货架相关性的货位优化方法。首先根据品项的相关性和订购频次划分品项簇，建立以最小化拣选路程为目标的货位分配模型，然后设计基于货架相关性的禁忌搜索算法求解模型。

在机器人移动货架拣选系统的仓库布局方面，龚志锋等[20]研究将密集存储方式融入 Kiva 模式的"货到人"拣选系统，提出整体式布局、区块式布局、L 形布局、中心对称布局的密集存储布局方案。郭依[21]受到紧致化仓储系统和倍深式货架设计的启发，提出了一种基于智能仓储系统的紧致化布局方案，即采用 4×4的货架摆放设计，通过减少仓库巷道的总数量来提高仓库空间的利用率。

综上所述，在机器人移动货架拣选系统的货位分配方面，现有的货位分配研究大多根据"人到货"拣选模式下的传统仓储问题展开，相关成果难以直接应用于"货到人"拣选模式下的机器人移动货架拣选系统，但它具有借鉴意义，为机器人移动货架拣选系统的货位分配研究奠定了丰厚基础。目前，机器人移动货架拣选系统的货位分配研究还处于起步阶段，现有成果还只适用于求解小规模货位分配问题，还存在算法时间复杂度过高、基于简单规则的货位分配方案求解空间较大等问题。在机器人移动货架拣选系统的整体分析、运行效率评估和方法效果检验方面，移动货架仓库的作业仿真是学者用于检验优化方案效果、分析系统特性的理想工具，得到了广泛使用，效果较显著。由于机器人移动货架拣选系统具有动态性、随机性、复杂性的特征，这些特性增加了系统理论分析的难度，降低了分析结果的准确度。通过对系统特征和运作流程的分析与提炼，借助计算机软件可以建立仿真模型。它可以为机器人移动货架拣选系统提供建模和运行效率评估的有效工具。关于机器人移动货架拣选系统的订单拣选方法研究方面，目前绝大多数研究都集中在"人到货"系统的订单分批问题的研究，其成果可以为机器人移动货架订单拣选优化研究提供借鉴和参考，但针对"货到人"系统订单拣选优化问题的研究目前尚处于起步阶段。同时，机器人移动货架拣选系统具有商品一品多位存储的独特特点，大大增加了订单拣选优化问题的复杂性。已有针对机器人移动货架拣选系统订单拣选优化问题的研究，主要集中于订单和货架的指派问题，针对机器人移动货架拣选系统的订单分批与订单和货架的排序问题，还需进一步深化探索。关于机器人移动货架拣选系统的拣选作业调度问题，国内外学者已经开展了一系列的前沿性研究工作，并在指派规则方面取得了较为丰硕的研究成果。但是机器人移动货架拣选系统的拣选作业调度决策具有极高的时效性要求，现有的研究成果仍无法满足其调度的时效性要求，仍需持续开展相关研究。

5.2　机器人移动货架拣选系统的货位分配方法

仓储的发展经历了不同的历史时期和阶段，从原始的人工仓储到现在的智能仓储，通过各种高新技术对仓储的支持，仓储的效率得到了大幅度提高[22]，但仓库存储 SKU 的种类也更加丰富，仓储的管理难度也更大。机器人移动货架拣选系统可优化库存管理、提高拣选效率，在电子商务领域应用较广。合理的货位分配方案在不增加仓库设备和人工投入成本的前提下，能显著提高机器人移动货架拣选系统的拣选效率。本节主要研究机器人移动货架拣选系统的货位分配问题，包括货位分配问题决策内容、问题复杂性分析、求解思路和求解算法等。

5.2.1　机器人移动货架拣选系统货位分配问题描述

机器人移动货架拣选系统货位分配问题的决策内容如图 5.4 所示，货位分配的决策内容主要分为两部分：SKU 的仓储货架数量和同一货架上存储 SKU 的种类数。在 SKU 的仓储货架数量决策部分，网上超市出售 SKU 的种类数在百万以上，按品类存储的单个仓库 SKU 种类数也上万，种类丰富的 SKU 在体积、重量、销量、组合购买关系方面都具有显著的差异性。因此，SKU 的多货架存储对拣选效率的提升有益，分析 SKU 的差异性，为有多货架存储需求的 SKU 分配多个货位来提升系统的拣选效率是货位分配决策的内容之一。货架上 SKU 种类的决策是货位分配优化另一需要决策的内容，大型网上超市的订单具有小批量、多频次、多品种的特点，顾客下达的订单量大且经常同时购买多种 SKU，使得 SKU 间组合购买的关联关系较密切。网上超市的订单特点使得将顾客组合购买频率高的 SKU 放在同一货架进行存储，通过增加货架上 SKU 间的关联性来提高拣选效率。在决策 SKU 存储的货架数量和同一货架上存储 SKU 的种类时，以移动的货架次数最少为目标，对顾客订单进行分析、挖掘 SKU 间的共同购买关联关系进行货位分配优化。

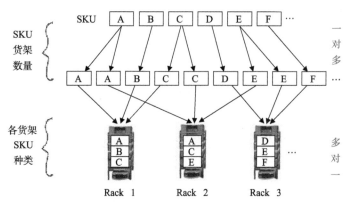

图 5.4　货位分配决策内容

现有的货位分配研究大多基于"人到货"拣选模式针对传统仓库展开[23-27]，其成果难以直接应用于"货到人"拣选模式下的机器人移动货架拣选系统。而机器人移动货架拣选系统的货位分配研究还处于起步阶段[16]，现有成果还只适用于求解小规模货位分配问题[25]，还存在算法时间复杂度过高[13]、基于简单规则的货位分配方案求解空间较大[14]等问题。机器人移动货架拣选系统的货位分配优化主要通过 SKU 的多货架存储、增强货架上 SKU 间的关联程度来提高拣选效率，故本节在已有成果的基础上，通过对订单数据的挖掘、SKU 关联性的分析、货位分配复杂性的剖析，对适用于大型网上超市场景下的大规模货位分配问题展开研究。

5.2.2　机器人移动货架拣选系统货位分配的复杂性分析

适用于大型网上超市的机器人移动货架拣选系统货位分配问题的复杂性体现在 SKU 和货架数量（规模）大、SKU 间的关联关系复杂、货位分配优化求解算法的时间复杂度要求高等方面，具体分析如下。

1. 规模大

机器人移动货架拣选系统的可移动货架数量成百上千、按品类存储的大型网上超市单个小仓库的商品种类更是在数万以上。对机器人移动货架拣选系统的 SKU 进行货位分配时，需要考虑数量规模如此庞大的货架、SKU 并做出货位分配决策，其复杂性可想而知。

2. 关联关系复杂

机器人移动货架拣选系统的货位分配涉及货架、SKU 等实体，同一个 SKU 可能存储于 1 个或多个货架上，同一个货架上存储有多种 SKU。网上超市出售的

SKU 具有直接进行组合购买的关联关系，还具有通过中间 SKU 进行连接的间接购买关联关系。购买关联关系的强弱也有差异，有频繁进行组合购买的强 SKU 关联关系，间断性进行组合购买的较强 SKU 关联关系，还有偶尔进行购买的弱 SKU 关联关系。SKU 的数量也非常可观，庞大的 SKU 数量和错综复杂的 SKU 关联关系加剧了 SKU 关联关系挖掘与将其应用于货位分配的难度。

3. 时间复杂度

机器人移动货架拣选系统对货位分配优化算法的求解时间要求高，若算法的时间复杂度高，求解时间过长，会增加仓库的等待时间成本。此外，受季节、突发事件、促销等多种因素的影响，订单的结构处于动态变化中，货位分配方案的有效性可能随着求解时间的增加而减弱。故为了货位分配方案的有效性和减少等待时间成本，需要降低货位分配优化算法的时间复杂度，实现在有效时间内获得货位分配优化方案的目标。

5.2.3　机器人移动货架拣选系统货位分配的求解思路

通过对机器人移动货架拣选系统货位分配问题决策内容的描述和复杂性分析，网上超市 SKU 和货架的数量规模、SKU 的多货架存储和复杂的关联关系、对算法时间复杂度的要求都增加了机器人移动货架拣选系统货位分配问题的求解难度，通过对网络特征和机器人移动货架拣选系统拣选流程的分析，采用定性与定量相结合的思想，本节提出了适用于大型网上超市场景的机器人移动货架拣选系统货位分配问题的求解思路，具体的求解思路如图 5.5 所示。

网上超市出售 SKU 间具有直接或间接组合购买的关联关系，且关联关系的强弱也有差异。由于网络可以有效记录 SKU 的上述关系，图形表达可读性强，非常直观，故将顾客订单信息转换成 SKU 关联网络，通过对网络特征的分析可以求出有效的货位分配方法。实际数据分析发现，SKU 关联网络具有明显的层次结构、以部分节点为中心进行聚集、内部节点联系紧密、外部节点联系稀疏的特征。基于网络的上述特征，采用定性与定量结合的思想，对各子问题进行求解。关于各货架存储 SKU 的种类决策问题，可以采用基于图的聚类方法获取各货架存储 SKU 的种类。基于图的聚类可看作图分割问题，寻求图分割问题的精确解是一个 NP-hard 问题，目前还不存在求解大规模图分割问题的有效精确解法。故利用网络的层级结构和 SKU 间的关联关系，寻求有效的启发式聚类方法来求解该网络的分割问题。在 SKU 的存储货架数量决策部分，利用网络的层级结构和仿真，对各层级 SKU 在不同货位分配数量方案下的拣选效率进行探索，来寻找各 SKU 适合的货位分配数量。

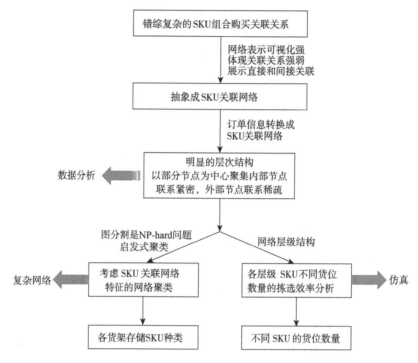

图 5.5　机器人移动货架拣选系统货位分配问题的求解思路

5.2.4　复杂网络等相关基础理论概述

本节将书中涉及的复杂网络等相关基础理论进行详细介绍，概述的理论包括 SKU 关联网络、度、加权度和加权网络 k-壳分解。度的定义参考汪小帆等的《网络科学导论》一书[28]，加权度的定义和加权网络 k-壳分解方法源于 Garas 等发表于 *New Journal of Physics* 的一篇学术论文[29]，SKU 关联网络是本书提出的一种用于呈现 SKU 组合购买关联关系和关联关系强弱的网络表述方式。SKU 关联网络、度、加权度和加权网络 k-壳分解的详细介绍如下所示。

1. SKU 关联网络

基于客户订单信息可获得 SKU 关联网络，该关联网络属于无向加权网络。其中，SKU 被抽象成节点，SKU 的组合购买关系被抽象成边。SKU 关联网络可表示为 SKU 集合 V 和边集 E 组成的图 $G = (V, E)$。为了得到 SKU 关联网络，先将订单数据用订单-SKU 关系矩阵存储，再将其转化为记录 SKU 关联网络信息的

SKU 关联矩阵，下面介绍描述订单数据的订单-SKU 关系矩阵和描述 SKU 关联网络信息的 SKU 关联矩阵。订单-SKU 关系矩阵定义为 $\boldsymbol{P}=(p_{ij})_{K\times N}=(p_1,p_2,\cdots,p_N)$，订单-SKU 关系矩阵 $\boldsymbol{P}$ 第 i 行、第 j 列上的元素 p_{ij} 定义如下：

$$p_{ij}=\begin{cases}1,&\text{第}i\text{个订单中含有}v_j\\0,&\text{第}i\text{个订单中不含}v_j\end{cases}\qquad(5.1)$$

SKU 关联矩阵定义为 $\boldsymbol{S}=(s_{ij})_{N\times N}$，$\boldsymbol{S}$ 是一个 N 阶方阵，可由订单-SKU 关系矩阵 $\boldsymbol{P}$ 计算得到。s_{ij} 表示节点 v_i、v_j 之间的关联程度，s_{ij} 的值越大表示节点 v_i、v_j 之间的关联性越强。s_{ij} 的定义如下：

$$s_{ij}=\begin{cases}0,&i=j\\p_i^{\mathrm{T}}\cdot p_j,&i\neq j\end{cases}\qquad(5.2)$$

图 5.6 给出了将订单信息转换成订单-SKU 关系矩阵 $\boldsymbol{P}$，基于 $\boldsymbol{P}$ 得到 SKU 关联矩阵 $\boldsymbol{S}$ 的实例。实例包含 6 个订单，订单涉及 6 种 SKU，分别为 A、B、C、D、E、F，SKU 被抽象成节点 v_1、v_2、v_3、v_4、v_5、v_6。基于式（5.1）的定义，根据图 5.6（a）的订单信息得到图 5.6（b）的订单-SKU 关系矩阵 $\boldsymbol{P}$。基于式（5.2）的定义，由订单-SKU 关系矩阵 $\boldsymbol{P}$ 计算可得商品关联矩阵 $\boldsymbol{S}$。与图 5.6（c）SKU 关联矩阵 $\boldsymbol{S}$ 相对应的 SKU 关联网络如图 5.6（d）所示。

	订单
1	A、B、C
2	A、B
3	A、D
4	D、E
5	E、F
6	D、E

商品	A	B	C	D	E	F
节点	v_1	v_2	v_3	v_4	v_5	v_6
订单 1	1	1	1	0	0	0
2	1	1	0	0	0	0
3	1	0	0	1	0	0
4	0	0	0	1	1	0
5	0	0	0	0	1	1
6	0	0	0	1	1	0

（a）订单信息　　　　　（b）订单-SKU关系矩阵$\boldsymbol{P}$

	v_1	v_2	v_3	v_4	v_5	v_6
v_1	0	2	1	1	0	0
v_2	2	0	1	0	0	0
v_3	1	1	0	0	0	0
v_4	1	0	0	0	2	0
v_5	0	0	0	2	0	1
v_6	0	0	0	0	1	0

（c）商品关联矩阵$\boldsymbol{S}$　　　　　（d）商品关联网络

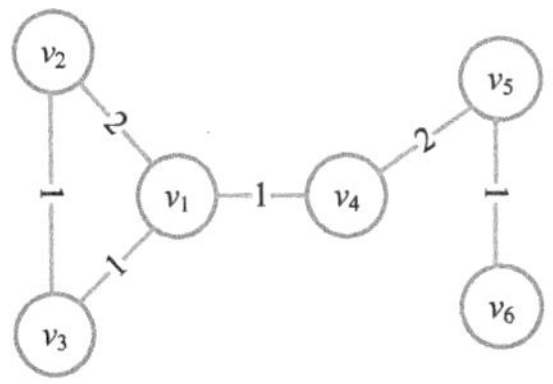

图 5.6　SKU 关联网络生成过程

2. 度

度（degree）是刻画单个节点属性最简单而又最重要的概念之一，无向网络中节点 v_i 的度 k_i 被定义为与节点 v_i 直接相连的边的数量。根据 SKU 关联矩阵 S 可得到对应 SKU 关联网络中节点的度，为了计算 SKU 关联网络中各节点的度，定义布尔矩阵 $S' = (s'_{ij})_{N \times N}$，布尔矩阵 S' 中的元素 s'_{ij} 可用于判断节点 v_i 和 v_j 之间是否存在边，即第 i 种 SKU 与第 j 种 SKU 是否进行过组合购买，s'_{ij} 定义如下：

$$s'_{ij} = \begin{cases} 1, & s_{ij} > 0 \\ 0, & s_{ij} \leq 0 \end{cases} \tag{5.3}$$

SKU 关联网络中，节点 v_i 的度表示该节点与其他节点的关联程度，将 SKU 关联矩阵 S 转换成布尔矩阵 S' 后，可得到节点的度，节点 v_i 的度 k_i 的计算公式如式（5.4）所示。

$$k_i = \sum_{j=1}^{N} s'_{ij} \tag{5.4}$$

以图 5.6 的 SKU 关联网络为例，图 5.7 展示了节点度的计算过程。首先根据式（5.3）将 SKU 关联矩阵 S 转换成布尔矩阵 S'，计算得到的布尔矩阵如图 5.7（b）所示，随后由节点度的计算公式（5.4）得到各节点的度，结果如图 5.7（c）所示。由节点度的计算结果可知，节点 v_1 的度最大，表明该节点与多个节点都具有关联关系，是网络中的重要节点。节点 v_6 的度最小，与该节点具有关联关系的节点较少，去除该类节点对网络中其他节点的影响最小。

(a) 商品关联矩阵 S (b) 布尔矩阵 S' (c) 节点的度

图 5.7 度的计算流程

3. 加权度

度描述了网络中节点与其他节点直接相连的边的数量，刻画了节点与其余节点间的关联关系。SKU 关联网络属于无向加权网络，节点连边的权重具有非常重要的实际意义，不可忽视边的权重和权重大小的差异性，但是节点的度未考虑各连边权重的差异性。加权度（weighted degree）对节点的度进行了改进，是一种同时考虑节点的度和连边权重的度量方式[29]。节点 v_i 的加权度定义为 k_i' ，SKU 关联网络中节点 v_i 的加权度 k_i' 的计算如式（5.5）所示。

$$k_i' = \sqrt{k_i\left(\sum_{j=1}^{N} s_{ij}\right)} \tag{5.5}$$

式中，$\sum_{j=1}^{N} s_{ij}$ 表示与节点 v_i 连接边的权重和，当 s_{ij} 的取值均为 1 时，$\sum_{j=1}^{N} s_{ij}$ 计算的就是节点 v_i 的度，此时 k_i' 等于 k_i ，加权度的值与度的计算值相等。

以图 5.6 的 SKU 关联网络为例，图 5.8 展示了节点加权度的计算过程。首先根据式（5.3）将 SKU 关联矩阵 S 转换成布尔矩阵 S' ，计算得到的布尔矩阵如图 5.8（b）所示。随后由节点度的计算公式（5.4）得到各节点的度，结果如图 5.8（c）所示。根据 SKU 关联矩阵 S 计算各节点所有连边的权重和，计算结果如图 5.8（d）所示。得到节点的度和权的信息后，根据式（5.5）计算节点的加权度，结果如图 5.8（e）所示。根据节点度的计算结果，v_3 的度与 v_2 、v_4 、v_5 的度相等，由节点加权度的计算结果可知，v_3 的度小于 v_2 、v_4 、v_5 的度，出现该差异是由于加权度的计算考虑了连边的权重，计算结果更精确。因此，在对无向加权网络节点的重要性进行分析时，节点的加权度可作为排序的指标。

图 5.8　加权度的计算流程

4. 加权网络 k-壳分解

针对加权无向网络的 k-壳分解，目前有两种常用的处理方式：一种是忽略网络中边的权重，直接将加权网络转换成无权网络再进行 k-壳分解；另一种处理方式是设置阈值，权重高于该阈值的边保留，低于该阈值的边删除，再将处理后的加权网络转换成无权网络进行 k-壳分解。上述处理方式直接忽略节点连边的权重信息或者部分保留权重信息，且未考虑不同权重边之间的差异性，但 SKU 关联网络中边的权重具有非常重要的实际意义，代表了 SKU 间组合购买关联性的强弱，在货位分配时不可忽视边的权重和权重大小的差异性。加权网络 k-壳分解方法同时考虑了网络的权值和度，在无权网络的情况下，可恢复成经典的 k-壳分解方法，在加权网络的情况下，该方法能够以更精确的方式划分网络，对节点的排序更准确，且不需要对权值设置阈值[29]。

以图 5.6 的 SKU 关联网络为例，图 5.9 对加权网络 k-壳分解的流程进行了介绍。在加权网络 k-壳分解前，SKU 关联网络中加权度为 0 的孤立节点先被划分为网络的 0-壳，再进行网络的分解。根据式（5.5）计算节点的加权度，首先将网络中加权度小于等于 1 的节点及其与这些节点相连的边去除，图 5.9（a）中节点 v_6 的加权度为 1，将节点 v_6 及其与之相连的边（v_5，v_6）去除得到图 5.9（b）。然后重新计算网络中剩余节点的加权度，重复操作直到网络中无加权度小于等于 1 的节点为止，所有这些去除的节点和连边被称为网络的 1-壳，由于图 5.9（b）中不存在加权度小于等于 1 的节点，1-壳的分解到此结束，接下来进行 2-壳的分解。将网络中加权度小于等于 2 的节点及其相连的边进行删除，图 5.9（b）中节点 v_3、v_5 的加权度小于等于 2，将节点 v_3、v_5 及其与之相连的边（v_1，v_3）、（v_2，v_3）、（v_4，v_5）去除得到图 5.9（c）。重新计算节点的加权度，然后继续将加权度小于等于 2 的节点及其与这些节点相连的边去除，图 5.9（c）中节点 v_2、v_4 的加权度小于等于 2，将节点 v_2、v_4 及其与之相连的边（v_1，v_2）、（v_1，v_4）去除，得到图 5.9（d）。更新剩余节点的加权度，继续去除加权度小于等于 2 的节点及其相连的边，图 5.9（d）的节点 v_1 的加权度小于等于 2，将该节点删除，此时，网络中无剩余的节点和连边，加权网络 k-壳分解结束。SKU 关联网络被分割成两层，分别为包含 v_6 节点的 1-壳和包含 v_1、v_2、v_3、v_4、v_5 节点的 2-壳。

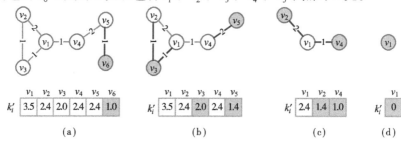

图 5.9　加权网络 k-壳分解流程

5.2.5　融合加权网络 k-壳分解和网络聚类的"分解-聚类"货位分配方法

考虑 SKU 关联网络的层级结构和 SKU 间的组合购买关联关系，本节提出了融合加权网络 k-壳分解和网络聚类的"分解-聚类"货位分配方法，用于解决机器人移动货架拣选系统的货位分配问题。加权网络 k-壳分解可对复杂网络的层级结构进行分析，该方法在分析网络层级结构时还考虑了连边权重间的差异性，但该方法只能分析网络的层级结构，不能生成货位分配方案。考虑 SKU 具有聚集成团的特点，进行网络聚类以确定货架上的 SKU 种类是比较理想的选择，但现有的复杂网络聚类方法的分类结果中，各类包含的节点数量不均且相差悬殊，对应货位分配方案存在单个货架货位数量有限而存放不下过量节点和类中节点过少造成货架货位闲置的问题。故本节将加权网络 k-壳分解和网络聚类进行融合，提出了"分解-聚类"货位分配方法用于货位分配方案的生成，该方法先对网络进行层级结构的分解，再基于网络进行聚类以生成最终的货位分配方案。分解部分使用加权网络 k-壳分解方法，分解结果可用于 SKU 货架数量的优化，也是网络聚类部分的输入参数之一。聚类部分根据加权网络 k-壳分解中的加权度来筛选初始聚类中心，再以确定的聚类中心为始点进行聚类，达到节点数量约束时聚类停止。"分解-聚类"货位分配方法在 SKU 关联网络定性分析的基础上，融合加权网络 k-壳分解和网络聚类提出了新的货位分配方法，体现了定性与定量结合的思想。

1. 算法求解思路

机器人移动货架拣选系统的拣选流程和仓储特点适合体积小、重量轻的 SKU 的存储，可灵活应对一单多品订单的拣选工作，一单多品订单即在一个订单中购买了大于一种 SKU 的订单，与之对应的是一单一品订单。网上超市的订单具有小批量、多频次、多种类的特征，正适于机器人移动货架拣选系统的特点。考虑网上超市订单和机器人移动货架拣选系统的特点，设计网上超市货位分配问题的求解算法，图 5.10 是货位分配方法的示意图。

大型网上超市机器人移动货架拣选系统的货位分配优化主要通过 SKU 的多货架存储、增强货架上 SKU 间的关联程度来提高拣选效率，本节先对 SKU 间的关联关系和网络的结构进行分析，再结合网络特征进行货位分配算法的设计。对客户的订单数据进行挖掘，分析发现 SKU 关联网络具有明显的层级结构、节点的连边权重具有差异性。k-壳分解方法是一种粗粒化节点重要性的分类方法，很多学者运用 k-壳分解方法对复杂网络的层级结构进行分析[30,31]。基于 k-壳分解，网络中的节点可被粗粒化地划分成组。壳层越高，其包含的节点对网络的影响越大，数量也越小，这类节点是网络的核心。但 k-壳分解未考虑网络中边的权重，适用于无权无向网络的层次结构分析，SKU 关联网络为加权无向网络，经典的 k-壳分解方法忽略了连边的权重，使得 SKU 关联网络的层次结构划分结果不够准确。加权网络 k-壳分解方法在分析网络层级结构时考虑了连边权重间的差异性，该方法能够以更精确的方式划分网络，对节点的排序更准确[29]。故本节采用加权网络 k-壳分解方法对 SKU 关联网络的层次结构和节点的重要性进行分析。

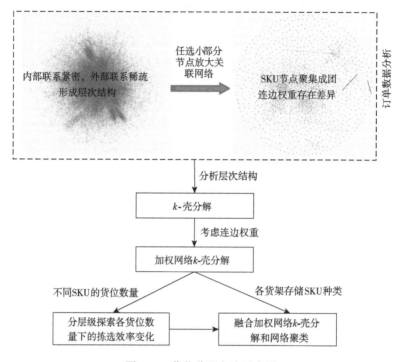

图 5.10 货位分配方法示意图

在确定不同 SKU 的分配货位数量时,结合加权网络 k-壳分解方法分解得到的网络层级结构,分层级探索 SKU 不同货位分配数量下拣选效率的变化趋势,从而确定不同 SKU 的分配货位数量。在决策货架上存储 SKU 的种类时,考虑 SKU 具有聚集成团的特点,进行网络聚类以确定货架上的 SKU 的种类。基于图的聚类可看作图分割问题,找到图分割问题的精确解是一个 NP-hard 问题,且不存在求解大规模图分割问题的有效精确解法[28]。SKU 关联网络的节点数量数以万计,节点间的关联关系复杂,属于大规模的图分割问题,应寻求有效的聚类方法求解该网络的分割问题。现有的复杂网络聚类方法以同类节点相互连接密集、异类节点相互连接稀疏为目标对网络进行划分,分类结果中各类包含的节点数量不均且相差悬殊[32]。将现有聚类方法得到的聚类方案应用于机器人移动货架拣选系统的货位分配时,存在单个货架货位数量有限而存放不下过量节点和类中节点过少造成货架货位闲置的现象。考虑解空间巨大的问题和货架货位数量的约束,本节提出了"分解-聚类"的货位分配方法来确定各货架上存储 SKU 的种类,该方法依据加权度识别网络的关键节点进行网络聚类,随着聚类的进行,网络的节点数量减少,缩小了聚类时节点的搜索空间,减少了算法的求解时间。

2. 变量说明

为了方便后面的表述，先将本节中使用的变量符号及其代表的意义进行统一说明。变量符号说明如下。

v_i 表示编号为 i 的 SKU；

$V=\{v_i|i=1,2,3,\cdots,I\}$ 表示 SKU 的集合；

$E=\{(v_i,v_j)|v_i,v_j\in V\}$ 表示 SKU 间连接边的集合；

q_i 表示存放有节点 v_i 的货架数量；

R_j 表示编号为 j 的货架包含的节点集合；

$R=\{R_j|j=1,2,3,\cdots,J\}$ 表示货架集合；

R_N 表示 R_j 包含节点 v_i 的上限；

K 表示客户订单的数量；

$|V|$ 表示 SKU 的数量，取值记为 N，即 $|V|=N$；

$|E|$ 表示 SKU 间连边的数量，取值记为 M，即 $|E|=M$；

$|R_j|$ 表示 R_j 的节点数量；

$|R|$ 表示货架的数量；

i 表示 SKU 的索引，$i=1,2,3,\cdots,I$；

j 表示货架的索引，$j=1,2,3,\cdots,J$。

3. 货位分配方法

通过对机器人移动货架拣选系统货位分配复杂性的分析和顾客订单信息的挖掘，基于复杂网络理论，提出了一种融合加权网络 k-壳分解和网络聚类的"分解-聚类"货位分配方法，用于解决机器人移动货架拣选系统的货位分配难题。算法的总体框架和聚类流程阐述如下。

1）总体框架

"分解-聚类"货位分配方法由加权网络 k-壳分解划分网络的层级结构、根据节点的加权度识别网络的关键节点后以该节点为始点进行聚类两部分组成。该方法的详细流程图如图 5.11 所示。

将融合加权网络 k-壳分解和网络聚类的"分解-聚类"货位分配方法应用于机器人移动货架拣选系统的货位分配，在满足节点 v_i 的 q_i 约束和货架 R_j 的 R_N 约束的前提下，每次选择 SKU 关联网络中加权度最大的节点为始点，从该点开始进行迭代聚类。当确定 q_i 的取值时，根据加权网络 k-壳分解结果优先为高壳层节点分配多个货架。在确定各货架的 SKU 种类时，选取加权度高的节点作为初始聚

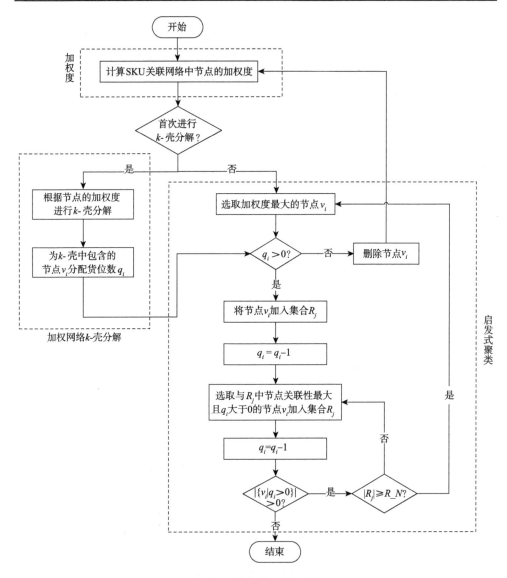

图 5.11　货位分配流程图

类中心，以初始聚类中心为始点进行聚类确定货架上的商品。该方法基于 SKU 间组合购买的关联性，优先为加权度高的 SKU 分配多个货位和提高同一货架 SKU 间的关联，可减少移动货架数，提高拣选效率。

2）聚类流程

在聚类过程中，每次均选取与该类中节点关联性最强的节点加入该类，该方法可最大化同类节点间的关联性，从而增加在一个或少数几个货架获取订单所需 SKU 的概率，最小化移动货架数，提高拣选效率。聚类的详细步骤如下。

步骤 1：随机选择一个空货架对应的节点集 R_j，转步骤 2。

步骤 2：从 SKU 关联网络 G 中 q_i 大于 0 的节点中选取加权度最大的节点 v_i 作为初始聚类中心。令 $R_j = \{v_i\}$，定义 $\text{Temp} = \{v_i | v_i \notin R_j, q_i > 0\}$，Temp 表示不属于 R_j 且 q_i 大于 0 的节点集合，转步骤 3。

步骤 3：以集合 R_j 包含的节点 v_i 为始点进行聚类。Temp 中节点 v_i 与集合 R_j 的关联强度被定义为 w_i，$w_i = \sum_{j \in R_j} s_{ij}$。从集合 Temp 中选取 $\max\{w_i\}$ 对应的节点 v_i 加入集合 R_j，同时在集合 Temp 中删除该节点。重复执行上述操作，当 $|R_j|$ 达到容量上限 R_N 时停止，转步骤 4。

步骤 4：更新各节点 v_i 对应的 q_i 值。令 R_j 包含节点 v_i 对应的 q_i 减 1，转步骤 5。

步骤 5：对 G 中 q_i 大于 0 的节点集进行判断，若集合为空，则结束。若非空，则转步骤 1。

以图 5.6 的 SKU 关联网络为例，将 q_i 赋值为 1，R_N 赋值为 3，用融合加权网络 k-壳分解和网络聚类的"分解-聚类"货位分配方法对其进行货位分配，聚类流程如图 5.12 所示。

首先随机选择一个空货架 R_1，根据加权度确定初始聚类中心。例如，图 5.12（a）的 SKU 关联网络中节点 v_1 的加权度最大为 3.5，且 $q_1 > 0$，该点被选为初始聚类中心，将 v_1 加入 R_1，此时，$R_1 = \{v_1\}$，$\text{Temp} = \{v_2, v_3, v_4, v_5, v_6\}$。

然后以 R_1 中的 v_1 为始点进行聚类。例如，图 5.12（b）中 v_2 的 w_2 最大为 2，q_2 大于 0，将 v_2 从 Temp 移入 R_1，$|R_1|$ 未达到容量上限 R_N，继续将 Temp 中 $\max\{w_i\}$ 对应的节点 v_3 移入 R_1，此时，$|R_1|$ 达到容量上限 R_N，停止聚类并更新节点的 q_i 值，结果如图 5.12（c）所示，$R_1 = \{v_1, v_2, v_3\}$。

关联网络中存在 q_i 大于 0 的节点，确定初始聚类中心重新开始聚类。例如，图 5.12（d）中 v_5 的加权度最大为 2.4，且 q_5 大于 0，v_5 被选为初始聚类中心并加入 R_2，此时，$R_2 = \{v_5\}$，$\text{Temp} = \{v_4, v_6\}$，$|R_2|$ 未达到容量上限 R_N，继续将 Temp 中的 v_4 移入 R_2，结果如图 5.12（e）所示。未满足聚类停止条件，继续将 v_6 移入 R_2，此时，$|R_2|$ 达到容量上限 R_N，停止聚类并更新节点的 q_i 值，结果如图 5.12（f）所示，$R_2 = \{v_4, v_5, v_6\}$。

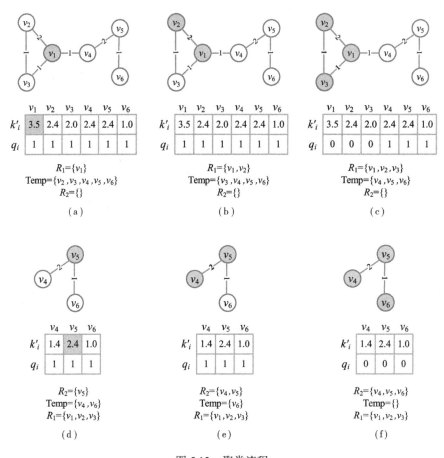

图 5.12　聚类流程

　　商品关联网络中不存在 q_i 大于 0 的节点，货位分配结束。聚类结果为 $R_1 = \{v_1, v_2, v_3\}$，$R_2 = \{v_4, v_5, v_6\}$，对应的货位分配方案为编号为 1、2、3 的 SKU 存储于货架 1，编号为 4、5、6 的 SKU 存储于货架 2。

5.2.6　仿真与结果分析

　　借助 FlexSim 仿真软件平台，在笔记本电脑(Intel Core I5-8265 CPU，1.80GHz，8 GB RAM（随机存储器，random access memory ））上，对融合加权网络 k-壳分解和网络聚类的"分解-聚类"货位分配方法的有效性进行检验。通过仓库调研和企业项目合作的方式，基于某大型网上超市机器人移动货架拣选系统的真实数据，设置了仿真模型的参数，将提出的货位分配方法与随机货位分配方法、按销量的货位分配方法进行了比较。

1. 机器人移动货架拣选系统仿真模型

参考某大型网上超市某仓库机器人移动货架拣选系统布局和运作流程，借助 FlexSim 仿真软件，本节构建了与该仓库对应的仿真模型。模型包括待拣选订单的拣选工作站分配、待搬运货架定位、AGV 调度、拣选完成货架的存储位置分配。仿真模型的俯视图如 5.13 所示。

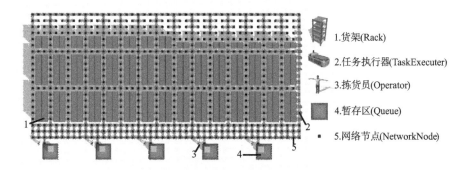

图 5.13　仓库仿真模型俯视图

图 5.13 右侧展示了 Rack、TaskExecuter、Operator、Queue 模型实体的外观图形，分别对应真实仓库的可移动货架、AGV、操作人员和工作站实体，各实体的数量可根据需求进行增加或缩减。最右侧的路径上停放有一排 TaskExecuter，该区域表示停车区。底部放有 5 个 Queue，代表 5 个拣选工作站，每个 Queue 旁配备一个 Operator，即每个拣选工作站配备一个拣选工作人员，Queue 和 Operator 所在的位置是拣货区。货架存储区被多条路径划分成多个规格一致的货架存储块，每个货架存储块的布局为 2×5，最多可停放 10 个货架。

路径采用 NetworkNode 进行布局，NetworkNode 即网络节点，外观如图 5.13 右侧所示。过道中线位置每隔一米放置一个网络节点，将同一条路径上的各节点顺次进行连接，并设置路径为单向通行。在底部留出三条方向交错设置的水平单向路径作为缓冲区域，用于 AGV 的方向调整、会车和拣选排队等待。缓冲区域每间隔一米设置一条垂直方向的单向路径，垂直路径的方向也采用交错设置，一条路径方向向上，相邻的下一条路径则向下。货架存储位置也放有网络节点，并与相邻过道的网络节点进行连接，AGV 即可行驶至货架存储位置托举起或放下目标货架。

2. 数据介绍

本节采用的数据来源于某大型网上超市某个采用移动货架拣选模式的仓库，

该仓库的面积为 3800m^2，库存 SKU 种类数在 10 000 以上，存储的 SKU 均为体积小、重量轻的小件商品。提高同一货架上 SKU 间的关联性可显著提升机器人移动货架拣选系统的拣选效率，SKU 的关联性主要体现在顾客进行组合购买的频率方面，这部分信息可从顾客订单中进行挖掘获取。客户订单数据可反映 SKU 的组合购买关系和销售状况，表 5.1 是客户订单的内容和格式，仅选取了本书所需的数据字段进行展示。

表 5.1 客户订单示例

订单号	商品编码	商品名称	购买数量	下单时间
102007639363	100000960***	透蜜补水美白祛斑面膜	1	9/1 13:37:04
102007639363	100004520***	玻儿小甘菊温和舒润卸妆巾	1	9/1 13:37:04
102007639363	284525***	凡茜 3 倍浓缩芦荟胶	1	9/1 13:37:04
102065273589	41109***	吉列手动剃须泡刮胡泡沫刮胡膏	1	9/1 13:39:33
102065273589	10000371***	波士顿均衡调理爽肤水	1	9/1 13:39:33
98303565071	377021***	美宝莲净澈多效卸妆水	1	9/1 13:41:58
98303565071	100002020***	美宝莲 Fit Me 粉底液	2	9/1 13:41:58

客户订单包含订单号、商品编码、商品名称、购买数量、下单时间这五个字段，一行记录存储了订单购买的一种 SKU 的信息，购买了多种 SKU 的客户订单有多行记录。订单号可对不同的订单进行标记，同一订单的订单编号相同。商品编码是对 SKU 的标识，不同 SKU 的商品编码不同，同一 SKU 具有相同的商品编码。商品名称记录了对应商品编码所代表的 SKU 内容，通过商品名称可获得 SKU 的用途、品牌等信息。购买数量是该订单中某 SKU 的购买数量。下单时间是顾客创建订单并付款的时刻。

3. 数据集划分和参数设置

选取基于 AGV 的"货到人"拣选模式下某移动货架仓库一个季度的订单数据，利用该数据集对"分解-聚类"货位分配方法的有效性进行检验。数据集的时间跨度为 7 月 1 日~9 月 30 日，共计 92 天。

在进行货位分配方案的效果检验时，应将数据集分割为两部分：训练集和测试集。训练集用于对货位分配方案进行训练，测试集可对训练得到的货位分配方案的优劣进行评估。常用的数据集划分方式是将数据集的 80% 作为训练集，20% 作为测试集，本节也采用该常用的数据集划分比例对数据集进行划分。整个季度的客户订单按照下单日期进行排序，日期早的客户订单排在前面、日期晚的客户订单排在后方。整个季度包括 92 天的订单数据,将占比 80%的前 74 天的订单数据作为训练集,即 7 月 1 日~9 月 12 日的订单数据被划为训练集,剩下20%的后 18 天的订单数据作为测试集,即 9 月 13 日~9 月 30 日的订单数据被划为测试集。

在使用融合加权网络 k-壳分解和网络聚类的"分解-聚类"货位分配方法进行货位分配时,需要对部分变量值进行预先设置,预设的变量值包括 q_i、$|R|$、$|V|$、R_N等。通过对该仓库实际数据的分析,对上述变量赋值。该移动货架仓库存储的 SKU 种类为 10 007 种,故 $|V|$ 的取值为 10 007,SKU 集合为 $V = \{v_i | i = 1, 2, 3, \cdots, 10\,007\}$。图 5.14 是该仓库各货架上存放 SKU 种类数量的柱状图,例如,图 5.14 最左侧的柱形表示有 10 个货架存储的 SKU 种类数小于等于 10,由图 5.14 可知,货架存储 SKU 的种类数量近似为正态分布,均值为 29,故将 R_N 赋值为 29。将 q_i 设置为 1,可估算出 $|R|$ 的值为 346。

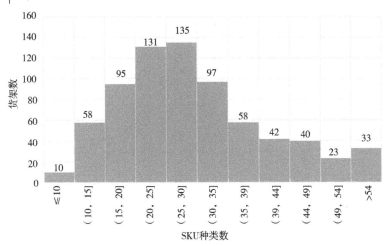

图 5.14　各 SKU 存储货架数柱状图

在仿真模型的参数设置部分,Rack 实体数量为 346,TaskExecuter 实体数量为 15,Operator 和 Queue 的数量为 5,NetworkNode 数量为 966,货架存储位置为450 个,通行路径为 22 条。该仓库集合单包含订单数量的均值为 6.3,故仿真模型中集合单包含的订单数量设置为 6。

4. 货位分配方法的效果分析

在效果对比的货位分配策略选择方面,将提出的"分解-聚类"货位分配方法与随机分配方法、按销量分配方法进行对比。随机分配方法是将 SKU 随机摆放到未达到 R_N 限制的货架 R_j 的货位分配方式,该分配方式经常作为基准来和其他分配方式进行对比。按销量分配的方法主要考虑 SKU 的销售情况，将销量接近的 SKU 放在同一个货架上，按销量分配是该仓库采用的货位分配方式，也是多位学者研究的货位分配方式。下面展示了"分解-聚类"货位分配方法、随机分配方法和按销量分配方法的仿真结果对比。

基于测试集数据，对"分解-聚类"货位分配方法、随机分配方法和按销量分配方法下的仓库进行仿真模拟，以检验货位分配方法对拣选效率的影响。使用上面设置的参数，根据总搬运货架次数、仿真模型总运行时间、拣选人员总的步行距离、AGV 的行驶距离、AGV 空驶状态时间占比、AGV 载重状态时间占比、AGV 等待状态时间占比、拣货站平均排队时长这八个指标对各货位分配方法进行对比，结果如表 5.2 所示。

表 5.2　货位分配方案仿真结果

指标	"分解-聚类"货位分配方法	随机分配方法	按销量分配方法
总搬运货架次数	61 983	92 778	85 845
仿真模型总运行时间/s	202 871	334 219	292 790
拣选人员总的步行距离/m	123 961	185 551	171 685
AGV 的行驶距离/m	5 781 804	9 148 539	8 110 119
AGV 空驶状态时间占比	29.9%	32.6%	30.5%
AGV 载重状态时间占比	67.3%	60.6%	64.1%
AGV 等待状态时间占比	2.7%	6.8%	5.5%
拣货站平均排队时长/s	16.4	16.5	16.5

由表 5.2 可知，"分解-聚类"货位分配方法的拣选效率最优，其次是按销量分配方法，随机分配方法的拣选效率最差。上述三种货位分配方法在拣货站平均排队时长方面差距较小，时长均在 16.5s 左右。在 AGV 空驶、载重、等待状态的时间占比方面，随机分配方法和按销量分配方法的差距较小，"分解-聚类"货位分配方法的 AGV 等待状态时间占比低于上述两种方法，AGV 载重状态时间占比高于上述两种方法，由此可知，"分解-聚类"货位分配方法下 AGV 的利用率更高，排队时长更短。较于随机分配方法、按销量分配方法，"分解-聚类"货位分配方法分别减少了 33.2%、27.8%的搬运货架次数，缩减了 39.3%、30.7%的运行时间，缩短了 33.2%、27.8%的拣选人员总的步行距离，减少了 36.8%、28.7%的 AGV 的行驶距离。由此可知，本节提出的"分解-聚类"货位分配方法可以有效提高拣选效率，显著减少总搬运货架次数、拣选耗时、AGV 和拣选人员总的步行距离及提高 AGV 的利用率。

5. 各壳层节点货位数量分析

SKU 关联网络中的节点具有差异性，与多种 SKU 具有关联关系的节点对网络的影响更大。根据 k-壳分解的结果，壳层越高的节点对网络的影响越大，数量也越小，这类节点是网络的核心。为了探寻各 SKU 在不同待分配货位数量设置下，系统拣选效率的变化情形，通过修改不同壳层节点 v_i 的待分配货位数 q_i，对 SKU 的货位数量进行分析。

1）变量范围和指标介绍

货位数量分析部分需要给定待分配货位数 q_i 的取值范围，对仓库各 SKU 的 q_i 值进行统计后确定其取值范围。图 5.15 是上述采用移动货架拣选模式的仓库各 SKU 分配货架数量的柱状图，横轴 x 表示 SKU 存储的货架数量，即有多少个货架存放有该 SKU，纵轴表示存储货架数量为 x 的 SKU 数量占总 SKU 数量的比例。以图 5.15 左侧第一个柱形为例，该柱形表示有 50%的 SKU 存放在一个货架上。由图 5.15 可知，绝大部分 SKU 存放的货架数量不多于 2 个，95%的 SKU 存放的货架数量不多于 5 个，故令 q_i 的取值范围为 1~5，进行各壳层 SKU 货位数量的分析。

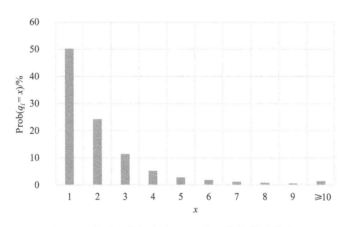

图 5.15　某移动货架仓库 SKU 分配货位数量统计图

根据加权网络 k-壳分解的结果，网络中的 SKU 节点被划分为 52 层，分解结果如图 5.16 所示。该图中的柱形表示网络中位于 k-壳的节点数量，由图可知，各壳层包含的节点数不均且差异较大，壳层越低，其包含的节点数量越多。依据壳层划分结果，修改网络 k-壳中包含节点 v_i 的待分配货位数 q_i，其余壳层节点的待分配货位数均设置为 1，对拣选效率的变化趋势进行分析。由于各壳层的节点数量不均，分别增加各壳层货位数量时需要新增的货位数量也有差异。为了便于对不同壳层拣选效率的变化趋势进行对比，各壳层节点货位数量的分析需要考虑新增货位数量和拣选效率的变化。为此，定义了边际拣选效率的指标，该指标可衡量在当前货位数量分配方案下，新增一个货位时平均能减少的货架移动次数，下面将详细介绍该指标的计算方式。

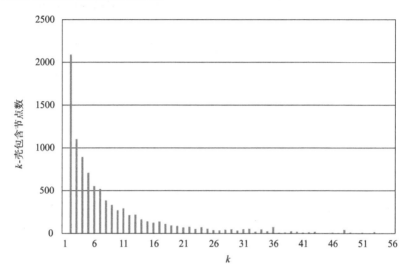

图 5.16　加权网络 k-壳分解结果

边际拣选效率 $M(k,y)$ 表示给 k-壳中节点新增 y 货位时，每增加一个货位平均可减少的搬运货架次数，计算公式如式（5.6）所示。式中，k 表示 k-壳，k 的取值为 $0,1,2,\cdots,k$。$T(k,y)$ 表示给 k-壳包含的节点 v_i 新增 y 货位数时（v_i 位于 k_shell 时，q_i 为 $y+1$，v_i 不属于 k_shell 时，q_i 为 1），在融合加权网络 k-壳分解的网络聚类货位分配方法下，机器人移动货架拣选系统的总搬运货架次数。$R(k,y)$ 表示给 k-壳包含的节点 v_i 新增 y 货位时，系统需要的总货位数量。边际拣选效率越高，对系统拣选效率的提升越有效。基于边际拣选效率，可对各壳层节点的适宜货位数进行探索。

$$M(k,y) = \frac{T(k,y) - T(k,0)}{R(k,y) - R(k,0)} \qquad (5.6)$$

2）结果分析

新增相同货位数量下各壳层边际拣选效率的变化情况如图 5.17 所示，横坐标 k 标记节点位于的壳层，纵坐标是边际拣选效率 $M(k,y)$，y 的取值分别为 1、2、3、4。如图 5.17 所示，27-壳以下的节点增加不同的货位数量时边际拣选效率的差异较小，27-壳以上的节点增加不同的货位数量时边际拣选效率具有差异性，且波动明显。接下来，以 27-壳为界分析新增不同货位数量下各壳层边际拣选效率的变化趋势。

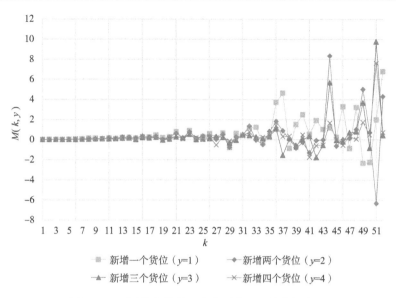

图 5.17　不同货位数分配方案下的边际效率折线图

27-壳及 27-壳以下的节点新增不同货位数量时各壳层的边际拣选效率如图 5.18 所示（图 5.18 和图 5.19 为黑白图，无法区分图例颜色，具体请见文后彩图）。横坐标 y 表示为 k-壳节点增加 y 个货位，y 的取值分别为 1~4，纵坐标是对应的边际拣选效率 $M(k,y)$。如图 5.18 所示，总体上，壳层的边际拣选效率随着 y 的增加大致呈现线性减少的趋势，边际拣选效率的取值范围大致集中在 0~0.4 范围内。针对这部分节点，至多为其新增一个货位基本可实现边际拣选效率的最大化。

27-壳以上节点新增不同货位数量时各壳层的边际拣选效率如图 5.19 所示。大部分壳层的边际拣选效率随着 y 的增加而减少，边际拣选效率的取值范围大致集中在 0~4 范围内。针对这部分节点，为其新增一个货位是较理想的选择。以 y 等于 2 为界，部分壳层随着新增货位数的增加，边际拣选效率先上升再下降，针对这部分节点，至多为其新增两个货位可实现边际拣选效率的最大化。但有部分壳层边际拣选效率的变化趋势出现异常，呈现先急速下降再剧烈上升的趋势，该类节点的数量很少，仅包含 1 个节点。针对该类异常节点，本节采用适用于大部分壳层节点的处理方式，为其新增一个货位为宜。

5.2.7　未来的研究方向

网上超市这种新型的 B2C 网络零售模式发展势头强劲，出于降低拣选成本、提高拣选效率、优化库存管理的目的，机器人移动货架拣选系统受到了网上超市的青睐，正广泛应用于仓库的商品拣选环节。机器人移动货架拣选系统的货位分

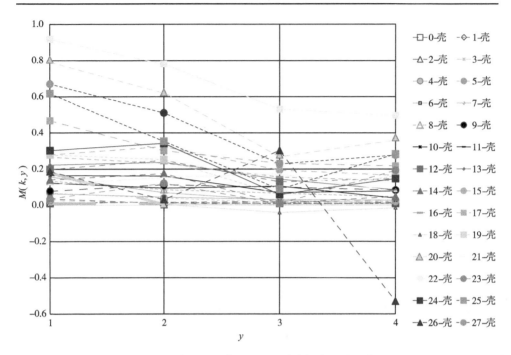

图 5.18　27-壳及以下壳层的边际效率折线图（见彩图）

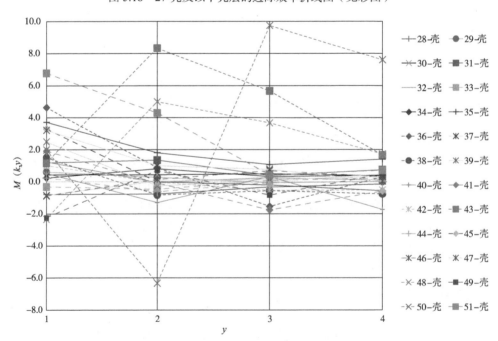

图 5.19　27-壳以上的边际效率折线图（见彩图）

配是系统高效运行的前提，该研究还处于起步阶段，本节的研究还存在诸多不足之处，后续的研究工作还有待进一步深入，未来可能的研究工作如下。

（1）均衡拣选效率和补货成本的货位分配研究。本节从提升拣选效率的角度来研究机器人移动货架拣选系统的货位分配问题，未考虑 SKU 多货架存储增加的补货成本，未来应综合考虑补货成本和拣选效率进行货位分配。

（2）考虑 SKU 关联网络的动态演化调整货位分配方案。受季节因素、气候变化、突发事件等的影响，SKU 间的组合购买关联关系处于动态变化状态，识别网络的状态转换并对货位分配方案进行调整十分重要。

（3）从多角度对 SKU 的存储货架数量进行决策。本节仅从减少货架移动次数角度进行存储货架数量决策，未考虑 SKU 单货架存储情形下，多台 AGV 争夺同一个货架造成的死锁现象和等待时间增长现象。

5.3　机器人移动货架拣选系统的订单拣选方法

5.3.1　机器人移动货架拣选系统的订单拣选问题概述

在物流中心运作过程中，订单拣选是核心环节，直接影响订单履行的效率。电子商务的订单拣选问题是指根据顾客的订单信息，准确、迅速地将商品从存储位中拣出的过程。在传统的仓储作业中，订单拣选被视为最耗费成本、时间和人力的一个环节，是关系到仓库运营效率的最重要因素，订单拣选成本约占总仓储成本的 55%[33]。订单拣选过程中任何一个环节的改进都能带来订单处理效率的提高、成本的降低，因此，订单拣选被视为一个热门研究领域。

订单拣选过程也是机器人移动货架拣选系统最重要的过程[16]。订单进入机器人移动货架拣选系统后，由拣选工作站完成对订单所需商品的拣选，如图 5.20 所示。通常情况下，每个拣选工作站由一位拣选人员进行操作。每个工作站可同时拣选多个订单，存放订单的区域称为订单缓存区，拥有多个容器，用于存放订单需要的商品。当 AGV 搬运货架至相应的拣选工作站时，拣选人员在工作站将商品从货架上取出，并放入需要该商品的相应容器中。当货架上所需商品拣选完成后，AGV 再次搬运货架返回存储区进行存储，拣选人员对下一个到达工作站的货架进行拣选[34]。当订单缓存区某个容器里的全部订单都完成时，存放这些订单的容器将被从缓存区移出，送到复核打包区进行打包，缓存区空余的位置将替换上新的订单继续进行订单的拣选。

货架　　　　　　　　　　　　拣选工作站　　　　　　　　订单

图 5.20　拣选工作站订单拣选过程

由于拣选工作站缓存区同时可存放多个容器，每个容器对应一个或多个订单，拣选人员在同一时刻可同时拣选多个订单，因此，工作站在订单拣选时是分批进行拣选的，需要进行订单分批的决策。在拣选过程中，某个容器中的订单完成后，被立即从缓存区移出，从而替换上新的订单，该过程需要对订单处理的顺序进行决策。订单的拣选过程是货架不断到达工作站以满足订单所需商品的过程，订单处理的顺序与货架到达的顺序紧密相关。因此，机器人移动货架拣选系统的订单拣选问题包含订单分批、订单与货架处理顺序等多个决策。通过对订单分批以及订单和货架进入工作站的顺序进行优化，可以提高每个货架对订单的满足程度，从而提高货架的利用率，减少货架的总移动次数，进一步可减少拣选人员的空闲时间和减少 AGV 使用的数量[14]，从而降低机器人移动货架拣选系统的运作成本。

5.3.2　相关研究综述

已有研究订单拣选优化的成果，绝大部分集中在人工拣选系统的订单分批优化。在"人到货"系统中，拣选人员在拣选通道中行走，从存储货位中拣取出顾客所需要的商品[35]。在拣选过程中，行走所耗费的时间最长[36]。为了减少拣选人员的行走距离，提高订单拣选效率，"人到货"系统中，拣选人员一次同时拣选一批订单，而非一个订单。因此，学者对"人到货"系统订单拣选的优化研究主要集中在订单分批问题上。针对"人到货"系统订单分批问题的研究，常见的优化目标是，在拣选设备容量约束下，决策每个批次包含哪些订单，使得所有订单的总完成时间或总行走路径等最少。Gademann 和 van de Veled[37]证明了该问题的求解是 NP-hard 问题，因此，学者设计了多种算法对订单分批问题进行求解。其中，针对离线订单分批问题，构造启发式算法包括种子算法[38,39]和节约算法[40]等，元启发式算法包括禁忌搜索算法[41,42]、遗传算法[43]和变邻域下降算法[44,45]等。随着数据挖掘技术的成熟，有学者尝试利用数据挖掘方法进行订单分批，如基于属性的聚类方法[46]、K-means 聚类算法和自组织神经网络分类方法[47]等。但在订单拣选实际运作中，绝大多数方法属于在线订单分批问题，订单信息与订单到达时间均无法提前预知[48]。针对在线订单分批问题的研究，学者提出了固定时间窗分批策略[49,50]和可变时间窗分批策略[51,52]对其进行求解。

近年来，随着电子商务订单量的急剧增长以及人力成本的快速上升，"人到货"系统劳动强度大、效率低，已经越来越难以满足电子商务发展的需求，"货到人"系统的出现从本质上打破了订单拣选的效率难题。由于实际的应用与需求，近年来，学者开始从理论上对自动化拣选系统展开研究。自动化拣选系统根据存储设备的不同，可分为自动化立体仓库、旋转货架系统和机器人移动货架拣选系统等。Nicolas 等[53]针对垂直升降式的自动化立体仓库，指出目前绝大多数公司仅采用简单规则对订单进行拣选，如"先到先服务原则"等，使得订单处理效率十分低下。针对机器人移动货架拣选系统的订单拣选优化问题，学者也开展了相关研究。Xiang 等[13]从离线订单分批决策的角度，以最小化搬运货架次数为目标，以批次中所包含最大订单数量为约束，构建了与"人到货"系统订单分批问题相似的 0-1 整数规划模型并进行了求解。Li 等[54]关注货架指派问题，构建了 0-1 线性规划模型并证明了该问题是 NP-hard 问题，提出了三阶段混合启发式算法来进行求解。Boysen 等[14]证明了单个工作站的订单与货架排序问题是 NP-hard 问题，提出了三种订单与货架排序优化算法，利用模拟退火和定向搜索方法加以求解。结果表明，与目前网络零售商所采用的简单规则相比，Boysen 等对订单拣选优化的结果可使 AGV 的使用数量减少一半以上。Merschformann 等[55]提出了各种规则对订单和货架的分配问题进行决策，如随机（random）指派、先到先服务等。现有的研究对订单拣选问题展开了初步探索，但还未挖掘出订单与订单、订单与货架之间的深层关系，因此，机器人移动货架拣选系统的订单拣选优化问题还有很大的研究空间。

5.3.3 问题复杂性分析

机器人移动货架拣选系统订单拣选过程是一个复杂的决策过程，存在以下难点。

（1）订单分批决策的解空间巨大，是 NP-hard 问题。由于订单缓存区的容量限制，拣选人员无法一次对订单池的全部订单进行拣选，需要对订单进行分批处理。网络零售订单规模巨大，且订单分批的决策与货架上存储的商品息息相关，因此，如何根据货架上存储的商品，对订单之间的关系进行合理的分析和聚类，提高批次内订单之间的相似度，减少货架的移动次数，是一大难点。

（2）商品一品多位存储，使得货架选择决策困难。机器人移动货架拣选系统与传统"人到货"系统的商品存储模式不同，在机器人移动货架拣选系统中，一种商品可以存放在多个货架上，以提高该商品与其他商品的关联性，减少货架的多次移动。在商品一品多位存储的模式下，货架与商品存在多对多的关系，为满足当前工作站的订单拣选，存在多种货架选择方案，选择不同的货架前往工作站会对订单拣选的效率产生影响。因此，如何对前往工作站的货架进行选择，以减少搬运货架次数，是机器人移动货架拣选系统订单拣选需要解决的难题。

（3）订单进入工作站处理的顺序与货架到达工作站的顺序具有强烈的耦合关系。根据工作站正在拣选的订单，需要指派合适的货架进入工作站以满足订单所需的商品。当订单拣选完成离开工作站后，需要根据工作站已有的货架和未拣选完成的订单指派新的订单进入工作站继续拣选。因此，订单和货架进入工作站的顺序是相互影响的，且该关系在动态变化。通过对订单和货架进入工作站的顺序进行优化，可以提高每个货架对订单的满足程度，从而提高货架的利用率，减少货架的总移动次数，进一步可减少拣选人员的空闲时间和减少 AGV 使用的数量，从而降低机器人移动货架拣选系统的运作成本。订单和货架处理的顺序关系密不可分，相互影响，是 NP-hard 问题。

5.3.4　模型表示

本节我们对单个工作站的订单与货架排序问题进行模型化表示。假设缓存区一个容器存放一个订单，某个订单完成后，新的订单可立即被指派到工作站进行处理。此时，订单进入工作站的顺序以及货架在工作站被拣选的顺序是影响订单拣选效率的关键因素。

订单和货架处理的顺序会影响货架需要搬运的次数，我们将最小化货架搬运至工作站的次数作为优化目标，有以下原因。

（1）搬运货架次数的降低意味着 AGV 搬运更少的货架，在一定程度上可以减少机器人数量，从而降低设备的购置成本。另外，搬运货架次数的减少也可减少 AGV 移动的距离，节省更多的能量。

（2）当需要拣选的总商品数量不变，而货架需要搬运的次数减少时，意味着每个货架在工作站被拣选的时间比未优化时更长，此时，在 AGV 数量有限的情况下，其余 AGV 可在拣选当前货架时搬运后续需要的货架前往工作站等待，从而避免出现每个货架拣货时间太短、拣选人员等待后续货架到来的情况发生。通过减少货架需要搬运的次数，我们可以增加每个货架每次在工作站被拣选的时间，从而降低拣选人员出现空闲的概率，提升拣货效率。

（3）搬运货架次数的减少意味着两个购买了相同商品的订单有更大的概率被同时拣选，而不是需要货架到达多次，此时，商品的同时拣选可以比未优化时减少搜寻相同 SKU 的次数和时间，从而提升拣货效率。

在每一个决策时间点，已知订单池里的订单集合，由于工作站缓存区的容量限制，需要对订单处理的顺序进行决策，并决策货架到达工作站的顺序。

模型参数说明如下。

i：订单索引，$i = 1, 2, \cdots, n$；

j：货架索引，$j = 1, 2, \cdots, m$；

s：SKU 索引，$s = 1, 2, \cdots, l$；

C：工作站订单缓存区容量限制；

$O_{i,s}$：0-1 参数，表示订单 i 是否包含 SKU s；

$R_{j,s}$：0-1 参数，表示货架 j 是否包含 SKU s；

t：时刻的索引，$t = 1, 2, \cdots, T$。

决策变量如下。

ε_t：在 $t-1$ 时刻和 t 时刻到达工作站的货架是否不同；

$x_{i,t} = 1$：在 t 时刻，订单 i 在工作站被拣选，否则为 0；

$y_{j,t} = 1$：在 t 时刻，货架 j 在工作站被拣选，否则为 0；

$z_{s,i,t} = 1$：在 t 时刻，SKU s 被送往工作站以满足订单 i，否则为 0。

机器人移动货架拣选系统订单与货架排序问题的模型可表示如下：

$$\text{Minimize} \sum_{t=2}^{T} \varepsilon_t \qquad (5.7)$$

Subject to

$$\varepsilon_t \geqslant y_{j,t} - y_{j,t-1}, \quad \forall j = 1, 2, \cdots, m, t = 2, 3, \cdots, T \qquad (5.8)$$

$$\sum_{j=1}^{m} y_{j,t} \leqslant 1, \quad \forall t = 1, 2, \cdots, T \qquad (5.9)$$

$$\sum_{i=1}^{n} x_{i,t} \leqslant C, \quad \forall t = 1, 2, \cdots, T \qquad (5.10)$$

$$x_{i,t} + x_{i,t''} \leqslant 1 + x_{i,t'}, \quad \forall i = 1, 2, \cdots, n, 1 \leqslant t < t' < t'' \leqslant T \qquad (5.11)$$

$$\sum_{t=1}^{T} z_{s,i,t} \geqslant O_{s,i}, \quad \forall i = 1, 2, \cdots, n, s = 1, 2, \cdots, l \qquad (5.12)$$

$$x_{i,t} \geqslant z_{s,i,t}, \quad \forall i = 1, 2, \cdots, n, s = 1, 2, \cdots, l, t = 1, 2, \cdots, T \qquad (5.13)$$

$$\sum_{j=1}^{m} \left(y_{j,t} R_{j,s} \right) \geqslant z_{s,i,t}, \quad \forall i = 1, 2, \cdots, n, s = 1, 2, \cdots, l, t = 1, 2, \cdots, T \qquad (5.14)$$

$$z_{s,i,t} \in \{0,1\}, \quad \forall i = 1, 2, \cdots, n, s \in S, t = 1, 2, \cdots, T \qquad (5.15)$$

$$x_{i,t} \in \{0,1\}, \quad \forall i = 1, 2, \cdots, n, t = 1, 2, \cdots, T \qquad (5.16)$$

$$y_{j,t} \in \{0,1\}, \quad \forall j = 1, 2, \cdots, m, t = 1, 2, \cdots, T \qquad (5.17)$$

$$\varepsilon_t \geqslant 0, \quad \forall t = 1, 2, \cdots, T \qquad (5.18)$$

目标函数（5.7）表示最小化货架总移动次数；式（5.8）表示判断在 $t-1$ 时刻和 t 时刻到达工作站的货架是否不同；式（5.9）表示在一个时刻最多只能有一个货架被拣选人员拣选；式（5.10）表示同一时刻在工作站被拣选的订单数量要满足缓存区的容量限制；式（5.11）表示一个订单必须在连续的时刻内放置在工作站；式（5.12）表示被订单购买的 SKU 必须被满足；式（5.13）表示在某一时刻，当 SKU 被送往工作站以满足某个订单时，该订单必须放置在工作站；式（5.14）表示在某一时刻，当 SKU 被送往工作站以满足某个订单时，必须有一个存有该SKU 的货架被送往工作站；式（5.15）~式（5.18）是变量取值约束。

由于一个货架可存放多种商品，一种商品又可以存放在多个货架上，因此，当一个顾客购买多种商品时，可以满足的货架具有多种选择。同时，一个工作站可以同时处理多个订单，因此，如何指派订单的顺序进入工作站进行拣选，以及选择哪些货架来满足这些订单，使得完成全部订单的搬运货架的次数最少，解空间巨大。Boysen 等[14]指出，即使在订单数量为 1 的情况下，机器人移动货架拣选系统单个工作站的订单与货架排序问题也是一个 NP-hard 问题。当订单量和货架数量较多时，精确算法无法在短时间内得出较优的结果。而机器人移动货架拣选系统对订单处理的及时性需求较高，通常需要在顾客下单后几小时内将订单拣选出来，因此，需要设计快速的启发式算法进行求解。

5.3.5　订单与货架排序算法

1. 算法描述

机器人移动货架拣选系统通常采用分散存储策略，即一种商品可以存放在多个货架上。这种存储方式既给我们提供了拣选优化的机会，也给该问题的求解带来了挑战。在订单拣选过程中，有以下两种方式可以减少搬运货架的次数。

（1）当多个订单购买了同一种商品时，将多个订单尽可能地同时进行处理，此时，拣选该商品只需要移动一个货架即可。

（2）当多个订单购买的商品没有重合，但这些商品存放在同一个货架上时，也可以将多个订单同时进行拣选，此时，也只需要指派能够满足这些订单的最小货架集合前往工作站即可。

为快速生成订单和货架进入拣选工作站的顺序，减少货架的搬运次数，我们提出了交互式订单与货架排序（interactive rack-order sequencing，IROS）方法。我们通过订单购买的商品和货架存储的商品，衡量了订单和货架之间的关系，并基于这种关系的强烈程度，对货架和订单的顺序进行决策。

我们定义一个订单能够被一个货架所履行的程度，称为订单履行率，用 fulfillment_rate 表示：

$$\text{fulfillment\_rate}_{i,j} = \frac{\sum_{s=1}^{l} O_{i,s} R_{j,s}}{\sum_{s=1}^{l} O_{i,s}}, \quad \forall i = 1, 2, \cdots, n, j = 1, 2, \cdots, m \quad （5.19）$$

式中，分母表示订单 i 购买的 SKU 种类数；分子表示订单 i 所购买的 SKU 可以被货架 j 履行的种类数。

同时，我们定义每一个货架的货架满足率，表示该货架能够满足所有订单的程度，用 supply_rate 表示：

$$\text{supply\_rate}_{j} = \sum_{i=1}^{n} \text{fulfillment\_rate}_{i,j}, \quad \forall j = 1, 2, \cdots, m \quad （5.20）$$

以表 5.3 的订单与货架数据为例，根据式（5.19）与式（5.20）得到初始的订单履行率与货架满足率，可表示为矩阵形式，如表 5.4 所示，其中，矩阵内部为订单履行率，最右列为货架满足率。

表 5.3　订单与货架信息

订单	SKU	货架	SKU
订单 1	A	货架 1	G
订单 2	B	货架 2	E, H
订单 3	C	货架 3	E, F
订单 4	D, E	货架 4	A, C, G
订单 5	E, F, G	货架 5	B, H, I
订单 6	F, G, H	货架 6	D, F, G
订单 7	B, G, H, I		

表 5.4　订单履行率与货架满足率矩阵

货架	订单							货架满足率
	订单 1	订单 2	订单 3	订单 4	订单 5	订单 6	订单 7	
货架 1	0	0	0	0	1/3	1/3	1/4	0.92
货架 2	0	0	0	1/2	1/3	1/3	1/4	1.42
货架 3	0	0	0	1/2	2/3	1/3	0	1.50
货架 4	1/1	0	1/1	0	1/3	1/3	1/4	2.92
货架 5	0	1/1	0	0	0	1/3	3/4	2.08
货架 6	0	0	0	1/2	2/3	2/3	1/4	2.08

根据货架满足率，我们将满足所有订单程度最高的货架优先指派到工作站。在 IROS 方法中，订单和货架的关系相互影响，不断地交互生成订单和货架进入工作站的顺序。首先，根据订单池中的订单信息计算各个货架的满足率，并将满足率最高的货架指派到工作站。之后，根据已指派往工作站的货架，计算各个订单的履行率，并计算该货架能够满足且尚未指派到工作站的订单集合，称为该货架的候选订单集合。根据工作站订单缓存区的容量，从该货架的候选订单集合中选择履行率最高的订单指派到工作站。当一个订单被指派到工作站时，计算该订单所需要的但尚未指派到工作站的货架集合，称为候选货架集合。当缓存区订单满时，利用当前货架对订单进行拣选。接着，判断缓存区中是否有订单完成，若有订单完成，将该订单从缓存区移出，继续从该货架的候选订单集合中选择履行率最高的订单指派到工作站。此时，若该集合中没有订单，则根据候选货架集合，计算订单履行率，将订单履行率最高的订单指派到工作站。若没有订单完成，则当前货架离开工作站，从候选货架集合中选择满足率最高的货架进入工作站，继续订单的拣选。如此循环，直至订单池中所有订单拣选完成。该算法的流程图如图 5.21 所示。

表 5.3 的例子中，货架 4 的货架满足率最高，因此，进入工作站的第一个货架为货架 4。根据各订单对货架 4 的履行率，在工作站订单缓存区为 3 的情况下，可将订单履行率最高的订单 1、订单 3、订单 5 指派至工作站进行拣选。根据交互式订单与货架排序方法，得到最终的订单顺序为订单 1、订单 3、订单 5、订单 6、订单 7、订单 4、订单 2，货架顺序为货架 4、货架 3、货架 5、货架 6，所需货架搬运次数为 4，与 CPLEX 计算该例子所得的货架搬运次数相同。

2. 方法验证

为了验证 IROS 方法的有效性，首先根据货架数量(m)、订单数量(n)以及缓存区大小(c)的不同设计了 8 个 Case，并根据实际订单、货架和商品的分布情况为每个 Case 随机生成 15 个小规模数据，最后取 15 次计算的平均值作为每个 Case 的结果。算法基于 Python 实现，测试环境为 Intel Core 双核 1.80GHz 处理器，内存为 8GB 的 Window10 平台。利用 CPLEX 求解前面所构建的混合整数规划模型，以对比 IROS 方法所获得的结果与最优解之间的差距。同时，我们也应用随机指派的方法对该问题进行求解，三种方法所获得的平均货架总搬运次数以及平均计算时间如表 5.5 所示。从该表中可以看出，CPLEX 仅在极小的问题规模下（Case 1 和 Case 2 以及 Case 3 中的部分情况）才能解得最优解。随着货架数量和订单数量的增多，CPLEX 难以在 1800s 内求解到最优解，我们将 CPLEX 运行 1800s 后得到的结果作为 CPLEX 的求解结果。与 CPLEX 所得到的结果相比，IROS 方法在小规模情况下能够在 0.1s 内得到结果，且所得到的搬运货架次数与 CPLEX 求

解得到的结果非常接近。而随机方法所得到的搬运货架次数在绝大多数情况下
（Case 1 除外）是 CPLEX 所得结果的 2 倍以上。

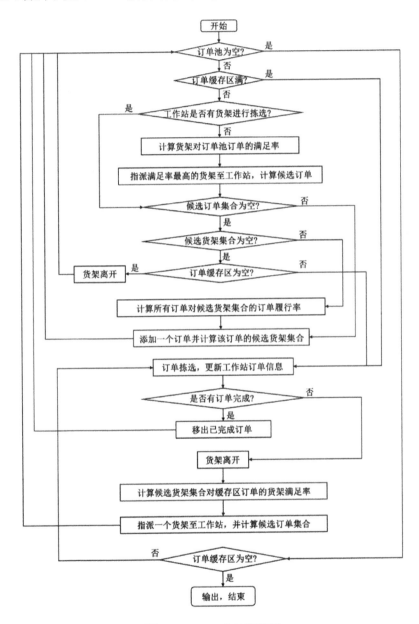

图 5.21　IROS 方法流程图

表 5.5　小规模数据下与最优解对比结果

Case ID	m	n	C	平均搬运货架次数			平均运行时间/s		
				MIP[a]	IROS[b]	RS[c]	CPLEX for MIP	IROS	RS
1	5	10	3	3.20*	3.40	5.80	2.16	0.06	0.03
2	5	20	3	4.20*	4.53	9.73	51.52	0.03	0.11
3	5	20	2	3.87	4.27	11.00	419.16	0.03	0.04
4	5	30	3	5.87	5.73	14.40	>1800	0.09	0.29
5	10	20	3	7.40	7.93	17.67	>1800	0.03	0.06
6	10	20	2	8.53	8.73	19.80	>1800	0.04	0.05
7	10	30	3	11.33	10.47	27.07	>1800	0.05	0.01
8	15	30	3	14.07	12.13	29.93	>1800	0.01	0.01

a：MIP（mixed integer programming），混合整数规划模型；
b：IROS，交互式订单与货架排序方法；
c：RS（random sequencing），随机方法；
*：CPLEX 可在 1800s 内找到最优解。

　　同时，我们将所提方法与 Boysen 等[14]所提出的方法进行对比。由于 Boysen 等提出的模拟退火求解货架顺序（simulated annealing for finding a good rack sequence，SA-RS）方法已在文中被证明劣于模拟退火求解订单顺序（simulated annealing for finding a good order sequence，SA-OS）方法，因此，我们只需要与他们所提出的交替计算启发式（alternating heuristic，AH）方法以及 SA-OS 方法对比即可。Boysen 等所提出的方法也为启发式算法，可求解较大规模问题，因此，我们根据实际数据分布情况设计了较大规模的实验进行比较，如表 5.6 所示。与前面相同，每个 Case 我们均生成 15 个随机数据进行比较。从该表中可以看出，IROS 方法在平均搬运货架次数和平均运行时间上均优于 Boysen 等所提出的方法。虽然 AH 方法的计算时间也很短，在 10s 之内可求得结果，但 IROS 方法计算速度更快，计算时间仅在 1s 之内。同时，AH 方法所获得的平均搬运货架次数在这三种方法里最多，说明该方法的优化效果最差。SA-OS 方法与 IROS 方法所获得的平均搬运货架次数较为接近，但该方法的计算时间过长，在货架数量仅为 30 个，订单数量仅为 100 个，缓存区大小为 3 时，该方法就需要约 30min 的时间才能得到较优解，而该解依旧比 IROS 方法所得到的解差。在实际情况下，机器人移动货架通常包含上千个货架，在几小时内需要处理上千个订单，因此，SA-OS 方法在实际中几乎不可用。因此，与 Boysen 等所提出的方法相比，我们所提出的

IROS 方法更优。

表 5.6　与 Boysen 等所提方法的对比结果

m	n	C	平均搬运货架次数			平均运行时间/s		
			IROS	AH	SA-OS	IROS	AH	SA-OS
30	50	3	21.40	30.73	25.47	0.09	2.85	809.71
30	50	6	16.67	21.93	19.00	0.11	3.68	1149.88
60	50	3	26.27	51.93	30.40	0.05	1.98	1715.01
30	100	3	42.73	94.80	65.40	0.03	6.83	1713.46

　　为了验证 IROS 方法求解实际规模数据的有效性，我们利用实际脱敏数据进行实验。选取了 7 天内同一个批次的全部订单数据，并利用实际货架存储情况对订单进行处理。同时，计算每个订单包含的 SKU 数量，为每个 SKU 单独指派一个货架，即订单购买了多少种 SKU，就需要指派多少个货架至工作站，之后，将全部订单购买的 SKU 数量相加，以此得到搬运货架次数的上限。我们将缓存区设置为 15，利用 IROS 方法进行求解，得到大规模实际数据的移动货架次数如图 5.22 所示。其中，平均的订单数量为 887 个，货架数量为 667 个，IROS 方法的平均计算时间仅为 13.53s，说明 IROS 方法针对大规模实际数据仍可在极短时间内求解近似较优解，可应用在实际订单拣选环境中。从图 5.22 可以看出，IROS 方法所获得的搬运货架次数比实际可减少约 68.7%。虽然该方法求解的是单个工作站情况下的搬运货架次数，而实际中往往是多个工作站同时拣选，但由于搬运货架次数减少幅度较大，因此，即使在多工作站同时拣选的情况下，我们可减少的搬运货架次数仍旧非常可观。

5.3.6　未来的研究方向

　　目前，我们仅对单个工作站的订单与货架排序问题进行求解，但机器人移动货架拣选系统的订单拣选问题还包括订单分批决策以及多个工作站同时拣选情况下如何对订单拣选进行优化等问题，未来的研究可在以下几个方面展开。

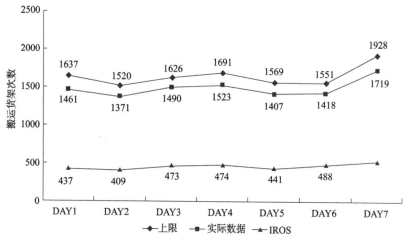

图 5.22　　大规模数据下与实际情况对比结果

（1）机器人移动货架拣选系统订单分批与排序联合优化问题。机器人移动货架拣选系统订单拣选工作站的缓存区可同时存放多个容器，每个容器可容纳一个或多个订单，但一个容器里包含的订单所需的商品全部拣出，可将该容器从缓存区取出，进行后续的复核、打包环节，同时换上新的容器以拣选新的订单。因此，机器人移动货架拣选系统的订单也是分批进行拣选，每一个批次包含的订单数量受容器容量限制，需要进行分批决策。分批结果的好坏直接影响批次里所包含订单的关联程度。当关联程度高的订单被分至一个批次时，可在需要较少搬运货架次数的情况下完成该批次的拣选，提升拣货效率。当一个批次的订单完成时，可被替换上新的批次，因此，订单的拣选还涉及批次的排序以及货架到达工作站的顺序决策。由于订单分批的结果影响批次和货架排序的结果，因此，订单分批决策与排序决策密不可分。订单分批问题已被证明为NP-hard 问题，当一个批次仅包含一个订单时，该问题降为前面所考虑的订单与货架排序问题，也是一个 NP-hard 问题，因此，订单分批与排序优化问题是NP-hard 问题。该问题的解决可为实际机器人移动货架拣选系统订单的拣选提供更为可靠的决策支持。

（2）机器人移动货架拣选系统多工作站订单拣选调度问题。在机器人移动货架拣选系统中，通常是多个工作站同时进行订单的拣选。顾客订单到达后，在不允许拆单拣选的情况下，需要被指派至某一个工作站进行拣选，此时，订单拣选问题需要考虑订单指派的决策。同时，由于一个货架在一个时刻只能前往一个工作站，因此，多个工作站的订单拣选需要考虑多个工作站的货架冲突问题。在实际拣选环境下，通常还需要考虑多个工作站的拣选工作量的均衡问题。

（3）机器人移动货架拣选系统订单拣选与其他环节的联合优化。机器人移动货架拣选系统订单拣选需要多个环节的在线协调，包括订单分批与排序问题、货架储位分配问题、商品货位分配问题以及机器人调度问题等多个方面，这些决策不是孤立的，而是在订单拣选过程中相互影响的。因此，对单个问题的优化调度可能得到的是局部最优解，未来的研究方向可集中在对这些问题的集成调度方面。

5.4　机器人移动货架拣选系统拣选作业的在线智能调度

5.4.1　机器人移动货架拣选系统的拣选作业调度问题描述

机器人移动货架拣选系统的拣选作业调度问题是指：AGV 遵循一定的指派规则从成千上万个可移动的货架中，按照一定的货架调取顺序将货架搬运到指定的拣选工作站进行拣货作业；待拣选完成后，AGV 将货架搬运放回指定的存储区域。机器人移动货架拣选系统的拣选作业调度决策可从如图 5.23 所示的两个维度进行界定。调度对象主要包括 AGV 和货架，AGV 具有自主移动能力，可以按照要求完成指派任务，将指定的货架搬运到拣选工作站；货架在存储区的位置和被调取的顺序，都直接对拣货作业进程产生影响。拣选作业的调度决策内容主要包括指派规则、作业顺序和任务指派三方面。

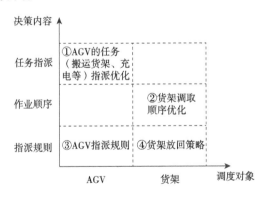

图 5.23　机器人移动货架拣选系统的拣货作业调度决策

（1）指派规则的决策是对 AGV 指派规则和货架放回策略的选择。AGV 指派对象为拣选工作站和货架，指派规则包括 AGV 被指派到哪个工作站（多个工作站共用，一个工作站专用等）、哪个 AGV 被指派到指定的货架（就近原则、划定 AGV 搬运区域、随机指派等）以及 AGV 的充电策略（低于阈值、空闲充电、完成一定工作量等）；货架放回策略包括随机放回、划定货架存储区域、离提取货架位置最近等。

（2）作业顺序的决策主要是在拣货过程中对拣选工作站所调取的货架顺序进行优化，包括单个货架被不同工作站调取的顺序和多个货架被单个工作站调取的顺序。在优化单个货架被不同工作站调取的顺序时，需要考虑货架对不同工作站的满足率、货架的不可或缺性、工作站订单的拣货截止时间等；在优化多个货架被单个工作站调取的顺序时，需要考虑货架对该工作站订单的履行率、货架被其他工作站占用的情况、货架的存储位置等影响因素。

（3）任务指派用于决策指定货架由哪台 AGV 进行搬运以及 AGV 何时去充电，该部分决策内容在 AGV 指派规则的指导下，将搬运货架的任务实时地分配给 AGV，并以减少排队和拥堵为目标，对 AGV 的路径、提取货架时间以及充电时间等进行优化。

5.4.2　机器人移动货架拣选系统的拣选作业调度问题分析

机器人移动货架拣选系统的拣选作业调度问题与传统的拣选作业调度问题相比，具有一定的特殊性，其特殊性主要体现在以下三方面。

（1）由拣选作业模式转变引发的调度对象和决策内容改变。传统拣选作业采取"人到货"的模式，决策的是哪个拣货人员按照什么顺序拣选哪些 SKU，重点研究订单分批、排序以及拣货人员的路径优化问题，而机器人移动货架拣选系统的拣选作业则采用"货到人"的模式，重点研究的是对 AGV 和货架的指派与调取。

（2）机器人移动货架拣选系统下调度决策环境的随机性增加。机器人移动货架拣选系统的货架由原来的静态存储转变为分散动态存储，货架每被调取一次，被放回时的存储位置就可能发生变化，只有在进行调取决策时才可锁定其准确位置；再者，AGV 的电量变化受作业环境、使用强度等多种因素影响，具有一定的随机性，其充电时间会对拣选作业的调度产生直接影响；另外，拣选工作站的集合单组合是实时更新的，当有订单完成拣选时，工作站会实时添加新的订单继续与未完成的订单一同进行拣选。这些因素极大地增加了调度决策的不确定性，单一的调度方案难以适应实时变化的调度决策环境。

（3）由拣货打包流程简化引发的决策时效性要求提高。由于机器人移动货架拣选系统是在拣选工作站按订单进行拣选，拣选完成后可直接进行复核打包，而无须进行传统拣选系统的二次拣选（从分批的订单货品集合中选择单个订单的货品），这一作业流程的简化极大节省了订单的拣选时间；另外，拣选工作站受到货架容量的限制，一个集合单所能容纳的订单数量有限（几十个），因此工作站处理集合单的时间非常短，这使得移动货架拣选作业的调度决策时效性要求比原来更高。

5.4.3　相关研究概述

　　针对机器人移动货架拣选系统的拣选作业调度问题，现有的研究主要集中于 AGV 指派规则和货架存储（放回）策略两方面。在 AGV 指派规则方面，相关文献对 AGV 在单个工作站内的指派规则和多个工作站间的指派规则分别进行了研究。Zou 等[56]针对 AGV 指派到哪个工作站进行服务的问题，提出了基于各工作站的订单处理速度的指派规则，并设计了邻域搜索算法对近似最优的 AGV 指派规则进行搜索。同时，Zou 等设计了一个半开放排队网络模型，并利用两阶段近似方法对指派效果进行了评估。结果显示，当各工作站员工的订单处理速度存在显著差异时，基于订单处理速度的 AGV 指派方法优于随机指派方法。Roy 等[57]针对 AGV 指派问题，在单个货架存储区的情况下，对比了专用 AGV（即 AGV 只服务订单拣选操作或补货操作）和通用 AGV（即 AGV 既可服务订单拣选操作，也可服务补货操作）两种指派策略下的系统吞吐量。结果显示，通用 AGV 策略下的订单拣选完成时间的期望值比专用 AGV 策略下降了 1/3。在多个货架存储区的情况下，Roy 等对比了专用策略（即 AGV 只在某一个存储区工作）和随机策略（即 AGV 可在任意存储区工作）的系统吞吐率，结果表明，专用策略比随机策略能获得更高的系统吞吐率。在货架存储策略方面，Weidinger 等[58]将该问题表示为一个特殊的区间调度问题，并基于自适应大规模邻域搜索算法构建了启发式方法加以解决。Yuan 等[59]指出，货架存储位置的决策对货架的总移动距离和 AGV 的工作量有重大影响。该文章提出了基于速率的存储策略，并构建了一个流体模型对该策略的结果进行了分析。基于实际数据，他们发现，基于速率将存储区划分为两类或三类时，可以减少 8%~10%的货架移动距离。另外，货架补货与订单拣选往往同时进行，拣选人员不断从货架上拣选商品以满足顾客订单的需求，而补货人员则需要在适当的时间将适量的商品存放到合适的货架上，以减少货架的移动次数，提高订单出库效率。

　　综上所述，针对机器人移动货架拣选系统的拣选作业调度问题，国内外学者已经开展了众多前沿性研究工作，并在指派规则方面取得了较为丰硕的研究成果。但是现有的研究成果仍无法满足机器人移动货架拣选系统拣选作业的调度决策要求，主要原因总结为如下三方面。

　　（1）机器人移动货架拣选系统在电商仓储行业的应用为实施精准高效的拣选作业带来重大机遇，也引发了大量的管理问题，尤其是对拣选作业调度问题从调度对象到决策内容都带来极大改变。如何对机器人移动货架拣选系统的拣选作业调度决策原理进行构建，提高拣选作业调度方案的实时性、智能性、科学性，是机器人移动货架拣选系统的拣选作业调度决策亟待解决的首要难题。

（2）现有的机器人移动货架拣选系统的拣选作业调度研究主要集中于指派规则方面，然而，这样的调度方案难以适应机器人移动货架拣选系统实时变化的调度决策环境。因此，面对影响调度方案顺利执行的扰动因素，分析这些扰动因素对拣选作业进程的干扰程度，并设计有效的调度方案调整触发机制，实现在线的拣货作业调度决策，是机器人移动货架拣选系统的拣选作业调度决策需要攻克的第二个难点问题。

（3）机器人移动货架拣选系统的拣选作业调度决策具有极高的时效性要求，这不仅要求所研究的决策方法具有快速求解调度方案的能力，还要求当正在进行的调度方案需要进行调整时，能够迅速地对现有的调度方案进行更新。然而，机器人移动货架拣选系统拣选作业调度决策的复杂性体现在多调度对象与多决策内容的集成与协同优化方面。例如，图 5.23 所示的 4 项决策在拣选作业过程中会按照图中标号被顺序触发，但是在进行 AGV 的任务（搬运货架）指派优化时，需要考虑货架放回策略对货架位置的影响。因此，结合机器人移动货架拣选系统拣选作业调度决策的问题特征，研究调度方案的智能生成方法，实现反应快速、准确智能的调度优化，是亟须解决的第三个研究难点。

5.4.4　在线智能调度决策原理

基于上述分析，我们从在线智能的角度对机器人移动货架拣选系统的拣选作业调度问题进行研究，提出拣选作业的在线智能调度决策原理（图 5.24），设计调度方案调整触发机制，研究拣选作业调度方案优化生成方法与更新策略。

按照图 5.24 所示的在线智能调度决策原理，机器人移动货架拣选系统的拣选作业调度问题可沿着"调度方案优化生成→调度过程在线监督→调度方案智能更新"的研究思路化解为三部分内容。

第一部分研究调度方案的优化生成方法，针对 AGV 指派规则、货架调取顺序优化、AGV 的任务指派优化以及货架放回策略这四项调度内容开展集成研究，关注一个拣选波次的订单，筛选影响拣选效率的关键因素，并将这些因素描述为参数变量，在此基础上构建调度优化模型，并设计相应的快速求解算法对模型进行求解。

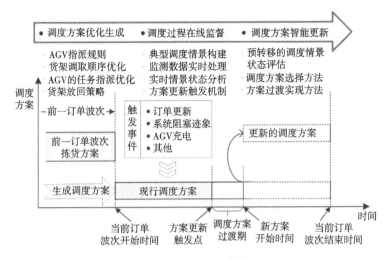

图 5.24　在线智能调度决策原理

第二部分研究调度过程在线监督方法，基于调度方案优化生成方法与历史的拣选作业数据，分析并构建典型的调度情景；在拣选作业过程中，对监测数据进行实时处理，形成实时的拣选作业情景状态；通过将实时的情景状态与典型情景的系统拣选作业效率进行对比，分析影响拣选作业效率的关键因素，建立触发事件集合，最终形成拣选作业调度方案更新的触发机制。

第三部分研究调度方案的智能更新方法，针对需要更新调度方案的调度情景状态，分析其可能转移的拣选作业调度典型情景，并基于当前拣选作业情景参数（AGV 数量、货架摆放规则、订单信息等）对预转移的调度情景状态进行评估；根据评估以调整难度最低/拣选作业效率提高等为目标，选择合适的调度方案对当前拣选作业方案进行调整；基于当前现行调度方案与更新的调度方案之间的差异，构建方案过渡实现方法，保证调度方案的平稳过渡。

未来的研究可采用理论研究与实践应用相结合的研究方法，在对电商物流企业应用机器人移动货架拣选系统进行拣选作业调度的现状进行调研分析的基础之上，融合运筹学、情景理论、机器学习等多学科知识研究机器人移动货架拣选系统拣选作业的在线智能调度方法，并结合应用实践对理论方法的科学性和实用性进行检验。

5.5　本章小结

本章针对基于物联网的机器人移动货架拣选系统智能调度问题，为提高订单履行效率，基于数据挖掘理论和方法，提出了机器人移动货架拣选系统的智能调度方法。针对机器人移动货架拣选系统货位分配问题，考虑 SKU 关联网络的层级结构和货架上 SKU 间的关联程度，基于定性与定量结合的思想，提出了一种针对大型网上超市机器人移动货架拣选系统的融合加权网络 k-壳分解和网络聚类的"分解-聚类"货位分配方法；基于订单履行率和货架满足率，提出了 IROS 方法对单个工作站的订单与货架顺序进行决策；最后，针对机器人移动货架拣选系统的在线智能调度问题，从在线智能的角度对机器人移动货架拣选系统的拣选作业调度问题进行研究，提出拣选作业的在线智能调度决策原理。最后就机器人移动货架拣选系统货位分配、订单拣选、智能调度的未来的研究方向进行了展望。

该研究成果有利于提高机器人移动货架拣选系统货位分配与订单拣选的科学性和智能性，减少了机器人移动货架拣选系统的货架移动次数，提高了订单拣选效率，可有效降低机器人移动货架拣选系统的运作成本并提高订单履行的及时性，有利于促进智慧仓库的发展。同时，所提出的方法有利于促进数据挖掘理论与运筹学的交叉融合及应用。

参 考 文 献

[1] 马文凯，吴耀华，吴颖颖，等. 基于进化算法的跨巷道多层穿梭车仓储系统的研究[J]. 机械工程学报，2019，55（8）：216-224.

[2] 王罡，冯艳君. 基于蚁群优化算法的旋转货架拣选路径规划[J]. 计算机工程，2010，36（3）：221-223.

[3] Wurman P R, D'Andrea R, Mountz M. Coordinating hundreds of cooperative, autonomous vehicles in warehouses[J]. AI Magazine, 2008, 29（1）: 9-20.

[4] Enright J J, Wurman P R. Optimization and coordinated autonomy in mobile fulfillment systems[C]. Workshops at the Twenty-fifth AAAI Conference on Artificial Intelligence, San Francisco, 2011.

[5] Lamballais T, Roy D, de Koster M B M. Estimating performance in a robotic mobile fulfillment system[J]. European Journal of Operational Research, 2017, 256（3）: 976-990.

[6] Xu T, Yang P, Guo H. Energy efficiency analysis on robotic mobile fulfillment system[C]. 2019 IEEE 6th International Conference on Industrial Engineering and Applications（ICIEA）, Tokyo, 2019: 145-149.

[7] 袁瑞萍，王慧玲，孙利瑞，等. 基于物流 AGV 的"货到人"订单拣选系统任务调度研究[J]. 运筹与管理，2018，27（10）：133-138.

[8] Qi M, Li X, Yan X, et al. On the evaluation of AGVS-based warehouse operation performance[J]. Simulation Modelling Practice and Theory, 2018, 87: 379-394.

[9] 张丹露，孙小勇，傅顺，等. 智能仓库中的多机器人协同路径规划方法[J]. 计算机集成制造系统，2018，24（2）：410-418.

[10] 王勇. 智能仓库系统多移动机器人路径规划研究[D]. 哈尔滨：哈尔滨工业大学，2010：1-8.

[11] 沈博闻，于宁波，刘景泰. 仓储物流机器人集群的智能调度和路径规划[J]. 智能系统学报，2014（6）：23-28.

[12] 张岩岩，侯媛彬，李晨. 基于人工免疫改进的搬运机器人蚁群路径规划[J]. 计算机测量与控制，2015，23（12）：4124-4127.

[13] Xiang X，Liu C，Miao L. Storage assignment and order batching problem in Kiva mobile fulfilment system[J]. Engineering Optimization，2018，50（11）：1941-1962.

[14] Boysen N，Briskorn D，Emde S. Parts-to-picker based order processing in a rack-moving mobile robots environment[J]. European Journal of Operational Research，2017，262（2）：550-562.

[15] 张彩霞. 基于"货到人"模式的电商订单拣选优化研究[D]. 杭州：浙江理工大学，2016：1-8.

[16] Lamballais T，Roy D，de Koster R B M. Inventory allocation in robotic mobile fulfillment systems[J]. IISE Transactions，2020，52（1）：1-17.

[17] 周方圆，李珍萍. 基于"货到人"拣选模式的储位分配模型与算法[J]. 物流技术，2015，34（9）：242-246.

[18] 周佳慧. 大数据驱动下移动货架的货位优化研究[J]. 商业经济，2019（8）：118-119.

[19] 宁方华，何超群，李英德. 货到人作业模式下的鱼骨型布局货位优化[J]. 浙江理工大学学报（社会科学版），2017，38（4）：293-298.

[20] 龚志锋，陈滔滔，石超，等. 适用于 B2B 业务的"货到人"密集存储布局研究[J]. 制造业自动化，2019，41（9）：32-36.

[21] 郭依. 智能仓储系统待命位策略及仓库布局优化研究[D].武汉：华中科技大学，2016：1-5.

[22] 董彦龙. 我国仓储物流现状及其优化[J]. 商业时代，2006，16：15-16.

[23] Hausman W H，Schwarz L B，Graves S C. Optimal storage assignment in automatic warehousing systems[J]. Management Science，1976，22（6）：629-638.

[24] Heskett J L. Cube-per-order index-a key to warehouse stock location[J]. Transportation and Distribution Management，1963，3（1）：27-31.

[25] Chen L，Langevin A，Riopel D. The storage location assignment and interleaving problem in an automated storage/retrieval system with shared storage[J]. International Journal of Production Research，2010，48（4）：991-1011.

[26] 宁浪，张宏斌，张斌. 面向 JIT 制造的零部件配送中心货位优化研究[J]. 管理科学学报，2014，17（11）：10-19.

[27] 肖建，郑力. 考虑需求相关性的多巷道仓库货位分配问题[J]. 计算机集成制造系统，2008（12）：161-165.

[28] 汪小帆，李翔，陈关荣. 网络科学导论[M]. 北京：高等教育出版社，2012.

[29] Garas A，Schweitzer F，Havlin S. A k-shell decomposition method for weighted networks[J]. New Journal of Physics，2012，14（8）：083030.

[30] Carmi S，Havlin S，Kirkpatrick S，et al. A model of Internet topology using k-shell

decomposition[J]. Proceedings of the National Academy of Sciences of the United States of America, 2007, 104 (27): 11150-11154.

[31] Alvarez-Hamelin J, Dall'Asta L, Barrat A, et al. K-core decomposition: A tool for the visualization of large scale networks[J]. Advances in Neural Information Processing Systems, 2006, 18: 41.

[32] 杨博, 刘大有, Liu J, 等. 复杂网络聚类方法[J]. 软件学报, 2009, 20 (1): 54-66.

[33] Frazelle E. Supply Chain Strategy: The Logistics of Supply Chain Management[M]. New York: McGraw-Hill, 2002.

[34] Azadeh K, de Koster R, Roya D. Robotized and automated warehouse systems: review and recent developments[J]. Transportation Science, 2019, 53 (4): 917-945.

[35] de Koster R, Le-Duc T, Roodbergen K J. Design and control of warehouse order picking: A literature review[J]. European Journal of Operational Research, 2007, 182 (2): 481-501.

[36] Tompkins J A, White J A, Bozer Y A, et al. Facilities Planning[M]. New Jersey: John Wiley & Sons, 2010.

[37] Gademann N, van de Veled S. Order batching to minimize total travel time in a parallel-aisle warehouse[J]. IIE Transactions, 2005, 37 (1): 63-75.

[38] de Koster M B M, van der Poort E S, Wolters M. Efficient order batching methods in warehouses[J]. International Journal of Production Research, 1999, 37 (7): 1479-1504.

[39] Ho Y C, Tseng Y Y. A study on order-batching methods of order-picking in a distribution centre with two cross-aisles[J]. International Journal of Production Research, 2006, 44 (17): 3391-3417.

[40] Bozer Y A, Kile J W. Order batching in walk-and-pick order picking systems[J]. International Journal of Production Research, 2008, 46 (7): 1887-1909.

[41] Henn S, Wäscher G. Tabu search heuristics for the order batching problem in manual order picking systems[J]. European Journal of Operational Research, 2012, 222 (3): 484-494.

[42] Zulj I, Kramer S, Schneider M. A hybrid of adaptive large neighborhood search and tabu search for the order-batching problem[J]. European Journal of Operational Research, 2017, 264: 653-664.

[43] Tsai C Y, Liou J J H, Huang T M. Using a multiple-GA method to solve the batch picking problem: considering travel distance and order due time[J]. International Journal of Production Research, 2008, 46 (22): 6533-6555.

[44] Henn S. Order batching and sequencing for the minimization of the total tardiness in picker-to-part warehouses[J]. Flexible Services and Manufacturing Journal, 2015, 27 (1): 86-114.

[45] Scholz A, Schubert D, Wäscher G. Order picking with multiple pickers and due dates – Simultaneous solution of order batching, batch assignment and sequencing, and picker routing problems[J]. European Journal of Operational Research, 2017, 263 (2): 461-478.

[46] Chen M, Wu H. An association-based clustering approach to order batching considering customer demand patterns[J]. Omega, 2005, 33 (4): 333-343.

[47] Hsieh L，Huang Y. New batch construction heuristics to optimise the performance of order picking systems[J]. International Journal of Production Economics，2011，131（2）：618-630.

[48] van Nieuwenhuyse I，de Koster R B M. Evaluating order throughput time in 2-block warehouses with time window batching[J]. International Journal of Production Economics，2009，121：654-664.

[49] Henn S. Algorithms for on-line order batching in an order picking warehouse[J]. Computers & Operations Research，2012，39（11）：2549-2563.

[50] Zhang J，Wang X，Chan F T S，et al. On-line order batching and sequencing problem with multiple pickers：a hybrid rule-based algorithm[J]. Applied Mathematical Modelling，2017，45：271-284.

[51] Bukchin Y，Khmelnitsky E，Yakuel P. Optimizing a dynamic order-picking process[J]. European Journal of Operational Research，2012，219（2）：335-346.

[52] Xu X，Liu T，Li K，et al. Evaluating order throughput time with variable time window batching[J]. International Journal of Production Research，2014，52（8）：2232-2242.

[53] Nicolas L，Yannick F，Ramzi H. Order batching in an automated warehouse with several vertical lift modules：optimization and experiments with real data[J]. European Journal of Operational Research，2018，267（3）：958-976.

[54] Li Z P，Zhang J L，Zhang H J. Optimal selection of movable shelves under cargo-to-person picking mode[J]. International Journal of Simulation Modelling，2017，16（1）：145-156.

[55] Merschformann M，Lamballais T，de Koster M B M，et al. Decision rules for robotic mobile fulfillment systems[J]. Operations Research Perspectives，2019，6：100128.

[56] Zou B，Gong Y Y，Xu X，et al. Assignment rules in robotic mobile fulfilment systems for online retailers[J]. International Journal of Production Research，2017，55（20）：6175-6192.

[57] Roy D，Nigam S，de Koster R，et al. Robot-storage zone assignment strategies in mobile fulfillment systems[J]. Transportation Research Part E：Logistics and Transportation Review，2019，122：119-142.

[58] Weidinger F，Boysen N，Briskorn D. Storage assignment with rack-moving mobile robots in KIVA warehouses[J]. Transportation Science，2018，52（6）：1479-1495.

[59] Yuan R，Graves S C，Cezik T. Velocity-based storage assignment in semi-automated storage systems[J]. Production and Operations Management，2019，28（2）：354-373.

第6章 结论与展望

6.1 结 论

物流和供应链是物联网发展的重要应用领域，而本书的成果恰好可以广泛应用于物流和供应链的智能调度。在信息技术高速发展和全球竞争日益激烈的环境下，智慧供应链和绿色供应链的发展趋势对供应链管理提出了新的要求。本书提供的基于物联网的在线智能调度优化为满足这一要求提供了理论基础与方法。

在传统调度优化决策理论中，管理问题对应的情景和相关模型通常都是明确的，对数据采集和观测的实时性要求不高；而在物联网环境下，由于数据采集的时间连续性、管理问题对应的情景实时变化，往往比较复杂而且不易预先确定，而且数据具有实时性、多源性和时空关联性等特点，因此需要基于具体的应用场景和实时数据建立动态模型，然后实施优化调度。这就在情景适应性和对数据的响应能力等方面对决策提出了较高要求。本书针对这些特征，通过研究物联网环境下的在线智能调度决策的基础理论、基于物联网的成品油配送在线监测及运营优化调度、基于物联网的温室农作物生长要素在线监测与智能调度研究，以及机器人移动货架拣选系统智能调度方法等问题，取得了以下的成果及创新。

（1）融合数据分析与决策理论，形成了数据驱动的规则与模型相结合（定性和定量分析相结合）的基于"情景-焦点"的在线趋势分析与决策方法，丰富了焦点的内涵，拓展了一次性决策理论的应用领域，为提高物联网环境下动态复杂的非结构化调度问题的实时性、智能性、科学性提供了新的思路和方法。

（2）针对成品油配送在线优化问题，提出了物联网环境下基于情景的加油站成品油库存动态监测预警系统与方法，综合考虑导致库存异常的多个动态变化的情景要素和库存的实时状态，结合配送系统的实时情景状态，实现了成品油配送系统中库存监测的动态预警以及配送调度方案的在线实时生成，为能源运输领域的全自动库存补货系统的发展提供了思路和工具方法。

（3）针对农业精细化生产管理问题，提出了基于物联网的温室农作物生长要素的在线监测与智能调度方法，通过物联网实时监测温室的光照、水肥以及温度，识别出需要调度的异常情景，进而进行实时在线的补光调度、水肥一体化调度以及卷帘机调控，最终实现了温室中农作物生长要素的动态监测以及温室智能调控措施的在线实时生成，为农业生产过程的全自动化智能管理提供了技术手段。

（4）针对电商物流的智能仓储管理问题，提出了基于物联网的机器人移动货架拣选系统的在线智能调度方法，通过深入研究机器人移动货架拣选系统货位分配优化、拣选工作站订单拣选优化和智能分配以及机器人移动货架拣选系统拣选作业的在线智能调度等难题，提高了机器人移动货架拣选系统的运作效率与科学性，为实现电商物流的智能仓储管理构筑了理论和方法工具，有利于提高电商仓库的智能化、信息化、无人化水平。

6.2　未来的研究工作展望

本书虽然取得了一定的阶段性成果，但受限于时间和精力，目前仍有相关的难题亟待攻克。首先，在物联网环境下，数据是以一种连续的方式瞬间涌入的。一方面，瞬间的数据量极其庞大（高峰可达 TB 甚至 PB 级）；另一方面，数据呈现出明显的非结构化特征。数据的复杂性已经远远超出了任何集中式处理方式下的管理理论和方法所能解决的问题范围，因此也就无法像传统管理理论假设的那样，通过设置决策中心来对整个系统进行全局式的优化，而必须采用在线、分布式的处理方式，将计算任务实时分派到多个处理节点，通过各个节点的相互协同与交互，实现对超大规模数据实时在线求解的有效突破，解决物联网环境下复杂的在线调度优化问题。另外，针对物联网环境下的在线调度决策问题，如何基于实时情景实现相应的调度优化方法，使设备与设备之间、设备与人之间，能够根据实时信息进行有效的协同、交互、合作甚至竞争，实现智能的优化、控制和决策，达到智能、高效、低耗的调度目标，也是物联网环境下管理学科中亟须解决的重要科学问题之一。此外，不同的应用场景对所提出来的理论方法的实现也具有不同的要求，需要具体领域问题具体分析。

综上所述，未来的进一步研究工作可包括：①在线智能调度系统的分布式结构设计；②智能调度系统在线实时决策的人-机决策分工及人-机交互设计；③基于物联网的在线智能调度优化方法在其他生产及服务调度领域的扩展研究，例如，基于物联网的高耗能设备的在线预警及运营优化调度、基于物联网的医疗资源的在线调度、基于物联网的电子商务物流资源的调度、基于物联网的智能车间生产调度、基于物联网的智能交通调度等。

索　引

彩　　图

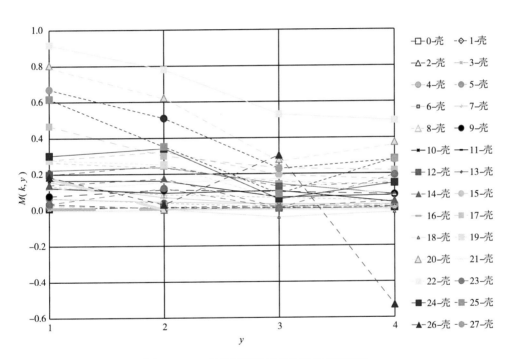

图 5.18　27-壳及以下壳层的边际效率折线图

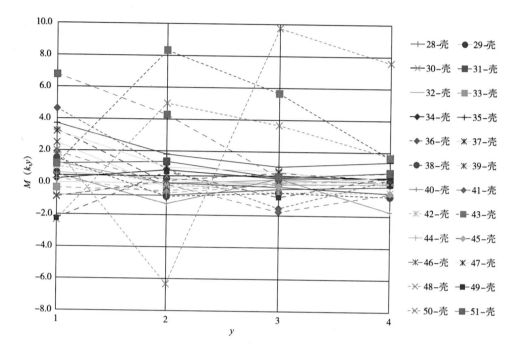

图 5.19 27-壳以上的边际效率折线图